挠曲电效应及其宏观尺度下的实验研究方法

徐明龙　张舒文　刘开园　著

科 学 出 版 社
北 京

内 容 简 介

本书系统阐述了挠曲电效应的力电耦合过程、宏观尺度下的实验研究方法以及在各领域中的应用探索。全书共10章,介绍了纵向、横向和剪切向挠曲电效应的概念、实验方法和测量技术、挠曲电系数的解耦设计、均匀应变梯度设计思路,以及逆挠曲电效应,并探讨了挠曲电效应与压电效应之间的内在联系及其在传感、作动、能量采集等实际应用中的探索。本书以严谨的理论分析、实验设计和翔实的数据论证为基础,全面总结了国内外挠曲电效应领域的发展历程与研究现状,针对宏观尺度下的实验研究方法进行了深入探讨,并结合具体案例展示了该效应在传感、作动、俘能等多个方面的应用实践。

本书可供智能材料、微机电系统及新型能量转换技术研究的高校师生和工程师参考阅读。

图书在版编目(CIP)数据

挠曲电效应及其宏观尺度下的实验研究方法 / 徐明龙，张舒文，刘开园著. -- 北京 ：科学出版社，2025. 8. -- ISBN 978-7-03-082913-9

Ⅰ. TM21

中国国家版本馆 CIP 数据核字第 2025RU7155 号

责任编辑：徐杨峰　纪四稳 / 责任校对：谭宏宇
责任印制：黄晓鸣 / 封面设计：义和文创

科 学 出 版 社 出版
北京东黄城根北街 16 号
邮政编码：100717
http：//www.sciencep.com

南京展望文化发展有限公司排版
苏州市越洋印刷有限公司印刷
科学出版社发行　各地新华书店经销

*

2025 年 8 月第　一　版　开本：B5(720×1000)
2025 年 8 月第一次印刷　印张：16 1/4
字数：316 000

定价：150.00 元

(如有印装质量问题,我社负责调换)

前言

在当今新能源与智能材料迅猛发展的时代背景下，传统压电技术虽已取得诸多成就，但其在材料选择、温度适应性及环境友好性等方面的局限性日益显现。挠曲电效应作为一种普遍存在于各类电介质中的力电耦合现象，因其不受居里温度限制、材料选择范围广、尺寸效应明显而逐渐成为新一代能量转换与力学量传感的重要研究方向。本书正是在这样的历史节点和技术需求下应运而生，旨在系统阐述挠曲电效应的实验方法、相关理论，及其在宏观尺度下的应用探索，为科研人员和工程实践者提供一部实验与理论并重的参考书。

本书从挠曲电效应理论出发，回顾了该效应自 20 世纪 60 年代被首次提出以来的发展历程，重点介绍了纵向、横向、剪切向三种基本形式的挠曲电效应机制。通过对各类实验加载方式、应变梯度设计及电极化测量方法的剖析，本书系统总结了已有研究成果，还针对传统实验方法存在的非均匀性与解耦难题提出了创新性的解决方案。书中还采用了变截面、等应变梯度及预加载等设计思路，对宏观尺度下挠曲电效应的产生与测量进行了深入探讨，为获取本征挠曲电系数提供了理论依据和实践指导。

与此同时，随着纳米技术与微机电系统的飞速发展，挠曲电效应在微纳尺度下的表现尤为引人关注。本书既涵盖了宏观实验技术，又引入了微观尺度下的挠曲电型力电耦合现象及其调控方法，如扫描探针在薄膜表面产生的局部应变梯度、薄膜褶皱结构中挠曲电极化的调控等。这种跨尺度的研究视角，不仅拓宽了挠曲电效应的理论边界，更为未来新型器件的开发提供了创新思路。

本书还专门设有章节讨论了逆挠曲电效应的产生机理与实验验证。通过设计电场梯度以诱导材料产生变形，展示了逆挠曲电效应在结构调控与能量采集等方面的独特优势，进一步彰显了挠曲电效应作为智能材料关键性能指标的应用潜力，尤其是在航空航天以及新能源等领域，对高精度力学量传感与作动控制的需求不断提高，挠曲电效应因其多维度调控特性与广泛适用性而成为新兴技术的重要突破口。

此外，本书还探讨了挠曲电效应与压电效应之间的内在联系及相互作用。尽管两者在物理机制上有所不同，但在实际应用中常常呈现出协同增效的趋势。作者通过对比分析，既指出了压电效应在材料选择上的局限性，也阐明了挠曲电效应在高温、大变形条件下的优势，从而为新型无铅、环保型能量转换材料的开发提供了科学依据。

在撰写本书的过程中，作者综合了国内外近几十年来的理论探讨和实验成果，力图为读者呈现一部既具有系统性，又富有前瞻性的挠曲电效应实验研究专著。希望本书不仅能够帮助相关领域的科研工作者迅速掌握挠曲电效应的实验方法，还能激发读者对智能材料新现象、新原理的探索热情，推动挠曲电效应及其应用技术在未来取得更大突破。

在此，衷心感谢所有为本书提供帮助和支持的同行专家与实验技术人员，正是你们的无私贡献和辛勤付出，使得这部著作得以面世。其中包括参与本书内容撰写与修订的翟崇朴教授、嵇辉博士、顾浩宇博士、黄少琪博士、李言彧硕士、李一凡硕士和武彤晖硕士。我们也期待本书能为新一代智能材料与器件的研究及开发带来启示，并在解决现实工程问题中发挥积极作用。

作　者

2025 年 3 月

目录

第 1 章　绪论 …… 1

1.1　挠曲电效应简介 …… 2

1.2　国内外研究现状 …… 4

1.2.1　研究脉络和发展情况 …… 4

1.2.2　理论研究和三类挠曲电效应的提出 …… 7

1.2.3　实验研究进展 …… 10

1.2.4　挠曲电效应的尺度相关性 …… 16

1.2.5　挠曲电效应的应用探索 …… 17

1.3　几种宏观尺度挠曲电效应的加载和测量手段 …… 19

1.4　宏观尺度下挠曲电效应实验研究方法的意义及本书内容框架 …… 22

第 2 章　纵向和横向挠曲电效应及其实验研究方法 …… 25

2.1　纵向挠曲电效应 …… 25

2.1.1　宏观尺度下应变梯度的产生 …… 25

2.1.2　微观尺度力电耦合原理分析 …… 27

2.1.3　实验方法及结果分析 …… 29

2.2　横向挠曲电效应 …… 31

2.2.1　宏观尺度下应变梯度的产生 …… 32

2.2.2　实验方法及结果分析 …… 34

2.2.3　横向挠曲电系数分量 μ_{1122} 和 μ_{1123} …… 35

2.2.4　横向挠曲电效应的多值性 …… 38

2.2.5　圆形薄膜的横向挠曲电效应 …… 41

第 3 章　电介质的剪切向挠曲电效应 …… 46

3.1　电介质的剪切应变及其应变梯度 …… 46

3.1.1　电介质的剪切应变梯度及其设计 …… 46

3.1.2 液体电介质的剪切应变梯度 …… 50
3.2 微观尺度下的力电耦合机理 …… 52
3.2.1 固体电介质剪切向挠曲电力电耦合模型 …… 52
3.2.2 液体电介质剪切向挠曲电效应机理和实验研究 …… 53
3.3 实验方法及结果分析 …… 54
3.3.1 固体电介质 …… 54
3.3.2 液体电介质 …… 60

第 4 章 挠曲电系数分量的解耦 …… 65
4.1 挠曲电系数分量解耦的意义 …… 65
4.2 挠曲电系数分量解耦的力学设计思路 …… 66
4.3 纵向挠曲电系数分量的解耦设计 …… 66
4.3.1 力学设计和理论推导 …… 66
4.3.2 实验设计 …… 69
4.4 剪切向挠曲电系数分量的解耦设计 …… 72
4.4.1 力学设计和理论推导 …… 72
4.4.2 实验设计和结果 …… 80
4.4.3 实验研究方法的普遍适用性讨论 …… 84

第 5 章 均匀应变梯度的提出和设计 …… 86
5.1 纵向挠曲电效应的等应变梯度结构设计 …… 86
5.2 横向挠曲电效应的等应变梯度结构设计 …… 89
5.3 剪切向挠曲电效应的等应变梯度结构设计 …… 91

第 6 章 逆挠曲电效应 …… 93
6.1 逆挠曲电效应研究的意义 …… 93
6.2 电场梯度的产生和设计 …… 94
6.2.1 基于结构和尺寸设计的电场梯度 …… 94
6.2.2 基于介电常数设计的电场梯度 …… 102
6.3 逆挠曲电效应的微观机理分析和实验方法分析 …… 107
6.3.1 微观机理分析 …… 107
6.3.2 实验方法分析 …… 108
6.4 逆挠曲电效应与电致伸缩效应 …… 114

第 7 章 挠曲电效应的调控 …… 116
7.1 挠曲电系数调控的重要性 …… 116
7.2 宏观尺度下的力学调控 …… 117
7.2.1 预设应变梯度 …… 117
7.2.2 介电弹性体交联密度与挠曲电效应间的关系 …… 124
7.2.3 介电弹性体的单轴和双轴预拉伸 …… 131
7.3 微观尺度下的力电耦合调控 …… 138
7.3.1 微观局部应变梯度的设计 …… 138
7.3.2 挠曲电偶极子的等效电荷中心重构 …… 146
7.4 跨尺度的力学和材料融合设计 …… 151
7.5 力电耦合复合手段调控下的巨大类压电效应 …… 157

第 8 章 挠曲电效应与压电效应 …… 159
8.1 压电效应定义的扩展 …… 159
8.2 挠曲电效应研究中的残余压电效应 …… 160
8.2.1 纵向挠曲电效应研究中的残余压电效应 …… 160
8.2.2 切向挠曲电效应研究中的残余压电效应 …… 162
8.2.3 挠曲耦合系数的提出和意义 …… 164
8.3 基于压电材料的挠曲电效应增强设计 …… 165

第 9 章 基于挠曲电效应的应用探索 …… 167
9.1 基于挠曲电效应应用的重要意义 …… 167
9.2 力学量传感器 …… 168
9.2.1 无源扭矩传感器 …… 168
9.2.2 高精度载荷传感器 …… 171
9.2.3 准零刚度位移传感器 …… 176
9.3 作动器件 …… 184
9.3.1 共振式弯曲作动器 …… 184
9.3.2 共振式偏摆作动器 …… 187
9.3.3 大摆角线性作动器 …… 192
9.3.4 一体式双轴偏摆结构 …… 200
9.4 俘能研究 …… 205
9.4.1 优势与特点 …… 205

9.4.2 原理和应用性分析 …… 205
9.4.3 设计过程 …… 206
9.4.4 应用效果 …… 209
9.5 基于挠曲电效应的表面粗糙度测量 …… 211
9.5.1 优势与特点 …… 211
9.5.2 原理和应用性分析 …… 212
9.5.3 设计过程 …… 214
9.5.4 应用效果 …… 216

第 10 章 展望 …… 218
10.1 挠曲电效应理论与实验进一步融合发展 …… 218
10.2 跨尺度下挠曲电效应的实验研究方法探讨 …… 218
10.3 挠曲电效应与驻极体材料的结合 …… 219
10.4 巨大挠曲电效应及其可行性 …… 219

参考文献 …… 221

附录 I 主要理论推导过程 …… 236
附录 II 实验相关的数据列表 …… 243
附录 III 部分有限元分析结果展示 …… 246

第 1 章

绪　　论

自然界每天都在发生着各种形式的能量交换和流动，人类对能量的利用和操控也比历史上任何一个时期都更加娴熟和迫切。随着化石能源的不断开采和逐渐消耗殆尽，以及传统使用方法对人类生活环境产生巨大而不可逆的破坏，各国争相发展新能源，尤其是清洁能源技术和工艺；全世界的顶尖科学家和企业也大规模投身到相应的研究和产业化之中，各类新能源相关领域的企业也不断飞速发展。截至 2023 年 7 月，我国各类新能源装机发电量首次超过了煤电发电量，具有历史性的重要意义[1]。

电能作为使用中"通用"程度最高的能量形式，是各类能量转化过程的目标和最大的中转站。无论是光伏技术，还是水力发电，抑或是可控核能技术，其重要目的之一都是将其他形式的能量转化为电能，并不断提高能量转化效率和降低单位能量的转化成本。各类形式的能量转化伴随着人类日常生活多种重要的活动，如汽车发动和制动、各类电子产品的电池充放电、冬季取暖、照明、飞机飞行等。在机械能和电能的相互转化过程中，除了利用由麦克斯韦方程组指导设计和沿用了一百多年的电-磁-力相关效应以外[2]，压电效应、挠曲电效应、纳米摩擦发电机等新原理、新方法、新技术不断涌现出来，极大程度上改变了人类日常的生产生活方式和便捷程度[3-5]。

以压电效应为代表的新兴换能材料近年来以其独特的能量转换机理、不断提高的换能效率，以及广泛的应用前景而不断受到重视，尤其是在力学量传感、高精度作动[6, 7]和微振动抑制[8]，以及俘能等领域大显身手。无论是航空航天、军事装备、生物医疗，还是新兴的各类仿生应用，都使力电耦合效应及其材料得到了空前的发挥空间。以航空航天领域为例，在轨高精度作动是星间激光通信、大型卫星天线结构微振动控制、在轨机械式赋型等需求中需要利用压电等材料进行高水平的力电耦合转换过程[9, 10]。与压电效应常耦合出现的挠曲电效应一直未能得到重视，但近年来其免受居里温度(Curie temperature)限制、强尺寸效应，以及效应存在的广泛性，使其逐渐成为在特殊环境和应用条件下弥补和替代压电材料，成为力电耦合效应应用的重要目标。

1.1 挠曲电效应简介

近年来,随着综合国力的突飞猛进,我国高新科技发展也进入了新的蓬勃发展时期,不断取得突破性的进展,使国人为之振奋,极大地增强了民族自信。以载人航天、深空探测、高分辨率对地观测和卫星互联网通信等一系列亮点为代表的航天重大科技工程均取得了重大突破。在这些重大科技成果中,基于力电耦合效应智能材料的研究和应用在航天器微振动隔振、卫星天线高精度赋型等关键核心技术中起着至关重要的作用。力电耦合效应及其材料研究和制造已经成为衡量国家前沿科学技术水平的重要标志之一,其在航天航空、军事装备、高端医疗设备及汽车工业等国民经济主战场中发挥着不可或缺的作用。仍以航天重大需求为例:基于压电效应的空间网状天线形状保持、固面天线型面的高精度调控、星间激光通信中超高精度指向及其控制以及利用压电材料进行天线结构振动主动控制等关键技术均依赖于力电耦合效应[9, 10]。因此,发展基于新原理或新方法的力电材料及其应用,具有迫切的现实需求和应用价值,其在突破世界科技前沿的过程中,在国家重大需求、人民生命健康和国民经济主战场中都持续发挥着不可或缺的作用。

换能材料作为上述应用的重要组成部分,在传感、作动、俘能等领域的发展速度更是日新月异。其中,力电转换材料在能源开采、深空探测、生物信号传输和处理等关系国计民生和生命健康的重大领域具有非同寻常的意义[11-24]。作为其中优秀代表的压电材料以其高频响应特性好、换能效率高、轻质化和抗电磁干扰等优势被广泛使用。然而,该效应仅在部分电介质材料中存在,导致应用上原材料的选取受到了一定的限制[25]。除此之外,传统的压电材料存在诸多不足,如压电效应随时间衰减、受居里温度限制、力电耦合关系的非线性、材料多含重金属导致污染等,一定程度上阻碍了相关应用的进一步发展和人们对环境保护的需求。因此,发展基于新原理或新方法的力电材料及其应用,具有迫切的现实需求和应用价值。

力电耦合效应是指电介质材料中机械能与电能之间的相互转化,包括压电效应、挠曲电效应、电致伸缩效应和静电感应等。力电耦合现象存在于各类材料中,如部分陶瓷材料具有压电效应、电致伸缩效应等。基于力电能量转换的技术在航天航空领域发挥着越来越重要的作用,如空间网状天线的形状保持、对固面天线型面进行精确控制以及利用压电材料进行振动抑制的主动控制系统等。除了航天航空领域,基于力电耦合效应的智能材料技术还在人造肌肉、人体健康监测和人机界面等方面有着广泛的应用,如基于剪纸技术的压电式应变传感器、超声医疗检测设备和以介电弹性体为基底的深水机器人等。

压电效应的研究是智能材料中开展最早、应用最广泛的一种力电耦合效应,以锆钛酸铅(PZT)系压电陶瓷为代表的压电材料已经广泛应用于各个领域[25]。随着航天技术的不断发展,航天器将面临新形势下更加恶劣环境和更高性能指标的挑战。基于力电耦合效应的智能材料的发展也在向着力电耦合效率水平更高、温度适应范围更广,以及结构尺寸更加轻小型化的方向前进。现有的压电材料难以完全满足航天器微振动隔振传感和星间激光通信精指向等应用中复杂工作温度环境、大变形力学量传感及微小型结构尺寸等要求。一方面,压电效应受限于材料结构的对称性(仅存在于20种非中心对称晶体电介质材料中),在材料选择上受到限制,且由于其受居里温度限制,不利于满足更为宽广温度适应性,尤其是在不同轨道高度下的航天任务需求。另一方面,传统的固体电介质材料往往弹性变形范围小且有着较大的附加刚度,难以适应空间柔性天线等结构大变形的力学测量要求,在未来器件逐步迈向轻小型化的同时,依靠现有技术很难在微小尺度下保持甚至提高材料的力电耦合性能[25]。因此,具有更高力电转换效率、更大弹性变形范围、更宽工作温度区间,以及具有微小尺度效应的力电耦合效应对于进一步提升航天器力学传感与作动性能具有重要意义。

挠曲电效应最初被误认为是压电效应的一部分,其在宏观尺度下远小于压电响应的力电耦合特性使其未被重视。然而,与压电现象不同,挠曲电效应是一种广泛存在于各类电介质材料中的力电耦合现象。如图1.1所示,挠曲电效应,是指非均匀应变场在电介质中产生电极化的现象(如应变梯度局部破坏反演对称,导致正、负电荷中心分离而显现电极化现象)[26-31]。近年来,在国内外科学家的共同努力下,发现和证明了挠曲电效应的科学和工程应用,尤其是在航天航空和军事工业中有着独特的优势。首先,挠曲电效应理论上存在于所有电介质材料中,因此材料的选择范围较压电材料更加广泛,这也意味着不含重金属,甚至非压电的电介质材料也可能具备很优秀的力电转换能力,大大减轻了材料设计过程中选择范围和力电耦合参数的局限性,也在相当程度上缓解了压电材料中铅等重金属对环境的破坏。其次,其工作温度范围更加广泛,由于压电材料存在居里温度,即材料在该温度点以下才能正常工作,温度超过该温度点后力电耦合效应因材料的相变而永久消失、无法恢复[25],而挠曲电现象不受此限制,因而服役温度范围有望拓宽。该优

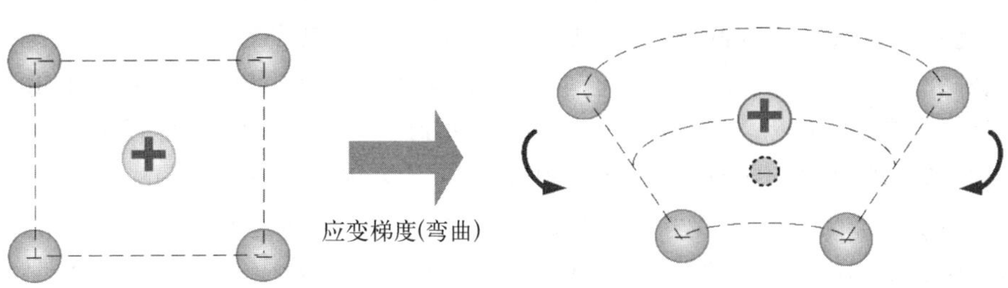

图1.1　挠曲电效应的原理性解释(以横向挠曲电效应为例,当非压电材料受到非均匀应变作用时,材料初始的正、负电荷中心不再重合,产生等效偶极子,从而产生电极化)

势显著提升了材料在外太空、地壳钻探等极端环境中的使用范围,使得极端温度环境下的力学量传感成为可能[32-39]。本书正是在这一背景和需求下开展了挠曲电效应及其宏观尺度下的实验研究方法介绍,将作者及其所在团队十年来的研究成果进行了汇总、整理、融合与提炼,希望为相关领域的研究人员对挠曲电效应领域的实验研究及方法提供必要的帮助,同时能够为相关行业的从业人员提供必要的实验设计思路、技术方法及实验手段等支持,从而进一步提升生产和研发效率。

挠曲电效应定义为

$$P_l = \mu_{ijkl} \frac{\partial \varepsilon_{ij}}{\partial x_k} \tag{1.1}$$

其中,P_l为挠曲电效应产生的电极化强度;μ_{ijkl}为材料的挠曲电系数;ε_{ij}为应变;x_k为应变梯度的方向。

挠曲电系数μ_{ijkl}是四阶张量,不受材料结构的对称性限制,因此挠曲电效应理论上存在于所有电介质材料中。除此之外,由于不受压电材料中居里温度的限制,挠曲电效应具有更宽的材料选择面和更高的温度适应性。同时,由于挠曲电效应的应变梯度相关性(应变梯度与结构的尺寸成反比),其具有尺度效应。

1.2 国内外研究现状

1.2.1 研究脉络和发展情况

挠曲电效应的概念首次于1964年提出,Kogan[27]给出了固体电介质中挠曲电效应的第一个唯象学框架。1981年,Indenbom等[26]首次将这种固体电介质材料中的“非局域压电效应”命名为“挠曲电效应”。早期关于挠曲电效应的研究大多集中在理论研究方面,Tagantsev[28-31]通过理论预测固体电介质材料挠曲电系数的数量级为10^{-11}~10^{-10}。由于固体电介质材料的变形范围很小,其产生应变梯度有限,且挠曲电系数水平较低,因此挠曲电效应的电极化强度与压电效应较为微弱,这也是挠曲电效应在很长一段时间内一直未引起学者足够研究兴趣的一个重要原因。21世纪初,Cross等[40-46]创造性地用实验方法测量了多种金属氧化物的挠曲电系数,结果表明此类钙钛矿型材料的挠曲电系数要比一般材料高4~5个数量级。上述研究成果及相关实验方法也对后续挠曲电效应的研究起到了重要的指导作用。相关挠曲电效应发展脉络见图1.2。关于挠曲电效应的研究在最近十年引起了学术界广泛的兴趣和关注,围绕这一主题的出版文献和引用也逐年增多。

近年来,随着挠曲电效应在众多领域具有广泛的应用前景和巨大的潜在优势,

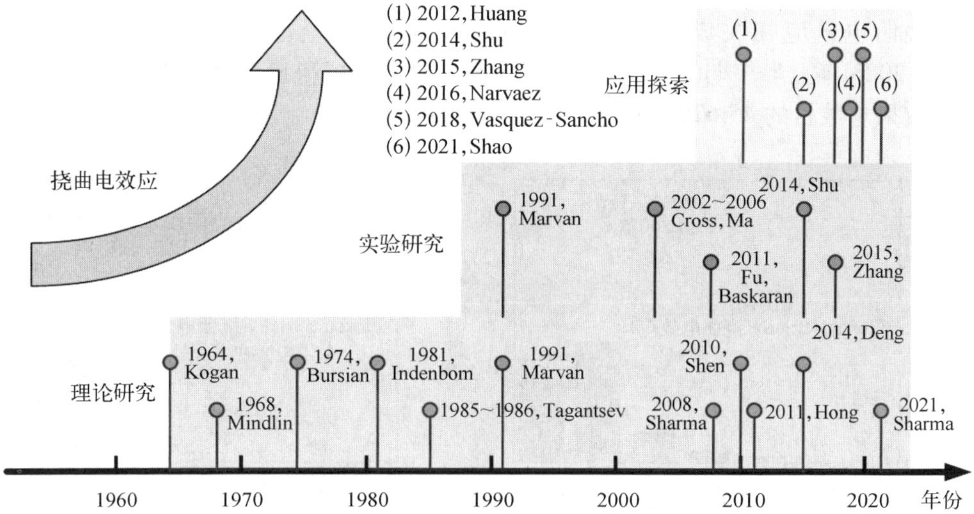

图 1.2　挠曲电效应的发展脉络和重要时间节点概况

越来越多的学者开始关注挠曲电效应相关内容的研究。经统计，以谷歌学术(Google Scholar)网站为例，挠曲电效应相关的文章数目均呈显著增长趋势。图 1.3(a)是以“Flexoelectricity”(挠曲电效应)为关键词的检索情况(数据截止到 2023 年 7 月)，由图 1.3(a)可以看出，1961～1970 年 10 年间相关参考文献仅 13 篇，而近年来挠曲电效应相关的文献均显著增长，2011～2020 年的参考文献已达 6 820篇；尤其是 2021～2023 年的文献数已经达到 4 450 篇，按此数据估算，预计 2021～2030 年可达近 15 000 篇。在叠加搜索关键词“Experiment”(实验)后，如图 1.3(b)所示，可以得到近年来挠曲电效应实验相关研究工作与挠曲电效应研究总数如影随形，不断增长，2021～2023 年已达到 3 770 篇，预计 2021～2030 年可达 12 000 篇。值得一提的是，20 世纪以来对材料挠曲电效应的研究多关注于液晶相关的研究，自 2001 年开始，在已故著名美国物理学家 Cross 等的努力下，一系列具有开创性的实验研究结果不断被刊出，相关实验方法也因其具有重要的指导意义而被广泛采用，同时这些具有重大意义的实验方法反作用于固体材料挠曲电理论的发展。如图1.3(c)所示，在叠加搜索关键词“Solid”(固体)后，搜索结果显示，1961～1970 年，固体电介质材料的挠曲电效应研究仅 9 篇，而到 2011～2020 年相应的成果数目已达到 5 240 篇，占同时期研究成果总数目的 76.83%，2021～2023 年上半年更是达到了 3 580 篇，占同时期研究成果总数目的 80.45%，预计 2021～2030 年可达 12 000 篇。从全世界范围来看，挠曲电效应研究成果和文献的增长，直接反映了该领域研究的热度随时间正在迅速提升，而在此过程中，中国人的参与度也迅速提升，在叠加搜索关键词“Chinese”(中国的)后，搜索结果如图 1.3(d)所示，1961～

1980 年,中国人在相关领域没有发表成果,而到了 2011~2020 年,中国人主导或参与的挠曲电效应相关成果已达到2 390 篇,占同时期全球总成果的 35.04%,而 2021~2023 年上半年期间,中国人主导或参与的相关成果已达 2 030 篇,占同时期研究成果总数目的 45.62%,占比在进一步提高。

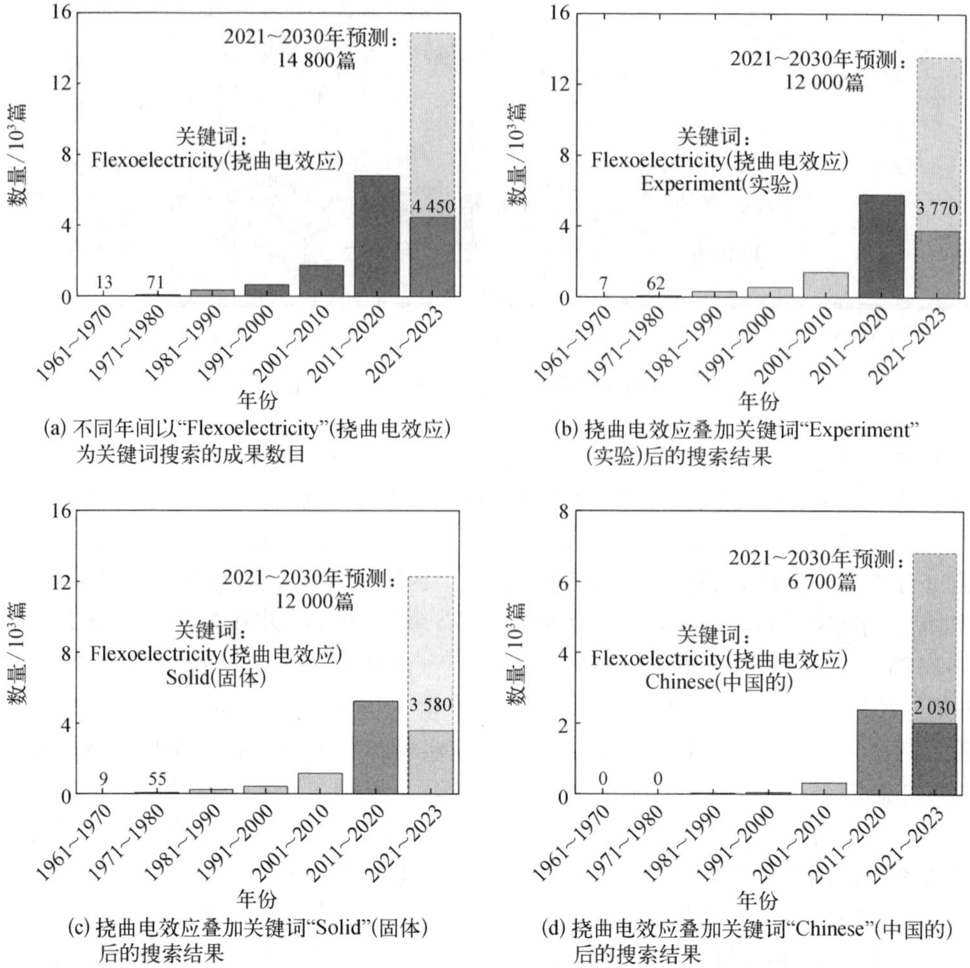

(a) 不同年间以"Flexoelectricity"(挠曲电效应)为关键词搜索的成果数目

(b) 挠曲电效应叠加关键词"Experiment"(实验)后的搜索结果

(c) 挠曲电效应叠加关键词"Solid"(固体)后的搜索结果

(d) 挠曲电效应叠加关键词"Chinese"(中国的)后的搜索结果

图 1.3 挠曲电效应成果统计,采用 Google Scholar 搜索引擎,不包含专利

综合近年来国内外大量文献的研究成果来看,目前国内外挠曲电效应相关的研究方向和特点主要有以下几个方面:① 固体电介质材料挠曲电效应研究占比最大,且理论和实验研究互相促进、互相发展,介电弹性体、液体等介电材料的挠曲电效应研究方兴未艾,且具有巨大发展前景;② 当前的研究内容主要从提升应变梯度、挠曲电系数水平,以及发挥尺度效应优势三方面入手,百家争鸣、百花齐放,取得了一系列突出成果，并不断向微纳尺度、复合材料、半导体等领域进军；③ 挠曲电现象的研究正在对铁电存储、MEMS（微机电系统）芯片、下一代电子器件设计、微流控等相关领域的研究提供多渠道的理论支持和实验方法等方面的帮助，进一步提升了学科交叉高度和深度，为解决各类前沿科学技术难题提供了有力支撑；④ 基于挠曲电现象的超高等效压电效应及其应用是相关研究的主要目标和突破方向。

1.2.2 理论研究和三类挠曲电效应的提出

挠曲电理论的发展始于20世纪。物理学家Tagantsev等对高对称性晶体材料的压电和挠曲电原理进行了系统的推导，得到了许多非常重要的结论，对研究固体材料的挠曲电效应具有里程碑式的意义。他在系列理论工作中首次提出了四种挠曲电效应的分类方式：体静态挠曲电效应、体动态挠曲电效应、表面静态挠曲电效应和表面动态挠曲电效应，并通过理论分析说明了静态挠曲电效应和动态挠曲电效应在本质上是不同的[28–31, 38, 39, 47, 48]。作为四种挠曲电效应的基石，静态体挠曲电效应是目前受到最广泛关注的内容，本书的主要研究内容也将基于此。Kogan[27]最早提出了固体中挠曲电效应的唯象学理论框架，研究了中心对称晶体中电子–声子的耦合问题；Mindlin[49]给出了逆挠曲电效应的现象学框架，Askar等[50]从晶格动力学角度证实了挠曲电效应并预测了挠曲电系数的范围；Indenbom等[26]提出了铁电体的Landau型挠曲电理论，为后期研究挠曲电效应对铁电体物理性能的影响提供了理论基础。Tagantsev则从现象学和微观角度研究了挠曲电效应，提出了挠曲电效应的四个形式，并认为这四种挠曲电系数处于同一量级，同时给出了挠曲电系数与相对介电常数正相关的理论预估，他还认为体挠曲电效应和表面挠曲电效应是由不同机理导致的。与之相对的是，Resta[51]认为挠曲电系数由体效应贡献，而与表面效应无关，且表声波与均匀应变场导致的电极化本质上是一致的。西安交通大学申胜平、胡淑玲等[52, 53]从能量变分原理推导了考虑挠曲电纳米电介质的广义控制方程，建立了考虑挠曲电效应和表面效应的纳米电介质理论框架，系统地描述了体挠曲电效应、非局域弹性和电学、表面残余电荷与应力、表面压电和表面挠曲电效应等因素。Le Quang等[54]针对所有可能的挠曲电系数张量中的反演对称情况进行了理论分析和推导，使得当给定某一对称形式时，可得出其挠曲电系数张量中独立分量的个数和矩阵的形式。Hong等[55–57]研究了挠曲电理论和计算的第一性原理。Yudin等[38, 47, 48]在其新的理论工作中给出了铁电材料挠曲电系数上限的理论预估。

关于挠曲电原理尺寸效应相关的理论研究和第一性原理方面的研究，近年来也不断发展。由于挠曲电效应与应变梯度相关，因此该效应在更加微小的尺度下具有更明显的输出特性。Abdollahi等[58–63]从理论上系统地讨论了挠曲电效应尺度特性，以钛酸锶钡（BST）等晶体材料为例，给出了不同厚度下挠曲导致的等效压电系数，并以开路、短路电路和梯形台结构模型为例进行了详细的理论分析和预测。Gharbi 等[64]通过理论计算和对照实验证实并讨论了铁电材料中压痕尺度效应的机理，即挠曲电效应。Zhou 等[65]进一步对电介质材料压痕的尺度效应进行了理论计算和验证。Zeng 等[66, 67]从挠曲电效应的尺寸相关性出发，研究了纳米尺度压电壳的挠曲电效应理论。Abdollahi 等[59, 68]对梯形（部分金字塔）结构在受压作用下的三维模型进行了详细的理论分析和计算。Huang 等[69]对挠曲电效应的尺度效应进行了系统的分析和阐述。Qi 等[70]对双层的纳米梁挠曲电效应的尺度效应进行了理论分析和讨论。Catalan 等[71]系统地分析和研究了铁电薄膜材料中的挠曲电行为。Hong 等[55–57]通过一系列工作系统地阐述了钛酸钡（BTO）等材料挠曲电行为的第一性原理。Xu 等[72]对 $SrTiO_3$ 和 $BaTiO_3$ 材料的挠曲电效应利用第一性原理进行了分析。Liu 等[73–77]分析了压电纳米线的表面挠曲电效应。Majdoub 等[78–80]理论分析了基于挠曲电原理的俘能行为和优化方案。Wang 等[81]对二维石墨烯材料的挠曲电效应和压电效应进行了研究。Sharma 等[82, 83]对正、逆挠曲电效应及其相关关系进行了理论研究和分析。为了更好地研究挠曲电效应相关力电耦合过程，有时会以有限元配合理论进行综合研究[84]。关于挠曲电效应的理论工作，已有学者通过综述文章的形式进行了归纳和系统性总结，且与本书内容没有直接的相关性，因此不过多赘述。

从力电耦合的形式上看，如前文所述，Tagantsev 率先提出了纵向、横向和剪切向三种类型的区分方法，该分法主要是基于载荷、应变梯度与电极化及其之间的关系而确定的。如图 1.4 所示，假设某种非压电介电材料的局部微观电荷中心分布如图 1.4（a）所示，当其受到均匀应变作用时，材料的正、负电荷中心无法发生偏离，因而无法产生因变形导致的电极化；当受到非均匀应变作用时，如图 1.4（b）所示，该局部结构会产生因几何结构非对称性的等效电荷中心分离，此时虽然单个微结构的对称性没有发生变化，但微结构间形状变化的非均匀性导致了其正、负电荷中心的变化，从而产生等效的挠曲电导致的电偶极子，该挠曲电偶极子的产生主要是由纵向变形的非对称性导致的，因此称为纵向挠曲电效应。当材料受弯产生非均匀变形时，如图 1.4（c）所示，除了纵向以外，微结构在横向也产生了变形，其结构对称性也因该横向变形发生了明显变化，继而导致相应的等效电荷中心也发生了变化；由于该挠曲电极化过程主要由横向变形引起，因此称为横向挠曲电效应。如图 1.4（d）所示，当微结构受到剪切作用发生变形时，微结构的形状发生了变化，且由于剪切应变梯度的存在，微结构之间相对变形程度不同，产生了因剪切应变非均匀性的挠曲电偶极子。三种形式的具体结构设计和力学加载方法如图 1.4（e）~（g）所示。图 1.4（e）描述了一种纵向挠曲电效应的实现方法，对纵向变截面结构（如梯台结构）上表面施加竖直向下的均布力、下表面简支约束，由于截面尺寸在高度方向产生变化,因而在结构上产生了应变梯度,从而产生了沿高度方向的应变梯度;图 1.4(f)则是横向挠曲电效应的实现方法,即对板或梁结构施加弯矩,使其产生沿厚度方向的应变梯度,从而产生相应的挠曲电极化;图 1.4(g)是基于截面为圆环结构的剪切向挠曲电效应的实现方法。当对长度尺寸远大于截面尺寸的圆环结构施加扭矩时,由材料力学知识可知,圆环沿径向产生均匀的剪切应变梯度,从而产生相应的剪切向挠曲电效应。本书对这三类挠曲电效应的理论和实验研究分别进行详细介绍,并从力学设计、力电耦合、挠曲电系数解耦等角度进行分析。

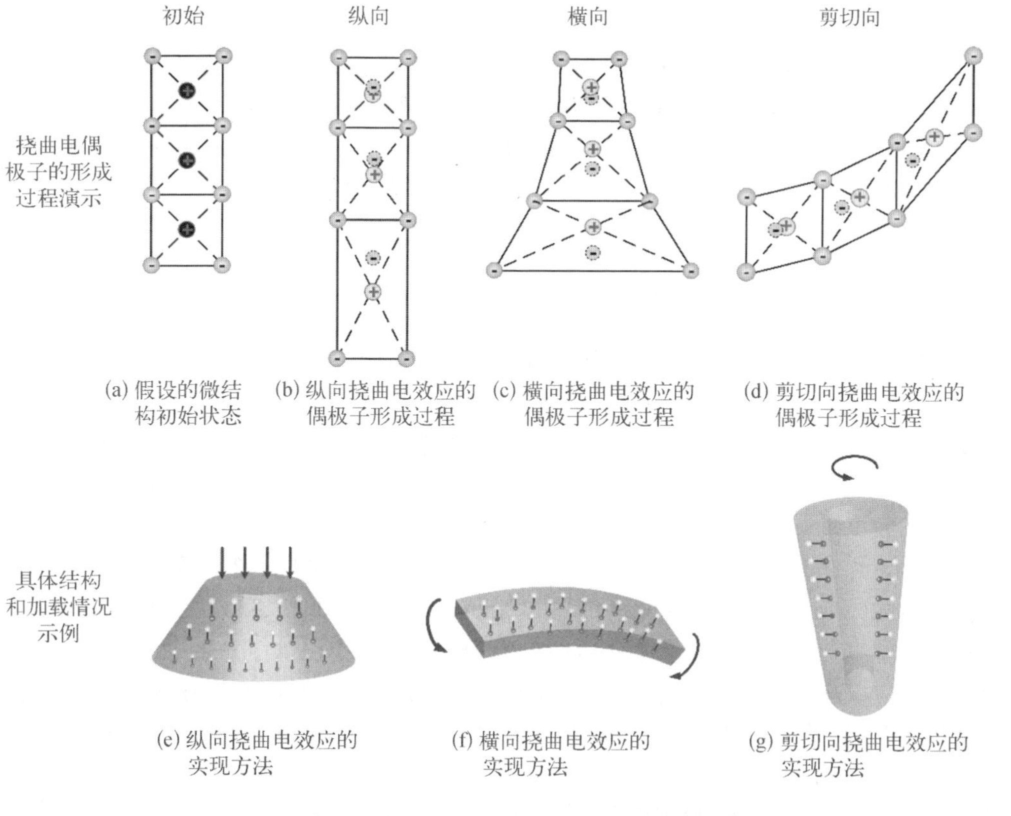

图 1.4 三类挠曲电效应的力电耦合过程和具体加载示例

由挠曲电效应的定义可知,影响挠曲电系数张量定义的有应变梯度和极化方向。在直角坐标系中,定义 x、y、z 分别对应 1、2、3 三个角标。应变为二阶张量,共有 9 个应变分量,其中 6 个为独立分量,应变梯度存在 3 个方向,极化强度也存在 3 个方向,则挠曲电系数分量最多为 54 个[38, 47, 48, 85-89]。由式(1.1)可推导得到挠曲电系数矩阵为

$$\begin{bmatrix} \mu_{1111} & \mu_{1112} & \mu_{1113} & \mu_{1121} & \mu_{1122} & \mu_{1123} & \mu_{1131} & \mu_{1132} & \mu_{1133} \\ \mu_{2211} & \mu_{2212} & \mu_{2213} & \mu_{2221} & \mu_{2222} & \mu_{2223} & \mu_{2231} & \mu_{2232} & \mu_{2233} \\ \mu_{3311} & \mu_{3312} & \mu_{3313} & \mu_{3321} & \mu_{3322} & \mu_{3323} & \mu_{3331} & \mu_{3332} & \mu_{3333} \\ \mu_{2311} & \mu_{2312} & \mu_{2313} & \mu_{2321} & \mu_{2322} & \mu_{2323} & \mu_{2331} & \mu_{2332} & \mu_{2333} \\ \mu_{1311} & \mu_{1312} & \mu_{1313} & \mu_{1321} & \mu_{1322} & \mu_{1323} & \mu_{1331} & \mu_{1332} & \mu_{1333} \\ \mu_{1211} & \mu_{1212} & \mu_{1213} & \mu_{1221} & \mu_{1222} & \mu_{1223} & \mu_{1231} & \mu_{1232} & \mu_{1233} \end{bmatrix} \tag{1.2}$$

三斜晶系和其他低对称性材料的挠曲电系数分量的数量最多为 54 个。

1.2.3 实验研究进展

由式(1.1)可知,应变梯度是电介质材料中产生挠曲电效应的必要条件。应变梯度破坏材料结构的反演对称性,从而使材料内部等效正负电荷中心产生偏离,诱导电偶极矩的产生。单位体积内电偶极矩的矢量之和就是挠曲电电极化强度。在挠曲电效应的研究中,学者从结构、材料和载荷等不同角度进行了应变梯度的设计,实现了电介质材料中挠曲电效应的产生。

1. 应变梯度的设计

1) 宏观应变梯度

在纵向挠曲电效应的研究中,目前多采用如图 1.5(a)所示的梯台–压载方法。当梯台在高度方向受压载作用时,产生的纵向正应变由于梯台横截面积的变化而在高度方向产生应变梯度,从而产生纵向挠曲电效应。电极化强度的大小可以由梯台上、下表面电极上产生的感应电荷量来衡量。在此过程中,梯台边缘位置会出现因应力集中现象而产生局部非均匀的应变梯度,从而对挠曲电效应的理论预测和实验测量带来不确定性。为了减少这种不确定性,Lu 等[3]将梯台结构优化成如图 1.5(b)所示的圆台结构,有效地降低了应力集中现象带来的影响。本书作者[91]在常规梯台压载的基础上,进一步设计了一种如图 1.5(c)所示的等应变梯度圆台结构,使其在均匀压载作用下产生在高度方向均匀分布的应变梯度,有效地减小了应变梯度的非均匀性对纵向挠曲电效应理论预测和实验测量的影响。

然而,无论是结构创新还是模型优化,通过上述方法得到的材料挠曲电系数并非本征挠曲电系数分量的结果,而是由多个方向应变梯度电极化贡献耦合的等效值。在本书第 2 章中提出了一种基于宏观应变梯度设计和解耦加载方式的纵向挠曲电效应的实验研究方法,测量出了本征挠曲电系数纵向分量的值。

在横向挠曲电效应的研究中,应变梯度往往产生于梁的弯曲变形。梁在厚度方向产生应变梯度,从而产生挠曲电极化。电极化强度可通过在梁的上下表面布置对称电极的方式进行实验测量和表征[90–92]。图 1.6 所示的是三种典型的梁弯曲

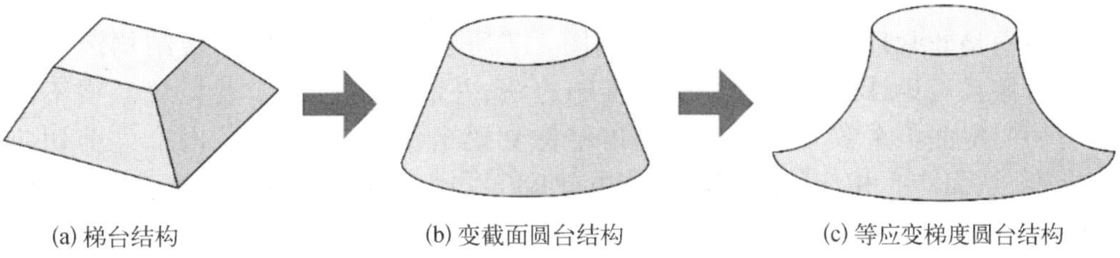

图 1.5 纵向挠曲电效应实验试件设计思路

变形形式，包括悬臂梁弯曲、三点弯和四点弯。在弯曲变形的情况下，梁的中性面上下两层分别产生拉伸和压缩的正应变，从而在厚度方向产生相应的应变梯度。当悬臂梁产生弯曲变形时，梁在根部会产生比在自由端更大的应变梯度，因此在梁的根部会产生更为显著的挠曲电效应，该处也是电极化测量的优选位置，如图 1.6(a)所示；当梁结构受到三点弯变形时，梁的中心加载位置附近会产生最大的应变梯度，因此该处的挠曲电电极化最强，也是电极化测量的优选位置，如图 1.6(b)所示；当梁结构受到四点弯变形时，加载点之间会产生均匀的应变梯度，如图 1.6(c)所示。在该区域的电极化测量可以避免非均匀应变梯度带来的烦琐计算、电极位置选择等问题[93]。

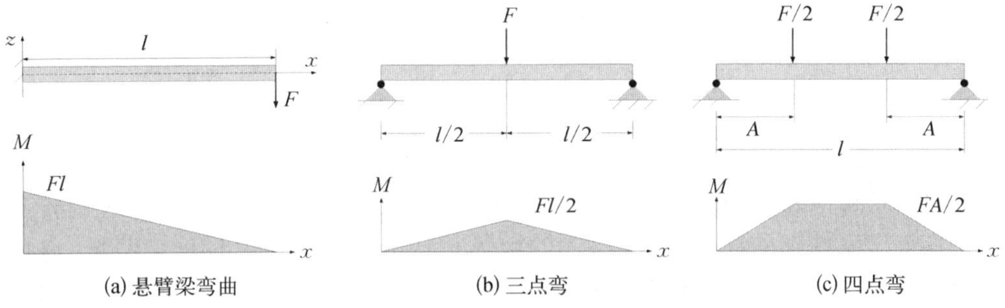

图 1.6 横向挠曲电效应设计

常规的等截面悬臂梁在弯曲变形时，根部会产生最大的应变和应变梯度，从而在该处产生最大的挠曲电极化强度，因此悬臂梁弯曲变形下的挠曲电效应的电极化测量位置一般都在梁的根部。应变梯度的非均匀性会对挠曲电效应的理论分析和实验测量带来不确定性。为了解决该问题，本书通过变截面悬臂梁的设计，首次提出在悬臂梁弯曲条件下的等应变梯度悬臂梁模型，有效避免了应变梯度非均匀性对挠曲电效应的理论预测和实验测量带来的影响。具体的设计和实现过程详见第 5 章。

在剪切向挠曲电效应的实验研究中，2014 年以前缺乏可设计的剪切应变梯度设计方法，有的研究人员采用对梯台结构横拉等方法获取剪切应变梯度，但其均匀性不是非常理想。本书通过采用图 1.7 所示的圆柱/圆环扭转结构产生了均匀可控且可设计的剪切应变梯度实施方法，并利用电极的布置位置获得不同的剪切向挠曲电系数分量。当圆柱体结构受扭矩作用时，其沿径向产生剪切应变梯度，从而产生相应的剪切向挠曲电效应[93-96]。在此基础上，本书还在柱坐标系下对低对称性材料的剪切向挠曲电效应实验方法进行了系统研究，具体研究内容见第 4 章。

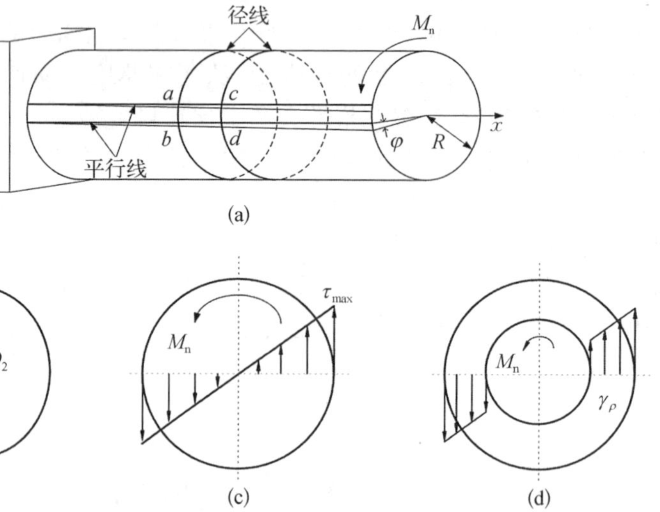

图 1.7 剪切向挠曲电效应中的圆柱/圆环扭转模型

针对液体电介质的剪切向挠曲电效应同样开展了研究，本书作者通过旋转非均匀截面腔室内部的柱体，使腔室内的液体材料产生剪切应变梯度，获得了包括水、油、聚二甲基硅氧烷（PDMS）等液体电介质的挠曲电效应[97]。液体挠曲电效应的研究内容主要包括液体材料的剪切应变梯度制备方法、液体偶极子的极性与挠曲电系数之间的关系，以及液体内离子-电子双层结构对研究的屏蔽效应等几个方面，具体内容在第 3 章叙述。

2）微观应变梯度设计

在微观尺度下挠曲电效应的研究中，Grasinger 等[98]用理论和模拟的方法在非压电材料中产生了“类压电效应”。他们在长方形结构中设计了三角形微结构，当施加外部的拉应力时，由于三角形微结构、长方形结构内部发生非均匀变形，由此产生的应变梯度可产生挠曲电效应，这种挠曲电电极化密度与三角形微结构的尺寸紧密相关。Zhang 等[99-101]将高分子材料通过 3D 打印制成多孔材料，这种多孔材料包含连续排列的微结构。在微观尺度下，因材料制备技术的限制，挠曲电效应实验研究的对象主要集中于薄膜结构。研究表明,外延氧化物薄膜的制备过程中会产生不可控的面外应变梯度,这种非必要结构的非均匀性往往决定了铁电薄膜材料的介电性能。通过调控这种预设的应变梯度可以有效实现材料的特定功能。例如,Kim 等[102, 103]在 $BiFeO_3$ 薄膜材料中预设缺陷,在应力释放过程中最高可产生的应变梯度的数量级可达 $10^5 \sim 10^6\ m^{-1}$,从而可产生很大的挠曲电极化电场。

除了预设应变梯度的方法,对薄膜材料施加局部机械应力也可以引发挠曲电效应的产生。近年来,扫描探针显微镜的发展为微纳尺度下挠曲电效应的研究提供了一种新的方式。根据粗略的估计,用扫描探针在薄膜表面施加微牛(μN)量级的力,就可以在半径为几十纳米的范围内产生吉帕(GPa)量级的局部应力。这种局部的超高应变梯度可以有效诱导巨大挠曲电效应的产生。例如,Das 等[104]将原子力显微镜的针尖作用在钛酸锶纳米薄膜上,通过针尖附近应变梯度产生的挠曲电效应成功将钛酸锶薄膜极化,其中测量到的隧道电流与应变梯度极具相关性,实现了通过挠曲电效应调控电子隧道效应的目的。Sun 等[105]通过原子力显微镜探针在半导体材料上产生的局部挠曲电极化电场,有效实现了半导体材料中肖特基势垒的调控。

褶皱结构的屈曲形式也能在微观条件下产生较为可观的应变梯度。Qi 等[106]在预拉伸的 PDMS 基底上预置锆钛酸铅(PZT)薄膜,当 PDMS 基底恢复原长时,粘接在上面的 PZT 薄膜随之变形,形成类似正弦曲线的褶皱结构,其中产生的最大应变梯度可达 $3\times10^4\ m^{-1}$,比常规的梯台压载和梁弯曲形式下产生的应变梯度有数量级的提升。Shang 等[107]提出了褶皱薄膜中的挠曲电效应力电耦合模型,并重新定义了褶皱波形的幅值、波长和临界应变。研究表明褶皱薄膜的有效和可拉伸性可以通过改变薄膜的厚度来实现调控。另外,薄膜褶皱产生的挠曲电极化场可以通过压应变来调控,这为纳米尺度下力电耦合器件的研制提供了新的可能[108]。

2. 电场梯度设计

逆挠曲电效应是一种由电场梯度引起结构变形的现象。实现逆挠曲电效应的关键是诱导电场梯度的产生。通过逆挠曲电效应可以实现梁的弯曲变形。在逆挠曲电效应实验研究中,Shu 等[109]分别研究了 BST 材料剪切向和纵向的挠曲电系数,分别对梯台侧表面、上下表面施加电极,非均匀电场使梯台结构产生挠曲变形,通过测量梯台一端的位移,计算其等效的逆挠曲电系数。电场梯度使 BST 材料产生了 10^{-10} m 数量级的变形,同时与对照组(无应变梯度组)进行对比,进一步判断逆挠曲电效应产生的有效变形。Springolo 等[110]讨论了正、逆挠曲电系数的关系。此外,Shu 等[86]还推导了非均匀空间场中与坐标相关的吉布斯自由能密度函数,证明了两者是等价的。Koirala 等[111]在 $DyScO_3$ 中发现了一种由逆挠曲电效应引起的悬臂梁弯曲变形,而且该弯曲变形存在 2 个自由度。Kim 等[112]根据 BST 材料的介电常数随温度变化的特性,在均匀柱体内部通过温度梯度的设计构造了介电常数梯度，在特定电压的作用下，具有介电常数梯度的均匀结构内部产生电场梯度，使结构因逆挠曲电效应而发生了变形。温度梯度下的均匀结构中逆挠曲电效应的理论模型与实验结果相符合。本书通过在介电弹性体内部掺杂不同浓度 BST 材料的方式，实现了均匀结构中的介电常数梯度[113]。在外电场作用下，结构内产生了电场梯度，从而导致因逆挠曲电效应的变形。Bhaskar 等[62]通过压电力显微镜在微观条件下研究了逆挠曲电效应。当压电力显微镜的针尖在薄膜材料表面施加电压时，产生的电场大小随着与探针和薄膜之间距离的增大而变小，因此在探针附近会产生局部电场梯度。在电场梯度的作用下，材料因逆挠曲电效应发生变形。本书设计了一种曲面梁，在其上下表面铺设电极并施加电压后，可以产生电场梯度，使曲面梁因逆挠曲电效应而发生弯曲[114]。将这种曲面梁通过叠加的方式组成类似葫芦形截面的结构并将各个电极并联后，可以将变形量成倍放大，由 PDMS 材料制成的葫芦形结构在 300 V 电压的激励下，产生的变形量是圆柱形结构的 18 倍[115]。Wu 等[116]设计了一种双弧形结构，在结构两边弧形区域施加的电压作用后会产生相应的电场梯度，从而导致结构因逆挠曲电效应而发生偏转，偏转的位移量与电场强度成正比。这种双弧形结构可用于逆挠曲电效应实验研究，其在共振状态实现了 0.7 nm 的输出位移。双弧形结构的电场梯度减小了边界处电场集中的现象，使得电场梯度分布均匀度提高。

3. 其他梯度设计

挠曲电效应描述的是应变梯度和电极化强度之间的直接关系。除了结构创新和力学设计直接构造应变梯度并诱导挠曲电效应的产生以外，还存在其他能够间接产生挠曲电效应的方式。例如，挠曲电效应也可以由其他形式的梯度场诱导产生，如温度梯度、冲击载荷下弹性波传播的时间梯度和介电常数梯度等。Qu 等[117]通过理论的方法分析和研究了半导体梁中温度梯度对挠曲电效应的影响。温度梯度的设计可以调控该挠曲电梁中电势的分布。Liu 等[118]通过温度梯度的设计研究了 Bi_2O_3 薄膜中的挠曲电效应。理论和实验结果均表明，当改变温度梯度的方向时，该材料的塞贝克系数也会发生变化，而这主要源于在非均匀变形下热电效应和挠曲电效应耦合。Hu 等[119]采用冲击的方法测量了钛酸钡材料的挠曲电系数。对钛酸钡制成的圆盘样品施加冲击载荷时，冲击波在样品中沿厚度方向传播过程中产生了一个与时间相关的应变梯度，可通过理论计算出该应变梯度的值，结合实验测量得到的由该应变梯度引起的挠曲电极化强度，可以计算得到钛酸钡材料的挠曲电系数为 17.33×10^{-6} C/m，该结果与由常规三点弯变形方法得到的钛酸钡横向挠曲电系数相当。Hu 等[120]还研究了冲击速度对钛酸钡材料挠曲电效应的影响，结果表明，当冲击速度超过 230 m/s 时，挠曲电效应的输出会显著提高。为了避免冲击过程中表面效应的影响，Hu 等[121]还研究了霍普金森杆冲击下材料的挠曲电效应，由该方法产生的与时间相关的应变梯度相比于准静态加载的方法更大，导致测得的挠曲电极化电荷信号也更大，这大大提高了挠曲电效应电荷输出的信噪比，增加了结果的可靠性。综合来看，对其他梯度的设计，其目的还是产生因相关梯度导致的应变梯度或电场梯度，从而产生正/逆挠曲电效应。

4. 挠曲电效应的增强方法

与其他形式的力电耦合效应相比，挠曲电效应在应用方面现存最大的不足是其力电耦合响应水平偏低。通过调控挠曲电效应产生时的应变梯度可有效提高挠曲电效应的响应。然而，材料在弹性范围内产生的应变梯度始终有限，因此可以通过力学调控、材料设计等方式进一步提升挠曲电效应的力电耦合效率水平。

对于高度无序的高分子材料，可以通过施加预载荷的方式使材料内部的偶极子变得更加有序，从而在非均匀变形条件下产生更大的挠曲电电偶极矩，即更大的挠曲电极化强度。本书作者发现预置应变梯度会引起非极化聚偏氟乙烯（PVDF）内部 α 相 PVDF 向 β 相转化，从而在材料内部预置了极化场[91, 122, 123]。当施加非均匀变形时，这种预置的极化场将增强材料的挠曲电效应。实验结果也表明，预置的应变梯度越大，材料的挠曲电效应越强。Grasinger 等[98]通过统计力学的方法研究了预拉伸对介电弹性体挠曲电效应的放大作用，而本书根据发展的力电耦合理论和实验进行了定量分析[124]。基于介电弹性体材料中的高分子网络特性，认为将拉伸和弯曲结合，可以大大增强其挠曲电效应。上述工作为可拉伸的介电弹性体在挠曲电器件的研究提供了新的可能。

通过在常规材料中掺杂特定材料，在保留基底材料性质的同时能够增强复合材料的挠曲电系数。例如，Hu 等[125]在 PVDF 材料中掺杂了 BST 纳米纤维。通过基于三点弯的横向挠曲电效应实验，测量了不同 BST 浓度的 PVDF－BST 复合材料的挠曲电效应。随着 BST 浓度的增大，复合材料的挠曲电效应也增加。当 BST 的浓度为 25%（体积分数）时，其横向挠曲电系数约是纯 PVDF 材料的 4 倍。Majdoub 等[78-80]通过理论和模拟的方法研究了 PVDF 浓度和钛酸钡浓度按比例呈梯度分布结构的挠曲电效应。当几何尺寸均匀的结构中存在弹性模量分布变化时，在压载作用下，这种均匀结构由于弹性模量分布变化的存在而产生应变梯度，从而产生挠曲电效应。通过电极在纵向和横向的设置，可以在加载过程中分别得到该结构的横向和纵向挠曲电效应。这种弹性模量梯度材料的设计可以在均匀结构中实现挠曲电效应的产生，为挠曲电器件的研究提供了一种新的思路。Abdollahi 等[58, 59]设计了一种由压电系数不同的材料组成的双层悬臂梁结构。该结构下复合材料的等效挠曲电系数与两种材料的压电系数之差成正比。通过设计双层材料内的压电系数梯度，可有效诱导挠曲电效应的产生。在材料尺度进行拓扑结构优化从而实现更高水平的挠曲电效应，是一个新的研究思路[126, 127]。挠曲电效应的增强方法研究从应用物理、力学、电介质物理等多个方面不断探索并取得突破[128-133]。Narvaez 等[134, 135]论述了单晶材料钛酸钡（BTO）不同取向时的显著挠曲电效应和明显的各向异性;2016 年,Narvaez 等[136]在 *Nature* 杂志发表了半导体增强挠曲电效应的工作,通过掺杂宽带隙氧化物的单晶来增加其挠曲电效应,使挠曲电系数增加了多个数量级[137]。以此为契机,一系列新材料、新现象以挠曲电效应相关的形式不断展现出来[99, 137-147]。Yang 等[148]通过 X 射线衍射的方法观测了 111 取向的铁酸铋($BiFeO_3$)薄膜的表面结构,发现在铁酸铋薄膜表面 2~3 nm 存在较大的应变梯度,表明了材料的表面结构与挠曲电效应之间存在耦合关系。Wen 等[149]通过在材料中植入驻极体单层的方式增强了材料的挠曲电效应。在介电弹性体材料 PDMS 梁结构的中性层植入一层极化过的带电聚四氟乙烯(PTFE)薄膜,相当于在材料内部注入一层半永久的负电荷。在弯曲变形时,该携带驻极体层的 PDMS 基复合材料的挠曲电系数是纯 PDMS 材料的 100 倍。近年来,有学者将挠曲电效应和光伏效应相结合,随着太阳能电池的发展,Yang 等[150]通过挠曲电效应机制在中心对称材料中实现了光伏效应,这对于提升太阳能能量转换效率有着重要的意义。Jin 等[151]的研究表明通过真空退火的方法在 $SrTiO_3$材料中引入氧空位可极大提高材料对光的吸收能力,并大大提高其挠曲电效应。Shu 等[152]提出了钙钛矿卤化物中的光挠曲电效应,在特定的光照条件下,材料的挠曲电效应比在无光照条件下提高了近 2 个数量级。Grasinger 等还设计了含多种功能梯度的复合材料,如通过材料属性、几何结构和电场方向三种形式的非均匀设计,在电场作用下产生三种电场梯度并将因逆挠曲电效应产生的结构变形进行累加,实现了“1+1+1>3”的效果。

本书在第 7 章系统性研究了含弹性模量分布变化结构的挠曲电效应。在力学载荷作用下,这种含弹性模量分布变化的均匀结构可产生应变梯度,从而诱导挠曲电效应的产生。将弹性模量分布变化设计和非均匀几何结构相结合,可在相同的载荷条件下极大地提升材料的挠曲电效应。

1.2.4 挠曲电效应的尺度相关性

由式(1.1)可知,挠曲电效应具有强烈的尺度相关性,即尺寸越小,效应越明显。该特征将对 MEMS、微流控、细胞力学等领域的研究具有重要的理论价值和实验指导意义。

西安交通大学申胜平等[53]针对挠曲电效应、表面效应和静电力,提出了一种纳米电介质的电焓变分原理,建立了电介质材料挠曲电效应和表面效应(表面应力和表面极化)的尺度效应理论框架,为纳米电介质中力电耦合问题的分析和计算解决方案提供了依据;梁旭等[153, 154]则研究了挠曲电效应对纳米梁屈曲和振动行为的影响。Qu 等[117, 155]采用二维理论分析了半导体薄板的挠曲电效应。Wang[81]采用能量变分方法基于纳米薄壳模型研究了屈曲载荷与挠曲电特性、材料尺寸之间的关系。Nanthakumar 等[156]提出了用于挠曲电纳米结构的混合有限元方法(MFEM),与传统的拉格朗日方法相比,可以减少自由度的数量,通过拓扑优化提升材料的力电转换效率。Yan 等[73, 77, 156-161]分析了压电纳米线的表面挠曲电效应，Yudin 等[38, 64, 162]探究了铁电材料挠曲电效应的机理，并基于尺度相关性等原则给出了铁电材料挠曲电系数上限的理论预估。Abdollahi 等利用三维模型分析了悬臂梁和梯台结构分别在弯曲和压缩加载方式下的挠曲电效应，明确给出了等效压电效应/挠曲电效应随结构尺度的变化关系，其结果表明结构尺度越小，挠曲电效应输出越大。Grasinger 等[98]分析了不同结构尺寸中三角形夹杂物对模型应变梯度的影响。在相同远场应力下，保持相同纵横比但不同长度的模型的应变梯度与长度成反比，微米尺度下的挠曲电效应已经非常显著，在纳米尺度下材料的挠曲电效应有可能超越固有的压电特性。Zhu 等[163, 164]开发了一种结合精密机械切割和湿法蚀刻的制造方法，采用微米-毫米尺度的梯台结构研究了 BST 复合材料的正、逆挠曲电效应，再次验证了挠曲电效应的尺度效应，表明了挠曲电梯台结构作为无铅压电材料替代品的巨大潜力。Yan[74-77, 165]研究了三明治结构在纳米尺度下的压电和挠曲电效应的输出能力，在均匀应力下获得了压电生物材料的压电响应，由夹层电极导致不均匀应变时，测量得到材料的挠曲电效应。Huang 等[68, 69]研究了钛酸锶钡微梁挠曲电效应的尺寸相关性。

1.2.5　挠曲电效应的应用探索

由于材料选择面广、不受居里温度限制和梯度相关性等方面的独特优势，挠曲电效应在应用探索方面取得迅速的发展。近年来，在基于挠曲电效应的传感、作动、俘能、信息存储和生物医学等相关领域都呈现出优秀的应用探索成果，进一步激发了对基于挠曲电效应应用的热情。

Huang 等[68, 166, 167]先后利用 BST 材料进行裂纹扩展的预测和利用微型梯形台结构进行力学信号的传感与测量。Kwon 等[168]分别利用多层复合结构和 BST 材料开展基于挠曲电原理的力学量传感工作。本书利用首创性实验方法获得的挠曲电系数进行基于挠曲电原理的无源扭矩传感器[169]及纳米作动器的设计和研制[115]。Zhang 等[170]通过对比压电材料和挠曲电材料在环状结构振动测量中的优劣，证明了挠曲电效应在该应用中具有相当广阔的前景。Zhou 等[171]利用挠曲电原理，开发出了无铅的“压电材料”并实现了与含铅压电材料类似的应用效果。Moreira 等[172]利用介电弹性体制备了结构简单的挠曲电器件。以石墨烯为基底的非金属电极位于橡胶材料的夹心位置构成三明治结构，其弯曲导致的应变梯度与产生的电信号呈线性关系，该结构可以被用于载荷传感以及能量俘获等应用。Park 等[173]基于剪切向挠曲电效应提出了一种扭矩传感器，将 PVDF 薄膜粘贴于刚性圆柱体表面，通过圆柱体的扭转带动 PVDF 薄膜产生剪切应变梯度，从而在 PVDF 薄膜的电极上感应挠曲电极化电荷。利用该传感器可测量圆柱形轴体的动态扭矩。

2016 年，Bhaskar 等[62]利用在硅材料上加工的微纳尺度的挠曲电型微机电结构，利用了挠曲电效应的小尺度效应，开创了挠曲电效应在微纳尺度应用的新阶段。2017 年和 2018 年，本书作者提出一系列逆挠曲电纳米量级作动器，用逆挠曲电效应的方法实现了非压电材料纳米级的位移输出[114]；武彤晖[116]在 2019 年提出一种逆挠曲电效应“摇摆式”作动器，能够实现高精度大量程的摆动式位移输出。2021 年，本书作者[115]利用驻极体材料和弹性模量梯度，实现了在 400 V 作用下超过 4°的大摆角作动输出，为精密光路调控、仿生作动器等提供了新思路。

在能量采集和俘获方面挠曲电效应近年来不断突破。Baroudi 等[174]利用一种具有挠曲电-压电复合效应的梁进行机械能的俘获。Deng 等[175-177]利用纳米挠曲电效应进行俘能研究。Faroughi 等[178]对非均匀梁结构的挠曲电能进行了分析。Li 等[179]提出了一种基于圆形薄膜振动的能量采集系统，经过对圆形薄膜在振动条件下的应变场分析，通过电极铺设区域的优化设计，实现了挠曲电效应的极化电荷最大限度的采集，提升了该能量俘获系统的效率。Rojas 等[180]针对挠曲电效应的俘能进行了尺度相关性研究。Wang 等[181, 182]针对压电双稳态微梁结构的挠曲电效应进行了俘能研究。Zhang 等[99]认为宏观尺度下固体电介质的挠曲电效应的响应有限，从而提出了一种基于高性能挠曲电效应的轻质、高效的多孔泡沫材料。在高达百万次循环后，该复合材料制备的样品仍可点亮 LED(发光二极管)灯泡，同时还可以给手机和蓝牙耳机供电，极大提升了挠曲电材料的能量转换效率[99-101]。

Guo 等[183-185]利用超薄压电材料的挠曲电原理设计了一种非电学开关的微小力输出信号持久存储方法。该方法不采用传统电学开关管中的 PN 结方式进行电开关操作，而是利用微小力产生应变梯度，从而产生电信号的方法来等效电开关。实验结果表明，该方法与电致开关具有类似的效果，从而证明了非电学开关在基于铁电材料信号存储领域具有非常重要的价值和意义。Chen 等[186, 187]利用铁电高分子聚合物研制了一种非挥发性的基于挠曲电原理的力学加载数据存储方法，原理如下：用不同大小的力(10^{-7} N 数量级甚至更小)通过纳米针尖在铁电高分子聚合物薄膜上进行形状的书写，被书写部分附近产生了应变梯度，因而产生了相应的电极化，随后通过电场耦合的方式进行电测量来获取书写的形状，上述研究证明该方法在 64 nN 的载荷作用下仍有明显的分辨率。

另外，挠曲电效应在生物领域也有所应用。Catalan 团队[188]研究了骨骼中的挠曲电效应。其研究表明，当骨骼中产生裂纹时，裂纹尖端的巨大应变梯度引起的挠曲电效应电信号可以在一定程度上刺激造骨细胞的生长从而促进裂纹的愈合。最新的细胞学研究表明，挠曲电效应在骨骼再生过程中至少起到两个作用：① 裂纹附近的机械运动可导致细胞凋亡从而驱使骨骼修复机制的启动；② 产生的挠曲电信号可刺激造骨细胞的活动。Deng 等[175]则研究了挠曲电效应在人体听觉系统中的作用，研究表明耳蜗中的组织器官在外界声音的激励下发生弯曲变形，诱导挠曲电效应的产生，从而对声音起到了放大的作用。

通过提升挠曲电器件的力电耦合响应水平,从而提升应用价值,是目前基于挠曲电效应应用研究的重点之一。具有轻质、柔性特性的材料一般具有较低的弹性模量,从而在很小的力的作用下就能产生极为可观的应变梯度致电极化现象。这样的材料结构设计往往可以用等效压电系数来衡量其力电耦合的性能水平。挠曲电效应的应用研究主要依托的是其两个基本特点：尺度效应和对称性破坏原则。倘若将结构的尺度进一步缩小,或者通过力学设计进一步打破电荷的对称性分布,可获得更高的等效压电效应。另外,由于介电弹性体复合材料颜色透明,与水的密度相当,结合巨大类压电效应的调控,可将其应用于水下侦听、海啸监测、海底目标跟踪等方面。介电弹性体复合材料不受居里温度限制,同时因其超低的等效附加刚度、简易的制备手段和超大的变形范围等特点,可在大型空间可展开天线实现大变形在轨监测;与空间高精度压电作动器实现行程包覆,发展成具有抗电磁干扰能力的大行程高精度作动技术。除此之外,还能以低成本、低实施难度在海面、油田和高原等特殊环境实施振动、风力、水能等各类能量俘获等应用。

1.3　几种宏观尺度挠曲电效应的加载和测量手段

挠曲电效应实验研究中的测量手段对研究具有至关重要的影响。对于正挠曲电效应,其加载手段主要为力学加载,包括力、位移、静水压等,而同步的测量手段则主要包括锁相放大器法、电流法(短路)、电荷法(短路),以及空载电压法(开路)。由于挠曲电效应的电极化本质为电荷面密度的产生和变化,挠曲电效应过程得到的结果应为某一具体面积上的电荷值及其变化量。因此,若使用电流法测量,则需要同步考虑加载过程的频率,以通过对时间积分的方式获得实际电荷值;而若用电荷法(主要为电荷放大器),则无须考虑频率相关性和积分等问题;除此之外,电荷放大器还有等效输出内阻大、隔离性能优异等优势。除了典型的电流法和电荷法,由于挠曲电效应产生的电信号较为微弱,早期有学者使用锁相放大器对测量得到的电流进行频谱分析,再通过对时间积分的方式获得真实的电极化结果。基于开路条件的空载电压法原理也非常明确：利用挠曲电极化产生的表面电荷导致等效表面电势发生变化,从而通过测量该电势,结合高斯定理换算等效表面电荷密度。这种方法在实验上较难操作的主要原因就是电压测量电路的等效输入阻抗与挠曲电极化无法匹配,导致明显的漏电流现象,继而改变了材料的表面电势,从而影响了测量的准确性。除此之外,还有通过阻抗曲线进行挠曲电效应的测量方法。对于逆挠曲电效应,加载手段主要为电场,即施加外电压的形式,而测量手段主要为基于光学的位移测量,通过加载不同形式的电场(梯度),结合结构特点,得到变形与电场梯度的关系。表 1.1 是几种挠曲电效应电信号测量方法对比情况。

表 1.1 三种电信号测量方法对比

类 别	开路电压法	阻抗曲线	电荷法	
			锁相放大器	电荷放大器
配合设备	—	—	—	示波器或其他数字采集器
实验操作便利性	√	√	×	×
数据复杂程度	×	×	√	√
电信号直观性、实时性	×	×	×	√
信息完整性和可靠性	×	×	×	√

注:"√"表示满足相应要求,"×"表示不满足相应要求,"—"表示不相关。

具体而言,为了保障微弱电信号的可靠获取,挠曲电效应的实验研究过程需要多方面考虑。首先是电极问题,表面电极化信号通过电极感应后由导线引出,因此电极需具有导电性能良好、附加刚度小、附着性强等特点。而极化电荷数量级较小,因此导线需具有抗干扰性能非常优秀、等效阻抗很小、等效连接刚度很小等特点。本章及后文在电极设置中基本考虑采用导电漆、导电凝胶、导电碳膏等电极,而导线则采用特制的石墨双夹层屏蔽线缆,以进一步屏蔽空间电磁干扰,提高信号信噪比。电极和导线的连接方式为导电胶带等,其兼具物理粘接性能、良好的导电性能和较低的附加刚度。

由于电极化以电荷的形式表现,所以需要采用电荷式的测量方式,即将电荷值线性地转化为电压的形式,并通过输入/输出隔离的方式保障信号输出的准确性。利用放大器的输入/输出隔离功能,实现对信号信噪比的提高。电荷放大器的下限截止频率为

$$f = \frac{1}{2\pi R_f C_f} \tag{1.3}$$

其中,f 为下限截止频率;R_f为反馈电阻;C_f为反馈电容。

电荷放大器的输入/输出关系为

$$U = \frac{Q}{C_f} \tag{1.4}$$

其中,U 为输出电压;Q 为极化电荷。

可以看到,电荷放大器的放大倍数与反馈电容值有关,反馈电容值越大,放大倍数就越小。在放大倍数一定的情况下,下限截止频率与反馈电阻有关,反馈电阻

越大,下限截止频率就越小。综合考虑设备的等效内阻、放大倍数可调性、频率特性,以及产品可靠性等因素,本书选择丹麦 B&K 公司的 2692A 型多路多放大倍数电荷放大器来进行电荷信号的测量。

需要注意的是,若利用示波器等显示性设备来直接进行测量,往往会得到错误的结果。图 1.8(a)是等效阻抗比对测量结果的影响原理示意图。由于试件是电荷源,向外输出电荷,且其在不同机械载荷的作用下表现的等效阻抗不一样,因此待测试件可看成自带内阻的电源。测量设备相当于通过其电压值可视化的无源载荷。而当电源内阻与测量相匹配,甚至更高时,示波器测量得到的信号往往由于分压作用会与电源真实值不一致。现有的常见示波器内阻一般为 1 MΩ,而若待测结构的电容值为 1 nF 数量级、加载频率为 1 Hz、输出电荷为 1 pC 数量级时,待测结构的阻抗数量级为 10^8 Ω 数量级,待测结构上的空载电压为 10^{-3} V 数量级。在此情况下,若用示波器直接观察,则示波器的分压(显示电压)为 10^{-5} V 数量级,根据示波器的参数指标,几乎没有识别的可能性,且测量结果不具备可信度。图 1.8(b)展示了不同等效阻抗比条件下的展示波形与真实波形之比。可以看到,在进行高内阻材料挠曲电效应实验过程中,测试仪器的内阻越大,测量准确度越高,等效阻抗比达到 10 时,测量值为真实值的 90.9%,而当等效阻抗比达到 100 时,测量值几乎为真实值的 99%,与真实值基本相当,测量准确度明显提高。

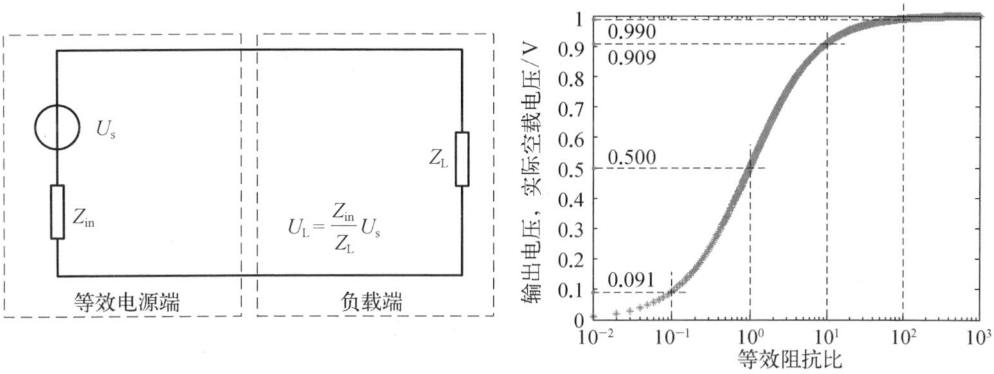

(a) 等效电源和等效内阻对实验测量结果的影响原因 (b) 等效阻抗比与输出波形真实度之间的关系

图 1.8 等效阻抗比对测量结果的影响原理及等效阻抗比与输出波形真实度之间的关系

已有文献中有使用锁相放大器进行微小电流的测量,而据分析,锁相放大器相比于本章电极化测量的方法具有一定的局限性。首先,文献中对载荷波形的加载有严格的限制,即周期性地加正弦载荷,因而可以通过积分的方法等效地通过微电流来换算材料的极化电荷。其次,锁相放大器的工作原理为将输入信号进行频谱分析后,再将预设频率点的幅值进行提取和显示。基于以上两点,可以清楚地明确锁相放大器在进行挠曲电效应测量时的局限：① 对载荷形式有严格的限制；② 只能测量定频点的电流幅值，无法观察和记录波形。然而，使用电荷式的测量则避免了以上问题：既能实现任意加载波形下的测量，也能实时获取电荷输出波形，很大程度上提高了实验方法和实验系统的普适性。

另外，即便电荷放大器灵敏度很高，但由于极化电荷数量级很小，静态时易与系统耦合发生低频率的电位漂移（全电路超低频充放电振荡），因此有必要通过动态加载的方式使其产生不断输出的电信号，以保障测量的可靠性。而加载频率的选择既不能过高，也不能过低。加载频率过高时，可能发生共振，并可能引发由动态挠曲电效应导致的电极化；此外会剧烈地提高试件的温度，导致实验出现不可控变量。当加载频率过低时，可能会出现极化信号频率低于设备下限截止频率而致使测量不准的情况。因此，加载的频率应考虑以上因素，且在力学上可看成远离共振频率的准静态加载。

在此基础上讨论极化测量的等效性，即多挠曲电系数共同作用于极化电极的情况。当材料受到上述载荷作用时，会产生一系列的应变和应变梯度，即

$$Q_x = S\left(\mu_{xxxx}\frac{\partial \varepsilon_{xx}}{\partial x} + \mu_{yyxx}\frac{\partial \varepsilon_{yy}}{\partial x} + \mu_{zzxx}\frac{\partial \varepsilon_{zz}}{\partial x}\right) \tag{1.5}$$

其中，x、Q_x、ε、μ 分别为梯度方向、沿梯度方向电极测量得到的电荷总量、应变和相应的挠曲电系数。

由于应变梯度可以通过理论或有限元等方法获得，电荷量为实验测量所得，因此式(1.5)由多个挠曲电系数的未知量组成，因而理论上无法求解。现有实验方法中往往忽略式(1.5)右边括号内最右边两项的电极化贡献（即“附加”贡献），而只认为是由第一项导致的贡献。因此，基于现有实验体系的挠曲电系数测量结果均可称其为等效系数。至于如何获取更加真实的本征挠曲电系数分量，需要通过设计多组实验获得多个能够联立的方程式，从而进行解耦。在高对称性介电材料中，独立的非零挠曲电分量较少，有望通过少量的上述实验组解出各自的本征挠曲电系数分量；而在高分子聚合物等低对称性材料中，独立的非零挠曲电分量很多，对称性也很复杂，因此需要足够多组的联立实验，产生相应的联立方程组进行求解。理论上讲，只要设置足够多的独立实验组数并进行测量，便可解出涉及的所有独立非零本征挠曲电系数分量。本书在不涉及研究本征挠曲电系数分量的研究中，仍不区分等效挠曲电系数分量与本征挠曲电系数分量。

1.4 宏观尺度下挠曲电效应实验研究方法的意义及本书内容框架

从上述研究现状梳理可知，挠曲电效应在较长一段时间内未能得到迅速发展，

直至 Cross 等发展了横向挠曲电效应的实验研究方法，才开启了挠曲电研究的新阶段。由于尺寸效应，在微纳尺度下研究挠曲电效应对传统的传感、作动、能量转换等领域都具有极为重要的意义。然而，在宏观尺度下开展对固体电介质材料的挠曲电效应研究仍然具有重要的基础性支撑作用。由于微纳米尺度实验中静电力、应变梯度、挠曲电效应以及表面效应互相耦合导致极化机理复杂，所以对宏观尺度下固体电介质材料挠曲电系数进行系统而全面的实验研究，从而发展实验方法和积累实验技术显得十分必要。

从挠曲电效应来看，在宏观尺度下，变形电介质的静电力和特征尺度对变形和极化的耦合影响极小，可以忽略不计，因此可以测量出仅由应变梯度导致的电极化，从而得到材料真实的挠曲电系数。以 10^{-2} m 尺度的电介质材料为例，当试件受到机械载荷发生弹性范围内的变形时，假设其受到的平均应力为 10^{6} N/m^{2}、应变梯度数量级假设为 100 m^{-1}，以现阶段已知最大挠曲电系数张量 10^{-3} C/m 为例，假设电极面积 10^{-4} m^{2}，则由挠曲电效应产生的极化电荷为 10^{-7} C；大致可估算该电荷产生的耦合应力为 10^{-10} N/m^{2}，与试件受到的应力数量级有 16 个数量级的差别，因此该次生效应基本不会影响实验结果。其次，宏观尺度下固体电介质挠曲电系数的实验研究对于挠曲电效应的理论验证和发展尤为重要。再次，通过研究宏观尺度下固体电介质材料挠曲电系数，可进一步研究静电力和特征尺寸等效应的微纳米尺度下的挠曲电效应。除此之外，宏观尺度下固体电介质材料挠曲电系数的实验研究对于挠曲电效应的应用具有极为重要的意义。基于对宏观尺度下的研究结果和挠曲电效应在应用中的优势，可以开展一系列基于挠曲电效应原理的应用研究。

从材料层面，挠曲电效应存在于所有介电材料中，其效应的广泛性也促使了对其进行研究，尤其是在宏观尺度下开展实验研究的必要性。图 1.9 是各种力电耦合效应的从属关系图，可以看出，即便一种介电材料没有压电/铁电性，其也具备挠曲电效应的特性，因而有望克服现有压电/铁电等材料的不足，满足更加广泛适用性的应用需求。

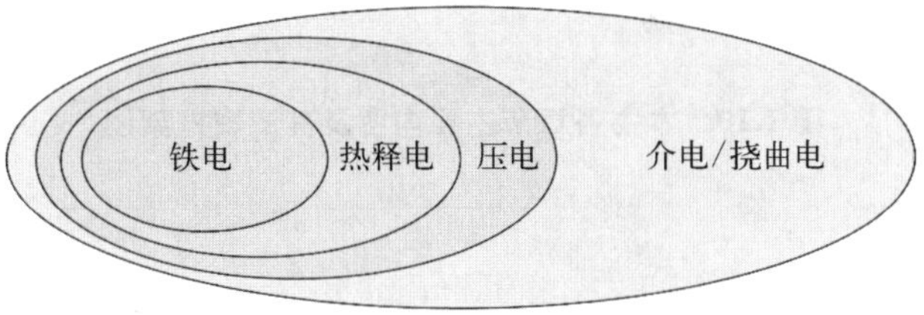

图 1.9 各种力电耦合效应的从属关系图

本书的各章节主要内容如图 1.10 所示。第 2 章为纵向和横向挠曲电效应及其实验研究方法，介绍两种典型挠曲电效应类型及其实验研究方法；第 3 章为固体和液体电介质材料的剪切向挠曲电效应，对基于圆环结构的均匀剪切应变梯度和液体材料的剪切向挠曲电效应进行介绍；第 4 章为挠曲电系数分量的解耦，介绍几种典型的挠曲电系数分量解耦实验设计及其设计思路；第 5 章为均匀应变梯度结构的提出和设计，针对固体电介质材料的三类挠曲电效应进行力学上的设计；第 6 章为逆挠曲电效应，较为全面地展示固体介电材料逆挠曲电效应的设计与实验研究方法；第 7 章为挠曲电效应的调控，介绍微纳米尺度下的结构和力电耦合复合手段调控研究进展；第 8 章为挠曲电效应与压电效应，介绍残余压电效应对挠曲电效应研究的影响及其实验排除手段；第 9 章为基于挠曲电效应应用探索，展示基于挠曲电效应应用探索的进展；第 10 章为展望。

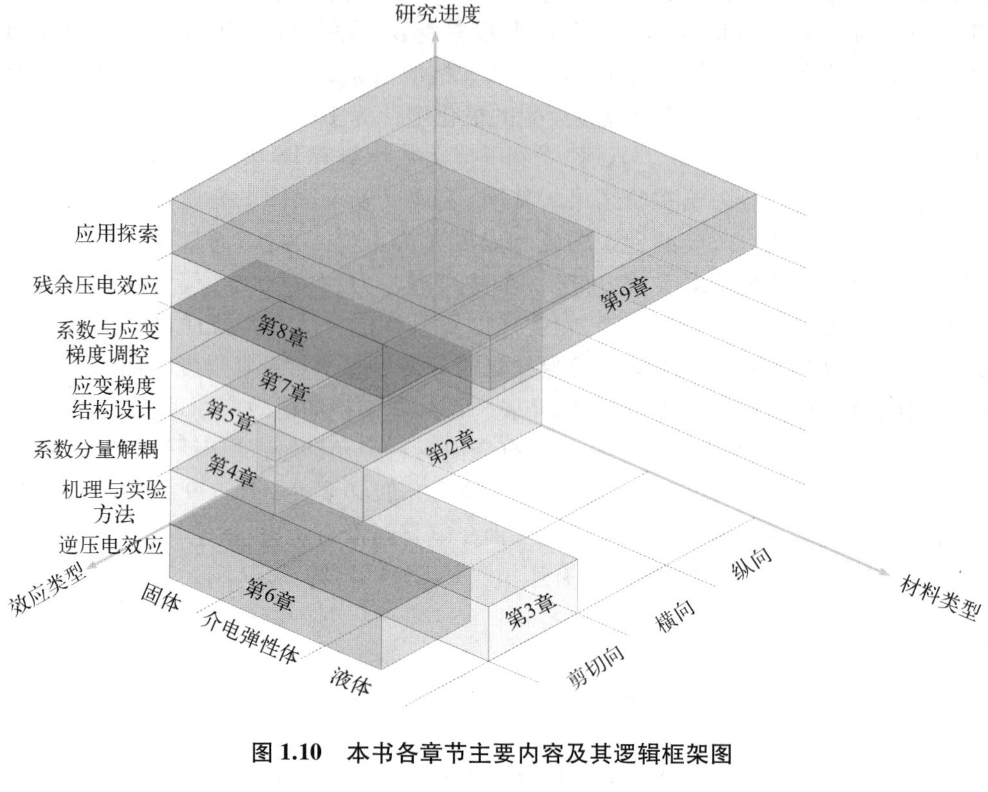

图 1.10 本书各章节主要内容及其逻辑框架图

第 2 章

纵向和横向挠曲电效应及其实验研究方法

从挠曲电效应的研究,尤其是实验研究的发展历程看,纵向挠曲电效应的发现最早,也是初期困扰压电效应研究的主要来源,即在对非均匀截面的结构进行力学加载时会产生与均匀结构不一致的电极化,而该结果无法利用压电效应理论进行解释,从而引出了因为应变梯度导致的额外电极化,即挠曲电效应。对于横向挠曲电效应,其对梁或板结构施加弯矩产生挠曲变形,从而产生电极化,某种程度上是挠曲电效应命名的重要原因,是一类典型的挠曲电现象形式。从 21 世纪初以来,L. E. Cross 等将陶瓷材料以悬臂梁的形式进行加载,并测量得到了相应的挠曲变形导致的电极化,使得学界首次以宏观实验的方式直接观察到挠曲电效应,相关研究也极大地加速和扩展了挠曲电效应的研究进展。本章主要就现阶段发展较为成熟,实验上采用也最为频繁的纵向和横向两类挠曲电效应形式进行分析和研究,分别从理论分析、实验设计、系数定义和测量,以及主要存在的问题与不足等方面进行。

2.1 纵向挠曲电效应

2.1.1 宏观尺度下应变梯度的产生

对于挠曲电效应的研究,首先需要解决的是应变梯度的产生方法,即从无到有的问题。已有实验技术采用的是梯形截面的试件设计方法,其应力和应变分析均不考虑非线性因素和边缘效应。挠曲电系数的下标分别由应变、梯度方向和电极方向共同构成。借用材料学中类似的定义(1、2 和 3),挠曲电系数的下标多用数字代替表述,值得注意的是挠曲电系数下标的数字与材料学相关的定义并不相同,只是代表相应的坐标,因而数字和坐标字符均可用于表述。例如,当电极沿纵向(1)设置时,电极化测量方向为 1,而由 ε_{11} 及梯度沿 1 方向可知,在此情况下测得的纵向挠曲电系数分量为 μ_{1111}。本章分别对 PVDF 和 BST 两类介电固体材料进行实验研究,测得相应的等效挠曲电系数分量。如图 2.1 所示,设高度方向为 1,宽度方向为 2,当给试件在上

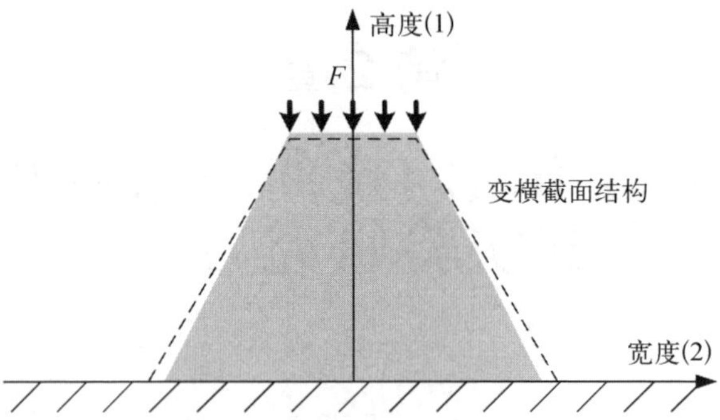

图 2.1　纵向挠曲电研究实验原理图

表面施加均匀压-压载荷时,试件沿高度方向受到的应力和应变分别可简化地写为

$$\sigma(h)=\frac{F}{s(h)} \tag{2.1}$$

$$\varepsilon_{11}(h)=\frac{\sigma(h)}{E_{\mathrm{m}}}=\frac{F}{s(h)E_{\mathrm{m}}} \tag{2.2}$$

其中,$\sigma(h)$为在高度h上的应力;F为总载荷;$s(h)$为高度h上的等效面积;ε_{11}为高度h上的应变;E_{m}为材料的弹性模量。

由于等效面积不是常数,应变梯度沿高度方向的分布可写为

$$\frac{\partial\varepsilon_{11}}{\partial h}=\frac{F}{E_{\mathrm{material}}}\frac{\partial}{\partial h}\left(\frac{1}{s(h)}\right) \tag{2.3}$$

根据预实验获得材料的弹性模量和最大应力的弹性范围,再结合梯形台截面的试件尺寸,根据理论和有限元计算结果给出可加载的最大力。通过利用电荷放大器测量得到的电荷值和计算结果,结合加载装置给出的载荷值,便可实验地给出该材料纵向挠曲电系数的值。为了更好地表征材料的应变,本书采取理论结合有限元的方法进行应变和应变梯度计算,因此需要实验获得各类材料的力学参数。经实验测量,本实验使用的两类材料力学参数如附表 II.1 所示。

为了更加全面地了解上述应变梯度制备方法的可行性,本书进行了有限元计算和分析。以现有技术的矩形横截面和单向倾斜的试件(顶面 10 mm×10 mm,底面 10 mm×20 mm,高 10 mm)进行分析。当试件顶端受到 1 MPa 载荷作用、底端受到固支和简支两种条件约束时,其产生的应变分别如附图 III.1 所示。可以明显地看出附图 III.1 在某一高度的平面内,受到上述载荷作用时并不均匀,尤其是固支约束条件下的试件,与期待的应变梯度分布不一致。除此之外,较大应变出现的相对

位置也互不相同。通过底部简支约束的试件,其大应变能够分布于试件的底端,这与本章以测量较大应变梯度的初衷相符,因此在以下实验分析中采用简支约束。其次,为了考虑试件高度对材料的影响,本章分析了简支约束情况下如上所述的试件在其他尺寸不变的情况下,高度与相应的应变分布之间的定性关系。由附图 III.2 可以看出,当试件高度变大时,处于边缘附近的非均匀应变现象减弱,大应变区域出现在试件的底端;当高度超过 15 mm 时,大应变区域随着高度的变大逐渐变为上下两部分,而随着高度进一步变大,位于下部分的大应变区域减弱或消失。结合该现象和高度较小时的边缘非均一的特性,做出以下定性的判断:试件高度应与宽度、深度的尺寸基本相当,否则会出现较为严重的边缘效应或应变梯度分布与预期不符的情况。其次就是关于试件形状的考虑和设计。从附图 III.3 可知矩形截面的试件具有多棱、多边的情况,应力集中往往发生在曲率变化较大的部位。因而如何减小试件边缘效应的问题在一定程度上变成了如何减少或消除试件的棱和角。附图 III.3 是对试件形状的考虑:多棱多角的矩形截面试件应变云图反映了由棱和角带来的局部应变的非均一性,而圆台形试件则由于其较少的棱和无角的特点使其在受到载荷时产生更加均匀的应变分布和更小的边缘效应。圆台形的试件有效减弱了局部非均匀应变发生的程度,一定程度上提高了实验中实际应变与理论计算得到的应变的一致性。

2.1.2　微观尺度力电耦合原理分析

由上所述,以纵向挠曲电效应为例,当采用的圆台结构上表面受到均匀压力时,因圆台在不同高度处的截面积不同,二维电荷模型在不同高度处产生的应变不同,从而产生高度方向(z 向)的应变梯度,如图 2.2 所示。

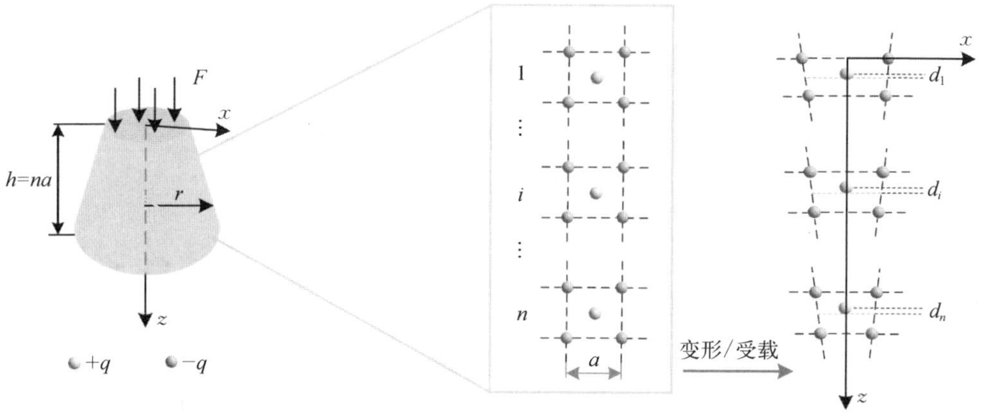

(a) 压力作用下的圆台结构　　(b) 单元1、i、n在压力作用时的变形

图 2.2　压载荷作用下的挠曲电效应产生原理图

在高度方向选取任意一个单元 i 进行分析，当不施加压力时，单元 i 不发生变形。假设正、负电荷中心的初始位置为

$$(\rho_{i,+},\ z_{i,+})_{\text{initial}} = (0,\ z_i) \tag{2.4}$$

其中，$z_{i,+}$为单元 i 正电荷中心的 z 坐标。如图 2.2(b)所示，单元 i 负电荷的坐标为

$$\begin{cases} (\rho_{i,1},\ z_{i,1})_{\text{initial}} = \left(\dfrac{a}{2},\ z_i - \dfrac{a}{2}\right) \\ (\rho_{i,2},\ z_{i,2})_{\text{initial}} = \left(-\dfrac{a}{2},\ z_i - \dfrac{a}{2}\right) \\ (\rho_{i,3},\ z_{i,3})_{\text{initial}} = \left(-\dfrac{a}{2},\ z_i + \dfrac{a}{2}\right) \\ (\rho_{i,4},\ z_{i,4})_{\text{initial}} = \left(\dfrac{a}{2},\ z_i + \dfrac{a}{2}\right) \end{cases} \tag{2.5}$$

等效负电荷中心的坐标为

$$\begin{aligned}(\rho_{i,-},\ z_{i,-})_{\text{initial}} &= \left(\frac{\rho_{i,1}+\rho_{i,2}+\rho_{i,3}+\rho_{i,4}}{4},\ \frac{z_{i,1}+z_{i,2}+z_{i,3}+z_{i,4}}{4}\right)_{\text{initial}} \\ &= (0,\ z_i)\end{aligned} \tag{2.6}$$

当分布式均匀载荷 F 作用时，假设同一高度平面内的应变相等，单元 i 处的应变梯度为 k_i，正电荷中心的 z 坐标为 z_i，则有

$$(\rho_{i,+},\ z_{i,+})_{\text{force}} = (0,\ z_i') \tag{2.7}$$

单元 i 负电荷的坐标为

$$\begin{cases} (\rho_{i,1},\ z_{i,1})_{\text{force}} = \left(\dfrac{a}{2} + \mu\left(\varepsilon + \dfrac{k_i a}{2}\right)\dfrac{a}{2},\ z_i' - \dfrac{\left(\varepsilon + \dfrac{k_i a}{2} + \varepsilon\right)\dfrac{a}{2}}{2}\right) \\ (\rho_{i,2},\ z_{i,2})_{\text{force}} = \left(-\dfrac{a}{2} - \mu\left(\varepsilon + \dfrac{k_i a}{2}\right)\dfrac{a}{2},\ z_i' - \dfrac{\left(\varepsilon + \dfrac{k_i a}{2} + \varepsilon\right)\dfrac{a}{2}}{2}\right) \\ (\rho_{i,3},\ z_{i,3})_{\text{force}} = \left(-\dfrac{a}{2} - \mu\left(\varepsilon - \dfrac{k_i a}{2}\right)\dfrac{a}{2},\ z_i' + \dfrac{\left(\varepsilon - \dfrac{k_i a}{2} + \varepsilon\right)\dfrac{a}{2}}{2}\right) \\ (\rho_{i,4},\ z_{i,4})_{\text{force}} = \left(\dfrac{a}{2} + \mu\left(\varepsilon - \dfrac{ka}{2}\right)\dfrac{a}{2},\ z_i' + \dfrac{\left(\varepsilon - \dfrac{k_i a}{2} + \varepsilon\right)\dfrac{a}{2}}{2}\right) \end{cases} \tag{2.8}$$

其中，ε 为单元 i 正电荷中心的应变。

等效负电荷中心的坐标为

$$
\begin{aligned}
(\rho_{i,-},\ z_{i,-})_{\text{force}} &= \left(\frac{\rho_{i,1}+\rho_{i,2}+\rho_{i,3}+\rho_{i,4}}{4},\ \frac{z_{i,1}+z_{i,2}+z_{i,3}+z_{i,4}}{4}\right)_{\text{force}} \\
&= \left(0,\ z_i' - \frac{k_i a^2}{8}\right)
\end{aligned}
\tag{2.9}
$$

在压力 F 作用下，单元 i 的偶极矩为

$$
p_i = qd_i = q\,(z_{i,+} - z_{i,-})_{\text{force}} = \frac{k_i a^2 q}{8} \tag{2.10}
$$

假设在高度方向有 n 个单元，圆台的高度为

$$
h = na \tag{2.11}
$$

与单元 i 相同 z 坐标的单元数量为

$$
N_i = \frac{\pi r_{zi}^2}{a^2},\quad 1 \leqslant i \leqslant n \tag{2.12}
$$

其中，r_{zi}为单元 i 高度处圆台的半径。

纵向挠曲电效应圆台的挠曲电极化强度 P 为

$$
P = \frac{\sum_{i=1}^{n} N_i p_i}{\sum_{i=1}^{n} N_i a^3} = \frac{\sum_{i=1}^{n} N_i \dfrac{k_i a^2}{8}}{\sum_{i=1}^{n} N_i a^3} = \frac{q}{8a}\,\frac{\sum_{i=1}^{n} N_i k_i}{\sum_{i=1}^{n} N_i} \tag{2.13}
$$

假设圆台各个位置处的应变梯度相等，式(2.13)可简化为

$$
P = \frac{qk_i}{8a} \tag{2.14}
$$

以上是纵向挠曲电效应的理论电极化推导过程，横向和剪切向挠曲电效应的电极化也有类似推导，分别见附录 I 的第一小节和第二小节。

2.1.3　实验方法及结果分析

图 2.3 是纵向挠曲电效应实验研究的系统示意图。力学加载设备是 MTS－858 加载机，分别/同时将两组试件串联接入并施加低频动态载荷，并将各自的极化电荷送入电荷放大器中，由电荷放大器将信号处理后输出。由图 2.3 可以看出总电荷与残余压电效应贡献的电荷之间的关系。将残余压电效应贡献的电

荷从总电荷中减去后可以得到由挠曲电效应产生的极化电荷，从而进行进一步的分析和研究。本书对两类典型固体介电材料 PVDF 和 BST 进行实验研究，如图 2.4 所示。对比图 2.4(a)和(b)的输出电荷幅值可以看出，BST 的实测挠曲电效应远大于非压电的 PVDF，是后者的 60 倍左右。

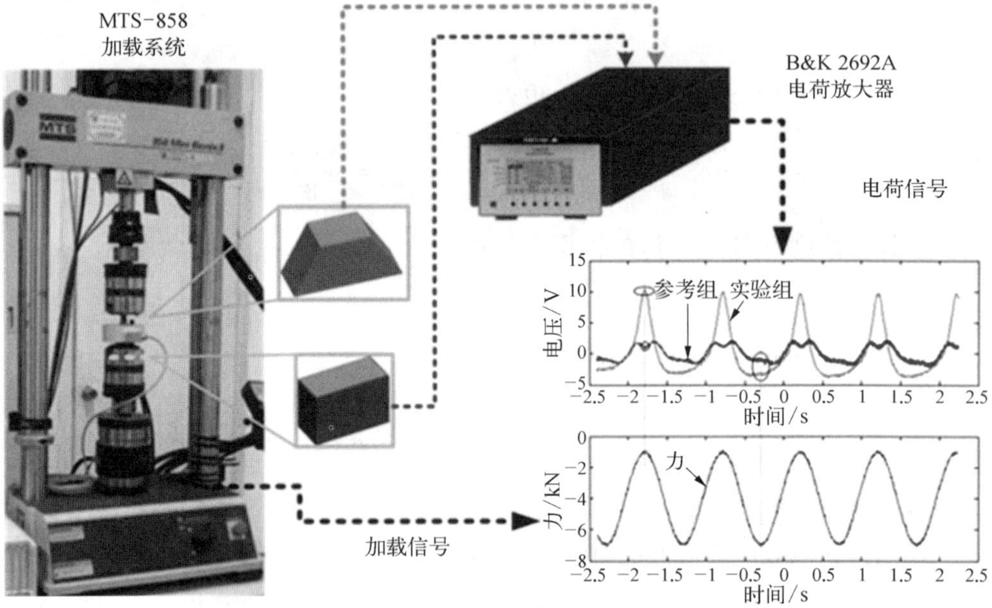

图 2.3　纵向挠曲电效应实验研究的系统示意图

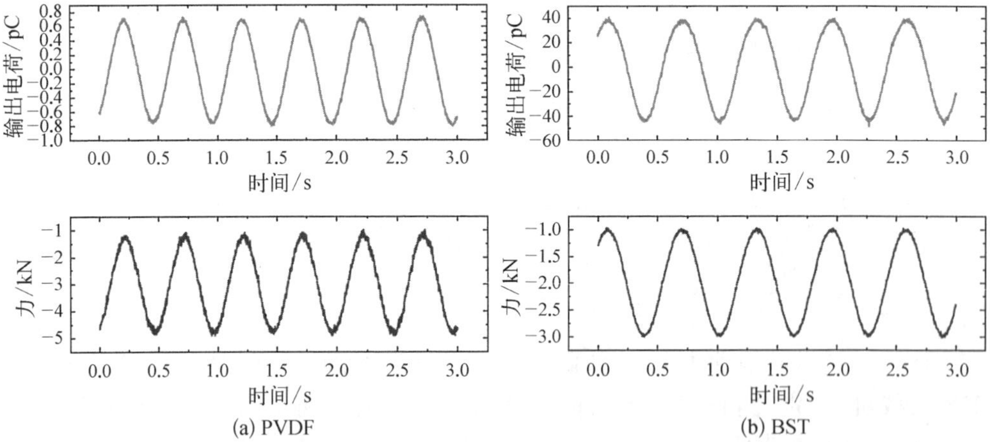

图 2.4　PVDF 及 BST 的纵向挠曲电效应测量结果

除了挠曲电系数分量μ_{1111}，还对μ_{1112}开展了实验研究。在理论和其他实验条件不变的情况下，将电极方向沿 2 设置，并进行测量，如图 2.5 所示。根据图 2.5 所示的应变梯度分布均匀的区域，给出了电极的设置区间。为了方便进行电极的设置和简化等效面积，以及对低对称性介电材料的挠曲电系数分量进行探究，此处的实验并未按前文的分析结果进行设计，而是采用了简单的梯形台结构。经计算，非极化 PVDF 的μ_{1112}值为 7.1×10^{-9} C/m。该实验验证了低对称性介电材料的非零挠曲电系数分量确实多于高对称性介电材料。

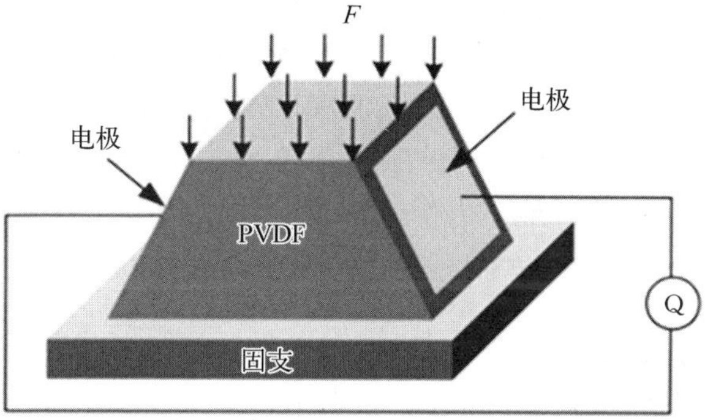

图 2.5　挠曲电系数μ_{1112}实验研究方法及电极设置

2.2　横向挠曲电效应

根据理论力学和弹性力学的相关理论，产生横向挠曲电效应的实验加载手段一般有三种：悬臂梁、三点弯和四点弯。已有文献中大多采用的是悬臂梁结构进行材料横向挠曲电效应实验研究[149, 189-193]。根据弹性力学知识，悬臂梁的挠度与应变梯度之间的关系为

$$\frac{\partial \varepsilon_{11}}{\partial x_3} = \frac{\partial^2 W(x_1)}{\partial x_1^2} \tag{2.15}$$

根据附录 I 的第一小节，横向挠曲电效应的梁挠曲电极化强度 P 为

$$P = \frac{q\left(\frac{1}{k_0}\left\{1 - \left[1 - \frac{\left(\frac{k_0 a}{2}\right)^2}{2!} + O\left(\frac{k_0 a}{2}\right)^4\right]\right\} + \frac{\mu k_0 a^2}{4}\right)}{a^3} \tag{2.16}$$

$$\approx \frac{q\left(\frac{k_0 a^2}{8} + \frac{\mu k_0 a^2}{4}\right)}{a^3} = \frac{(1 + 2\mu) q k_0}{8a}$$

由式(2.16)可知,材料的极化强度与应变梯度呈正相关关系,同时与泊松比、电荷量、单元尺寸相关。

2.2.1 宏观尺度下应变梯度的产生

由于悬臂梁结构在力学加载,尤其是产生应变梯度方面本身的一些不足,有必要对现有的实验方法进行讨论、分析和优化。由于悬臂梁结构受到载荷产生挠曲变形时,其根部(约束端)的应变沿长度方向分布不均,因而沿长度方向会产生不均匀的应变梯度,且在大应变梯度所在位置的根部具有较强的边缘效应,这为基于实验结果的横向挠曲电系数的计算带来了不确定性和复杂性。

基于上述问题,本节对悬臂梁、三点弯和四点弯分别展开实验方法分析,从中找到适合横向挠曲电效应实验研究的实验方法。图 2.6(a)~(c)分别是悬臂梁、三点弯和四点弯等力学加载的基本状态、加载方式和弯矩分布情况。

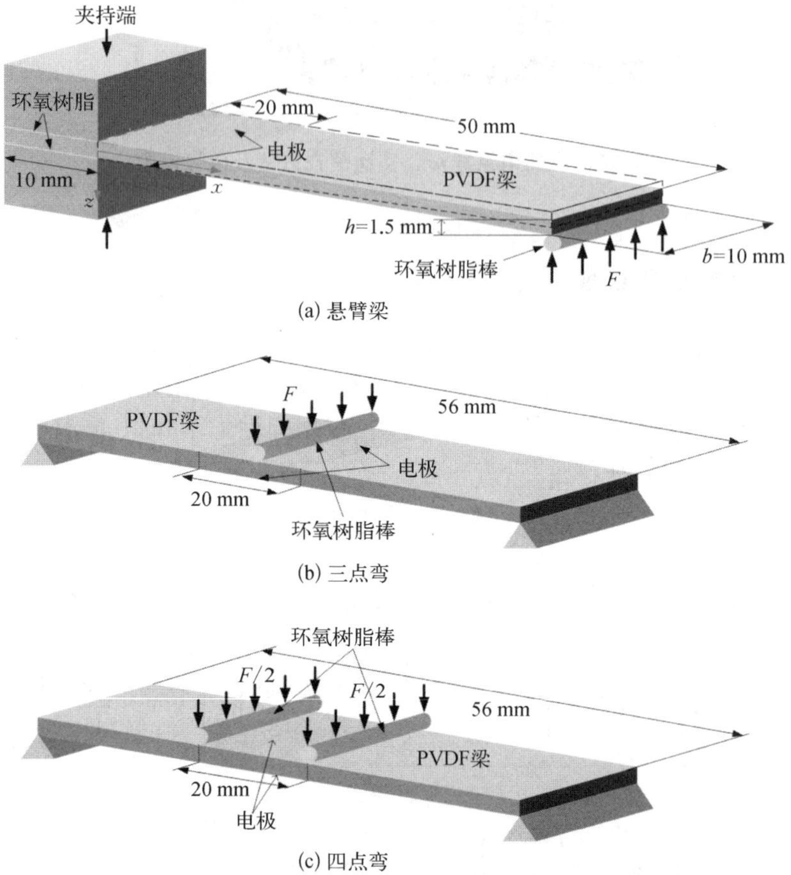

图 2.6 悬臂梁、三点弯、四点弯实验原理图和试件尺寸设计

对于矩形截面的梁，其极惯性矩 I 为

$$I = \frac{bh^3}{12} \tag{2.17}$$

其中，b 为梁的宽度；h 为梁的厚度。

设梁的总长为 l。根据弹性力学相关理论对上述三种实验方法进行理论分析，悬臂梁的应变 ε_{11} 沿厚度 z 和长度 x 方向的分布为

$$\varepsilon_{11}(x, z) = \frac{12F(l-x)z}{Ebh^3} \tag{2.18}$$

其中，F 为在悬臂梁自由端施加的力；E 为材料的弹性模量。

类似地，三点弯实验条件下梁的应变分布为

$$\varepsilon_{11}(x, z) = \begin{cases} \dfrac{6Fxz}{Ebh^3}, & x \leqslant \dfrac{l}{2} \\ \dfrac{6F(l-x)z}{Ebh^3}, & \dfrac{l}{2} < x \leqslant l \end{cases} \tag{2.19}$$

四点弯实验条件下梁的应变分布为

$$\varepsilon_{11}(x, z) = \begin{cases} \dfrac{6Fxz}{Ebh^3}, & x \leqslant A \\ \dfrac{6FAz}{Ebh^3}, & A < x \leqslant l - A \\ \dfrac{6F(l-x)z}{Ebh^3}, & l - A < x \leqslant l \end{cases} \tag{2.20}$$

可以看到，四点弯加载在加载两端之间区域的同一厚度上产生了均匀的应变分布，而面内均匀的应变沿厚度方向也是均匀变化的。这表明，理论上四点弯加载手段可以产生沿厚度方向均匀的应变梯度。观察式(2.17)~式(2.20)可知，以上三种加载手段下的应变沿厚度方向均为线性分布，因而应变梯度的计算可简化为

$$\left|\frac{\partial \varepsilon_{11}}{\partial z}\right| = \frac{|\varepsilon_{11(x,\ \mathrm{top})} - \varepsilon_{11(x,\ \mathrm{bottom})}|}{h} \tag{2.21}$$

其中，$\varepsilon_{11(x,\ \mathrm{top})}$ 和 $\varepsilon_{11(x,\ \mathrm{bottom})}$ 分别为 x 点处顶面和底面的应变值。

基于以上理论分析结果，设计相关的待测结构、加载和电极施加方式，如

图 2.6 所示。图 2.6(a)是悬臂梁实验的原理示意图和试件尺寸设计。其中,夹持端与悬臂梁接触部分之间由绝缘树脂材料进行电绝缘,材料的电极附着于悬臂梁的根部以测量大应变和大的应变梯度,加载部分由音圈电机和树脂材料的圆柱体连接件构成,对悬臂梁自由端施加线载荷,使其发生挠曲现象。图 2.6(b)是三点弯实验原理图和试件尺寸设计。基于前面对应变梯度的分析结果、为了测量大的极化电荷,本节将电极施加于梁的中间位置,并直接通过树脂圆柱在电极上进行加载。图 2.6(c)是四点弯实验原理图和试件尺寸设计,其中电极施加于两个作动端之间。

为了验证和对比理论及有限元计算的结果,并对边缘效应进行评估,利用有限元软件对上述三种实验方法分别进行计算分析,其顶部和背部各自的应变分布如附图 III.4 所示。为了更加直观地展示应变梯度在三类梁中的分布情况,对顶、背部之间的应变梯度值进行计算,结果如附图 III.5 所示。

2.2.2 实验方法及结果分析

对三种实验条件下的应变和应变梯度分布情况,以及相应的电极布置情况进行分析后,再设计实验加载和测量的手段。本节设计一套用于将待测结构进行固定和夹持的连接板和夹持装置。将连接板与固定桌面通过螺钉相连接和固定,将夹持端固定于连接板上,将待测结构进行夹持或固定,利用音圈电机输出恒定力的方式来输出载荷,从而产生应变梯度。电流功率放大器输入为电压信号,输出为电流信号,输入/输出量程分别为±5 V 和±4.0 A。音圈电机的最大驱动电流是 4.0 A,相应的最大输出力为 56 N。将音圈作动器活动部分的重量进行测量,得到 0.7 N 左右的结果,即在进行自下而上的加载时,需要将此重量考虑到加载过程中,通过设置偏置的方式进行排除。当作动位移变得较大时,线圈将会有很大一部分伸出均匀磁场区域而进入定子边缘造成的磁场突变区域,以及进入弱磁场区域,从而造成输出力发生变化,因此在使用音圈作动器时应考虑此问题。而将音圈作动器的输出杆进行改装后便可对不同形式的载荷实现输出,本节设计了两种连接头,分别用于输出悬臂梁实验和三点弯实验的载荷,而树脂材料在实验中起到了绝缘固定和绝缘作动头的作用。现对施加电极的部分进行应变分布的计算以保障后续挠曲电系数计算结果的准确性。

对实验用的加载平台和相关零部件进行设计。作动器采用音圈式,因此平台主体采用铝制材料,以避免和减少在测量过程中不必要的因电磁耦合现象带来的误差。图 2.7 是用于进行横向挠曲电效应研究的铝制平台,包括与气浮台固定用的连接板、位于连接板上的支架、在支架上自由移动的固定头和作动器连接板、加载转换头其他附件照片和相关配件的实物图、实验过程中三种实验方法相对应的照片,以及图 2.6 各自电极覆盖位置应变的分布。

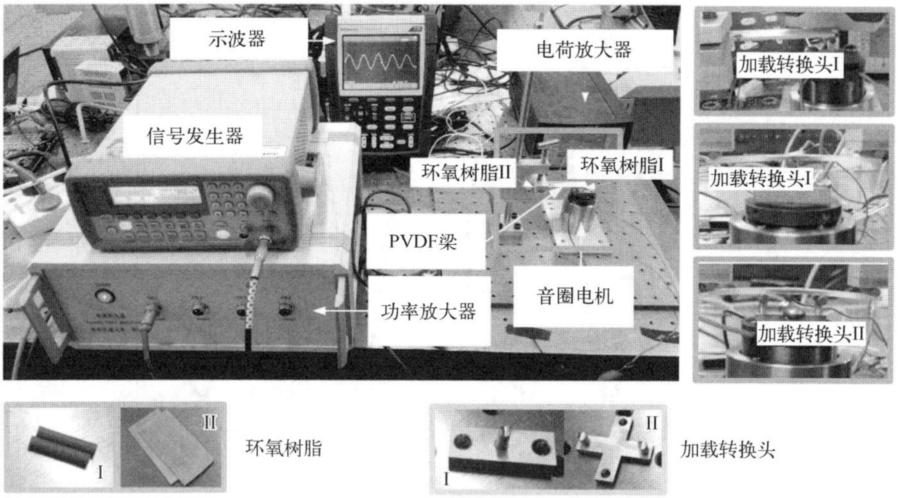

图 2.7　横向挠曲电效应实验系统照片

2.2.3　横向挠曲电系数分量 μ_{1122} 和 μ_{1123}

本节通过实验结果对三种实验方法进行优化和讨论，并给出横向挠曲电系数 μ_{1122} 和 μ_{1123} 分量。对三种实验方法进行实验验证，当加载频率为 1 Hz 和 2.5 Hz 时对实验结果进行对比，可得如图 2.8 所示的波形图。图 2.8 是不同实验方法下、最大应变梯度为 1.4 时的电极化波形。本节的优化目标包括加载可实施性、加载位移、应变梯度计算难度和均匀性以及测量的可信度等。表 2.1 是上述三种实验在最大应变梯度为 1.4 时的结果对比。通过表 2.1 可以看出，在产生同样大小的应变梯度时，四点弯所需要的输出力最大，悬臂梁所需要的输出力最小；而最大相对位移则为悬臂梁最大、三点弯最小；从图 2.8 正弦输出信号的幅值可以看出，三点弯实验测得的信号幅值比其他两个实验结果更小。从应变梯度均匀性、电极面积的可控性等角度来说，四点弯实验能够输出最为均匀的应变梯度，因此对于上述三种实验，在不考虑输出载荷量程限制和最大位移限制的情况下，四点弯实验具有更高的可信度和更为简便的后续处理和计算过程。除了实验加载方式本身的区别，电磁式的音圈作动器沿推动方向辐射电磁波，因而可能会对实验结果具有一定不利影响。

利用以上实验方法中的四点弯实验手段，本节还对 μ_{1123} 等效系数进行了实验测量。为了方便设置电极，此处并未采取长直梁的试件结构，而是利用截面为正方形的柱状结构进行分析和测量。将电极设置于柱状结构的侧面，因而测量得到的系数分量为 μ_{1123}。图 2.9 是实验原理示意图，可以看到载荷的施加方式和电极的布置位置。经实验测量，PVDF 挠曲电系数分量 μ_{1123} 的值为 $(9.3\pm0.2)\times10^{-9}$ C/m，具体实验过程如下。

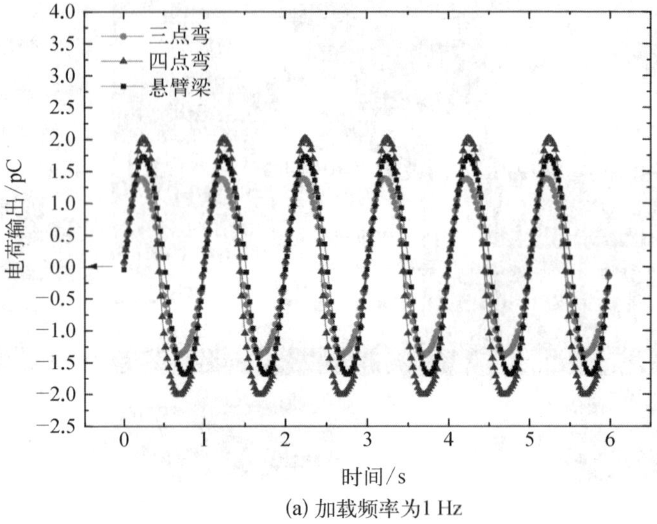

图 2.8 最大应变梯度为 1.4、加载频率分别为 1 Hz 和 2.5 Hz 时三种实验方法的结果对比

表 2.1 最大应变梯度为 1.4 时三种实验的具体参数对比

参数类别	悬臂梁	三点弯	四点弯
预测力/N	0.168	0.607	0.906
控制电压/mV	30.00	108.50	161.84
最大相对位移/mm	1.46/1.55	0.49/0.50	0.59/0.61

续　表

参数类别	悬臂梁	三点弯	四点弯
固有频率/Hz	110.65	245.43	245.43
极化电荷/pC (1 Hz/2.5 Hz)	3.54/3.46	2.82/2.76	4.06/4.01
实验测得的系数 (1 Hz/2.5 Hz)	1.524×10^{-8}/ 1.519×10^{-8}	1.007×10^{-8}/ 1.001×10^{-8}	1.447×10^{-8}/ 1.431×10^{-8}

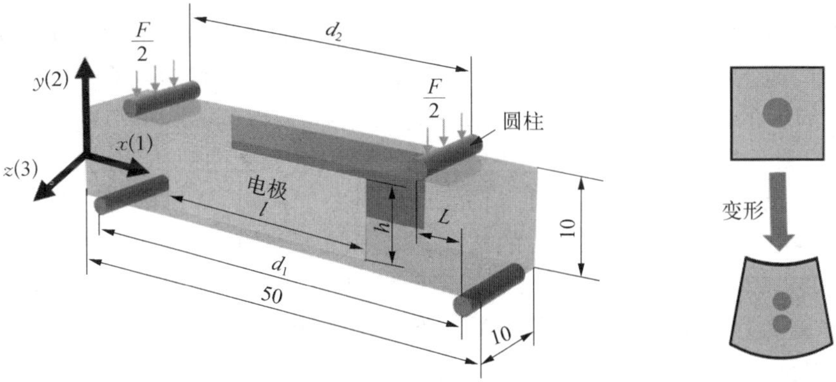

图 2.9　1123 向挠曲电系数研究方法(单位: mm)

根据等效挠曲电系数的定义,可得横向挠曲电系数 μ_{1123} 的计算公式为

$$\mu_{1123} = \frac{Q_z}{A}\frac{EI_z}{M} \tag{2.22}$$

在横向挠曲电效应的研究中,使用 PVDF 板料。考虑到试件的弯曲刚度、试件变形、可施加力的范围,以及电荷的可测量性,试件尺寸为 10 mm×10 mm×50 mm,采用四点弯的加载方法;支座间距 d_1 为 46 mm,载荷作用位置间距 d_2 为 36 mm,通过环氧树脂圆柱体对梁施加载荷,电极与 z 轴垂直。在梁不受载的情况下,结构整体可以看成电中性的;当梁受到弯矩作用时,将产生挠曲变形,正负电荷中心偏移了以前的位置,从而产生电极化,测量的电极化方向为 z 向。

实验中使用的准静态加载频率为 0.5 Hz、1.0 Hz 和 1.5 Hz(结构固有频率为 1 444.1 Hz),加载力的偏置值为 0.71 kN、峰峰值为 0.78 kN,均在试件的弹性范围内。为了保证实验结果的可信度,本节分别测试了三个试件。当准静态的压力施加于试件上时,试件会由于应变梯度的存在而产生极化电荷。求得的 PVDF 的横向挠曲电系数 μ_{1123} 如表 2.2 所示。

表 2.2 PVDF 的横向挠曲电系数μ_{1123} (单位：10^{-9} C/m)

频 率	试件 1	试件 2	试件 3
0.5 Hz	9.3	9.4	9.6
1 Hz	9.2	9.5	9.3
1.5 Hz	9.6	9.4	9.5

2.2.4 横向挠曲电效应的多值性

在进行挠曲电系数测量过程中，发现并非所有试件都具有表 2.2 所述的较高的一致性，而是在同一块材料的不同位置/不同取向进行取材后具有不同的实验结果，即 PVDF 的横向挠曲电效应具有多值性，且不同取向的试样间具有非常大的差异性。如图 2.10 所示，是在同一块材料的不同位置和方向取不同的试样，其横向挠曲电系数具有不同的值。这种奇特的现象引发了猜测，尤其是对于 PVDF，是否其内部存在多种挠曲电系数共存的情况？沿不同表面的各个角度(0°、22.5°、45°、67.5°、90°、112.5°、135°和 157.5°)进行了取样，并对材料进行了 X 射线衍射(XRD)实验，如图 2.11 所示。衍射峰值及其分布情况表明，材料沿不同方向或不同位置并没有明显的差别，即整块材料均属 α 相。

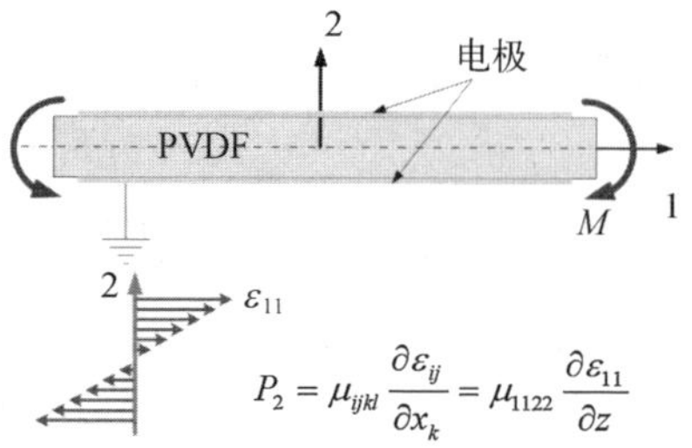

(a) 横向挠曲电效应原理图

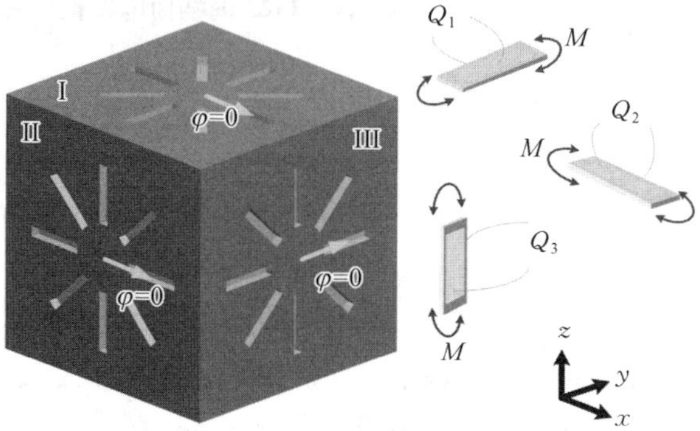

(b) 不同方向的横向挠曲电效应验证方法

图 2.10 横向挠曲电系数分量的多值性原理示意图

在此基础上，对所有的样品进行挠曲电系数分量μ_{1122}和μ_{1123}实验测试，并将挠曲电系数分量值-取样角度绘制成雷达图，如图 2.12 所示。图 2.12(a)~(c)是在图 2.10 所定义的 I、II 和 III 面的分布，可以看到不同角度取向的值具有显著的各向异性，且分布不同。为了验证该实验的可信度，又分别在各自面上不同位置、相同取向进行了取样并测量，测量结果与第一组试样基本相同。图 2.12(d)~(f)展示

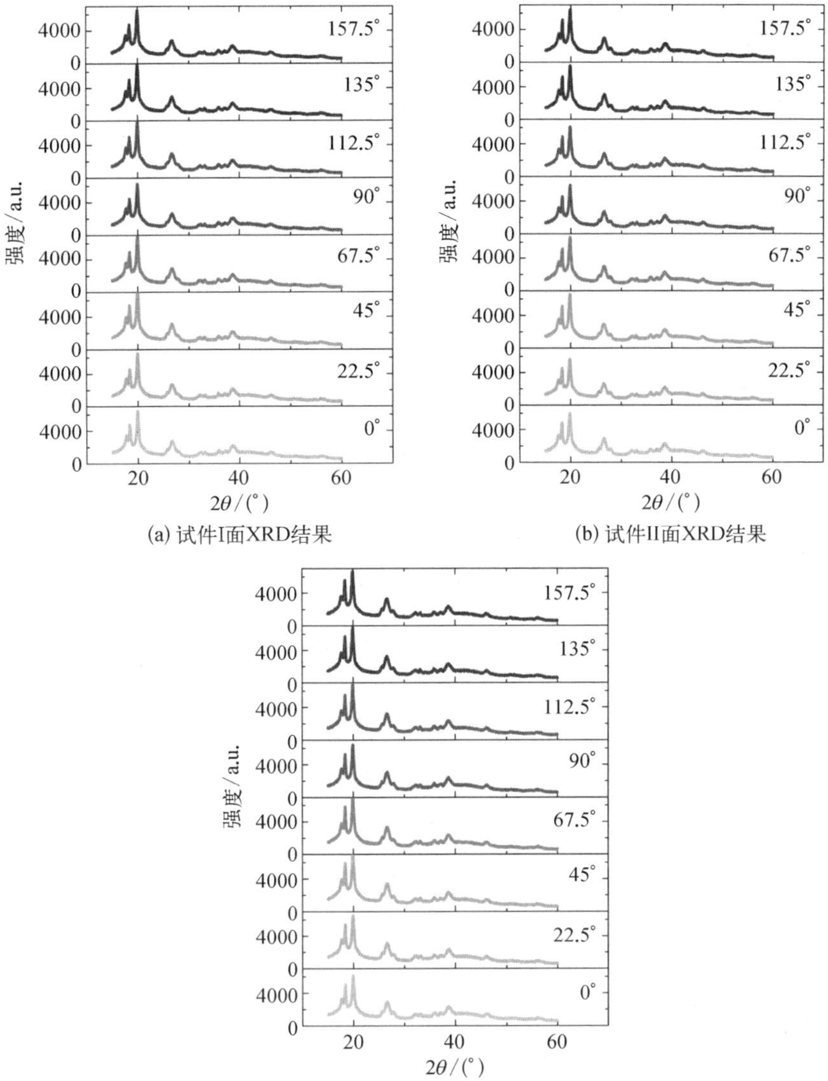

(a) 试件I面XRD结果

(b) 试件II面XRD结果

(c) 试件III面XRD结果

图 2.11　横向挠曲电系数分量的多值性原理示意图

的是同样位置的同样两组试样的 1123 分量值随取向角的分布情况。可以看到该值的分布与 1122 明显不同但仍有各向异性，且相同取向角的试样结果具有重复性。

这种挠曲电系数的多值性原因目前尚未清楚，目前无论从材料的力学特性，抑或是介电特性来看都没有显著的区别。但值得讨论的是，PVDF 这类高分子聚合物材料具有较强的驻极体特性，即在高温、高电压偏置加载等特殊情况下会将净电

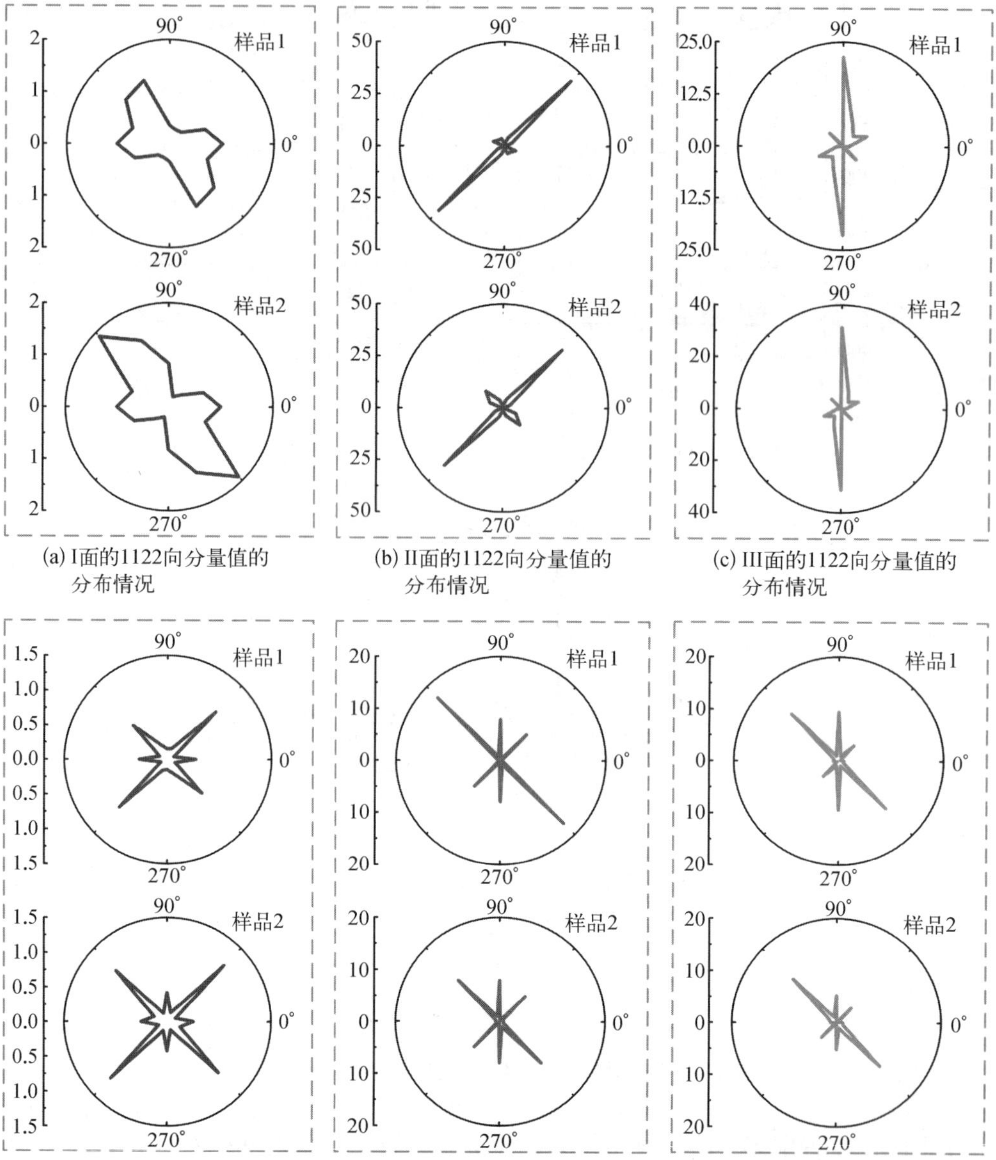

(a) I面的1122向分量值的分布情况
(b) II面的1122向分量值的分布情况
(c) III面的1122向分量值的分布情况
(d) I面的1123向分量值的分布情况
(e) II面的1123向分量值的分布情况
(f) III面的1123向分量值的分布情况

图 2.12 横向挠曲电系数的 1122 和 1123 分量随取向角的分布情况

荷包覆在材料内部，在温度和外界环境恢复正常后具有长期的电荷存储稳定性，即驻极体特性。因此，本书使用的 PVDF 块体材料在制备过程中可能由于受到非预期的温度-电场耦合作用，产生了沿某些方向较为聚集而另一些方向并不显著的净电荷聚集情况。这种净电荷的非均匀聚集使得材料发生变形时，电极因净电荷产生电场变化而感应到不同的结果，即挠曲电效应与净电荷电场变化的累加。

2.2.5　圆形薄膜的横向挠曲电效应

以前面为研究基础进一步思考可以发现，若不将试样取下单独测量，而是以悬臂梁的自由端为圆心，悬臂梁的长度为半径，旋转 360°得到四周固支的圆形板。如果该圆形板的厚度 t 与半径 r 的关系满足 $t \ll r$，该圆形板可认为是一个圆形薄膜。如图 2.13 所示，当对一个四周固支的圆形薄膜的中心施加压载，可以近似地认为对构成圆形薄膜的无穷多个悬臂梁进行弯曲变形。接下来分析该条件下圆形薄膜中的应力应变分布情况。本书对在此处采用的 PDMS 材料进行了如图 2.12 所示的实验，并未观察到如 PVDF 的多值性现象。在同等条件下制备的 PDMS 材料挠曲电系数具有极高的一致性，而且发现其挠曲电系数仅与交联密度相关，相关内容将主要在第 7 章进行分析和研究。

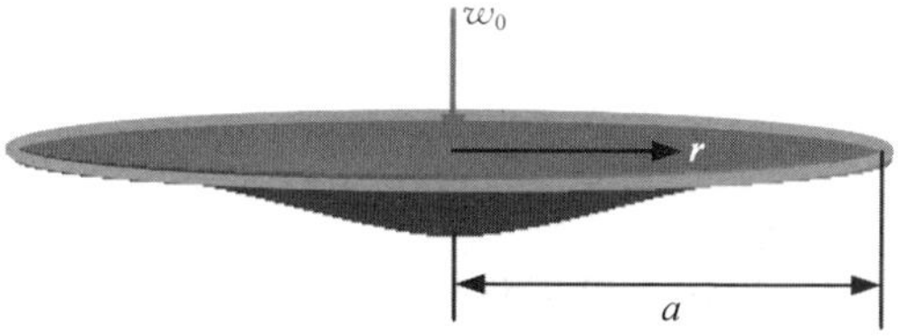

图 2.13　四周固支、中心受载的圆形薄膜的弯曲模型

当对四周固支的圆形薄膜的中心施加均布载荷时，根据板壳理论[194]，其微分方程可以表示为

$$D\nabla_r^2\ \nabla_r^2 w = q(r,\ \theta) \tag{2.23}$$

其中，D 为弯曲刚度；w 为中心点的挠度；q 为均布载荷；θ 为柱坐标系周向分量；r 为柱坐标系径向分量。而

$$\begin{cases} \nabla_r^2 = \dfrac{\partial^2}{\partial r^2} + \dfrac{1}{r}\dfrac{\partial}{\partial r} + \dfrac{1}{r^2}\dfrac{\partial^2}{\partial \theta^2} \\ D = \dfrac{Eh^3}{12(1-\nu^2)} \end{cases} \tag{2.24}$$

根据圆形薄膜的轴对称性，式(2.24)可以写为

$$\left(\frac{d^2}{dr^2} + \frac{1}{r}\frac{d}{dr}\right)\left(\frac{d^2 w}{dr^2} + \frac{1}{r}\frac{dw}{dr}\right) = \frac{q(r)}{D} \tag{2.25}$$

单位长度上径向和周向的弯矩为

$$\begin{cases} M_r = -D\left(\dfrac{d^2w}{dr^2} + \dfrac{\nu}{r}\dfrac{dw}{dr}\right) \\ M_\theta = -D\left(\nu\dfrac{d^2w}{dr^2} + \dfrac{1}{r}\dfrac{dw}{dr}\right) \end{cases} \tag{2.26}$$

考虑到边界条件为

$$q(0) = P, \quad w(a) = 0, \quad \frac{dw(a)}{dr} = 0 \tag{2.27}$$

其中，P 为圆形薄膜中心施加的集中载荷；a 为圆形薄膜的半径。

因此，该四周固支，中心受载的圆形薄膜变形的挠度为

$$w(r) = \frac{P}{16\pi D}\left(2r^2\ln\frac{r}{a} + a^2 - r^2\right) \tag{2.28}$$

显然，产生最大挠度的位置就是圆形薄膜的中心，即加载点处（$r=0$）的变形为

$$w_0 = w(0) = \frac{Pa^2}{16\pi D} \tag{2.29}$$

因此，单位长度上径向和周向的弯矩可以简化为

$$\begin{cases} M_r = \dfrac{P}{4\pi}\left[(1+\nu)\ln\dfrac{a}{r} - 1\right] \\ M_\theta = \dfrac{P}{4\pi}\left[(1+\nu)\ln\dfrac{a}{r} - \nu\right] \end{cases} \tag{2.30}$$

径向和周向的正应力 σ_r 和 σ_θ 为

$$\begin{cases} \sigma_r = \dfrac{3Pz}{\pi h^3}\left[(1+\nu)\ln\dfrac{a}{r} - 1\right] \\ \sigma_\theta = \dfrac{3Pz}{\pi h^3}\left[(1+\nu)\ln\dfrac{a}{r} - \nu\right] \end{cases} \tag{2.31}$$

对应的径向和周向的应变 ε_r 和 ε_θ 为

$$\begin{cases} \varepsilon_r = \dfrac{\sigma_r}{E} = \dfrac{4w_0z}{a^2(1-\nu^2)}\left[(1+\nu)\ln\dfrac{a}{r} - 1\right] \\ \varepsilon_\theta = \dfrac{\sigma_\theta}{E} = \dfrac{4w_0z}{a^2(1-\nu^2)}\left[(1+\nu)\ln\dfrac{a}{r} - \nu\right] \end{cases} \tag{2.32}$$

考虑到圆形薄膜的对称性，周向的应变 ε_θ 在整个圆周上也存在对称性，因此周向的平均应变梯度为零。关于圆形薄膜弯曲变形中的应变梯度，只需考虑径向应

变 ε_r 在半径 r_1 到 r_2 的圆环区域的平均应变梯度：

$$\left.\frac{\partial \varepsilon_r}{\partial z}\right|_{\text{average}} = \frac{\int_{r_1}^{r_2} \frac{4w_0}{a^2(1-\nu^2)}\left[(1+\nu)\ln\frac{a}{r}-1\right]\mathrm{d}r}{r_2 - r_1} \tag{2.33}$$

将介电弹性体材料的具体参数代入式(2.32)可以发现，该方法使用很小的力载荷便能产生较大程度的应变梯度。本书采用有限元仿真对式(2.32)中理论计算的应变梯度进行验证。有限元仿真中的圆形薄膜结构参数及边界条件如表 2.3 所示。集中载荷为施加在薄膜中心的位移载荷，在有限元仿真中设为 0.1 mm。圆形薄膜的材料选用高分子材料 PDMS，其弹性模量和泊松比分别为 2 MPa 和 0.49。

表 2.3　有限元仿真中圆形薄膜的参数设置

结构形状	半径/mm	厚度/mm	边界条件	载荷形式	材　料
圆形薄膜	20	0.6	四周固支	圆心集中载荷	PDMS

经分析，圆形薄膜的上下表面因弯曲变形而产生的应变分布如图 2.14(a)所示。在靠近薄膜圆心区域（r < 7.5 mm），上表面的应变大于下表面；而在远离薄膜圆心区域（r > 7.5 mm），下表面的应变大于上表面。因此，远离圆心和靠近圆心区域的应变梯度符号相反。应变梯度的理论计算值和有限元仿真结果的对比如图 2.14(b)所示，二者随半径 r 的分布趋势基本保持一致，在靠近圆心区域二者的偏差较大。其原因如下：有限元仿真中加载点并非无穷小的集中载荷，而是具有一定面积的均布载荷。考虑防止异号应变梯度产生的感应电荷在电极化测量区域

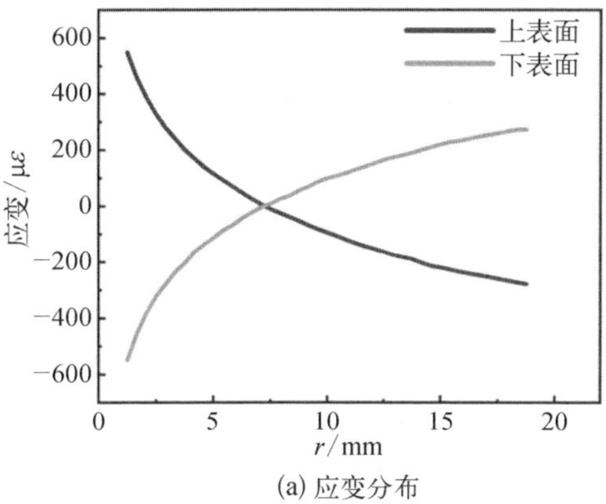

(a) 应变分布

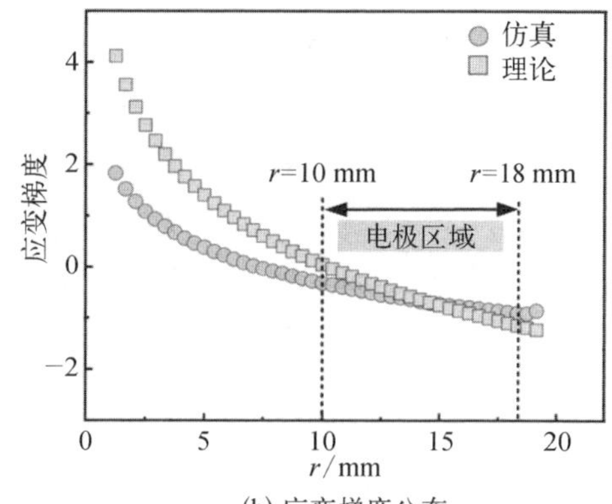

(b) 应变梯度分布

图 2.14　圆形薄膜弯曲变形下的应变和应变梯度随半径的变化

中因累加而相互抵消,本书选择 10 mm < r < 18 mm 的区域为挠曲电效应的电极化测量区域,即电极铺设区域,该区域中应变梯度的理论值和有限元仿真结果的相对误差仅为 4.55%,应变梯度同号且可信度较高。

基于以上分析,通过实验测量圆形薄膜在弯曲变形下的横向挠曲电系数 1122 分量。图 2.15 是 PDMS 薄膜的制作工艺,选商用硅橡胶 SYLGARD 184,将 PDMS 的基底和交联剂以 10∶1 的质量比混合,充分搅拌后倒入铝制模具中,静置 24 h 后将模具在加热台上以 60 ℃的温度保温 24 h,并冷却至常温。然后将成型的薄膜从模具中取出并裁剪成型。

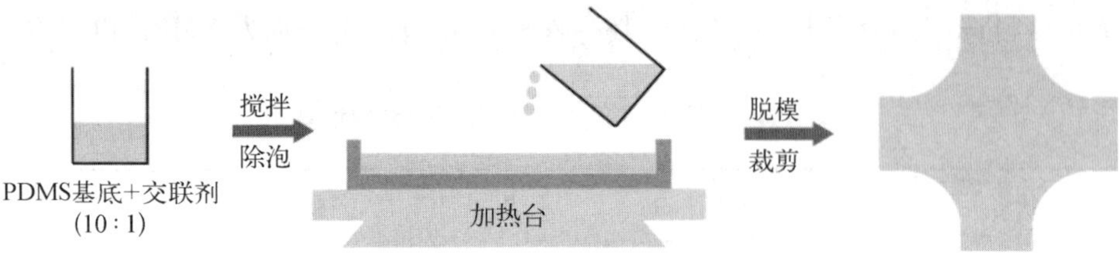

图 2.15　PDMS 薄膜制作工艺

将 PDMS 薄膜固定在设计好的夹具中,如图 2.16 所示。圆形薄膜的边界条件由底部的圆形支撑实现,圆形支撑内圆形薄膜的尺寸与有限元仿真一致,如表 2.3 所示。薄膜的上下面分别铺设碳膏(846－80G, MG Chemicals)作为柔性电极,电极区域为 10 mm < r < 17.5 mm 的圆环,对应电极的面积为 6.48×10^{-4} m^2。当加载设备(MTS－858)通过加载棒输出准静态位移载荷时,圆形薄膜发生弯曲变形,电极覆盖区域中产生同号的应变梯度,从而导致挠曲电效应的产生。

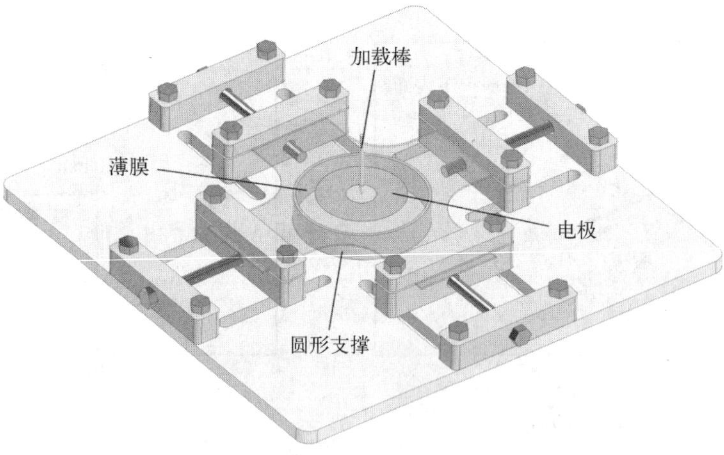

图 2.16　圆形薄膜横向挠曲电效应的实验系统图

PDMS 圆形薄膜弯曲变形条件下的横向挠曲电效应实验数据如表2.4 所示,包括位移载荷、应变梯度及输出电荷量。经计算,可以得到该 PDMS 材料的横向挠曲电系数为 8.3×10^{-11} C/m。将圆形薄膜弯曲变形条件下实测的横向挠曲电系数与文献对比后发现,该横向挠曲电系数的数值要略低于其他文献中 PDMS 材料的挠曲电系数,如表 2.5 所示,原因为:① 圆形薄膜在弯曲变形过程中的应力应变分布较悬臂梁弯曲更为复杂,而本书在建模上做了一定程度的简化,导致在应变梯度计算上产生了误差;② 碳膏电极在涂抹时产生的形状和面积误差;③ 挠曲电效应的电信号测量受环境因素(设备噪声等)的影响。

表 2.4　PDMS 圆形薄膜弯曲变形条件下的横向挠曲电效应实验数据

项　目	实　验　数　据				
位移载荷/mm	0.1	0.2	0.3	0.4	0.5
应变梯度/m^{-1}	0.63	1.26	1.89	2.52	3.05
输出电荷量/pC	0.065	0.078	0.117	0.148	0.18

表 2.5　圆形薄膜弯曲变形条件下测得的 PDMS 材料挠曲电系数与其他文献对比　(单位: 10^{-10} C/m)

项　目	本实验	参考文献[124]	参考文献[82]	参考文献[99]
挠曲电系数	0.83	3.18	5.30	3.63

第 3 章

电介质的剪切向挠曲电效应

本章主要针对剪切向挠曲电效应展开研究。剪切是一种常见的力学载荷形式，剪切载荷导致的变形与破坏也是力学研究的重要内容，同时剪切向挠曲电效应作为挠曲电效应的三种形式之一，长期以来因应变梯度设计、电极化测量、挠曲电系数定义等困难未能开展系统性研究。因此，以剪切应变梯度为突破口开展介电材料的剪切向挠曲电效应，具有重要的理论和实验研究价值。本章利用扭转式加载产生均匀应变梯度，以及针对液体材料牛顿剪切定律的实验研究方法开创剪切向挠曲电效应研究的先河，通过形成的实验数据反作用于挠曲电效应的理论研究，并同时有力支持相关应用探索。

3.1 电介质的剪切应变及其应变梯度

3.1.1 电介质的剪切应变梯度及其设计

已有文献中提到了利用横向加载变截面结构的方式产生应变梯度，这在理论上是正确且可行的，然而在实际操作过程中会遇到一些问题。图 3.1 是利用变截面结构产生剪切应变梯度的设计思路和相应的剪切应变分布，可以明显看到剪切应变分布的不均匀性。除此之外，由于施加的载荷是剪切力，而由于测量方向的要求，需要在所施加载荷的表面附着电极，因此电极层作为承受和传递载荷的载体，能否承受剪切作用而不发生脱落或变形等问题是实验过程中的一个巨大挑战，而在材料-电极界面采用粘接剂等材料以加强抗剪切强度时，又会引发电荷引出困难和新材料引入导致的测量准确性问题，以及粘接剂剪切作用产生变形本身是否产生极化电荷，也需要进行讨论和分析。针对以上具体的实验研究相关问题，基于固体和液体电介质材料的力学基本原理，本章利用多种方式优化剪切应变梯度，设计电极化方向，获得产生的电极化，从而进行进一步的挠曲电效应研究。

1. 圆柱/圆环结构

通过扭转圆柱或圆环结构，使结构沿径向产生剪切应变梯度。图 3.2 是剪切

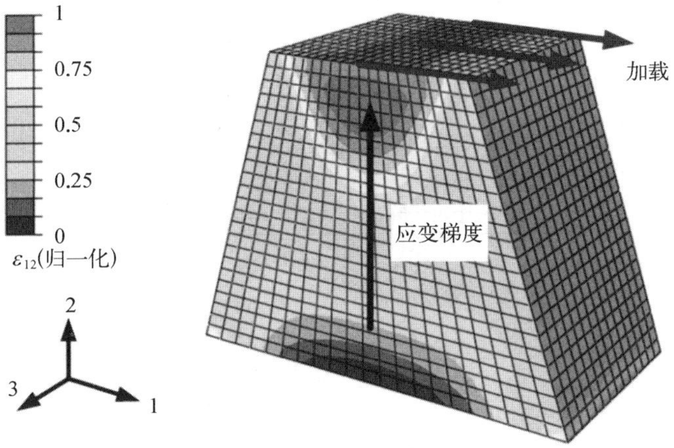

图 3.1　通过梯形台结构横拉产生的剪切应变分布情况

应变梯度的原理图。如图 3.2(a)所示,当一端固支的圆柱结构在其自由端受到扭矩作用时,假设圆柱表面有无数根平行于轴向的线,沿轴向有无数条散射线。取圆柱的一个微元进行分析,微元如图 3.2(b)所示,当受到扭矩作用时,平行线发生偏转,设偏转角度是 γ_ρ,而其在半径为 ρ 处的表达式可以写为

$$\gamma_\rho = \tan\gamma_\rho = \rho\frac{\mathrm{d}\varphi}{\mathrm{d}x} \tag{3.1}$$

其中,$\mathrm{d}\varphi$ 为沿轴向的散射线发生的偏转角。

平行线的偏转角 γ_ρ 是剪切应变,而剪切应力 τ_ρ 与剪切应变之间的关系为

$$\tau_\rho = G\gamma_\rho = G\rho\frac{\mathrm{d}\varphi}{\mathrm{d}x} \tag{3.2}$$

其中,G 为待测材料的剪切模量。

剪切应力与扭矩之间的关系为

$$\tau_\rho = \frac{M_\mathrm{n}\rho}{I_\mathrm{p}} \tag{3.3}$$

其中,M_n 为扭矩;I_p 为待测结构的极惯性矩。

对于环状结构,其极惯性矩可写为

$$I_\mathrm{p} = \int_A \rho^2\mathrm{d}A = \frac{\pi}{32}(D^4 - d^4) \tag{3.4}$$

其中,D 为圆环的外直径;d 为圆环的内直径。计算圆柱的极惯性矩时,可将其内径考虑为零。

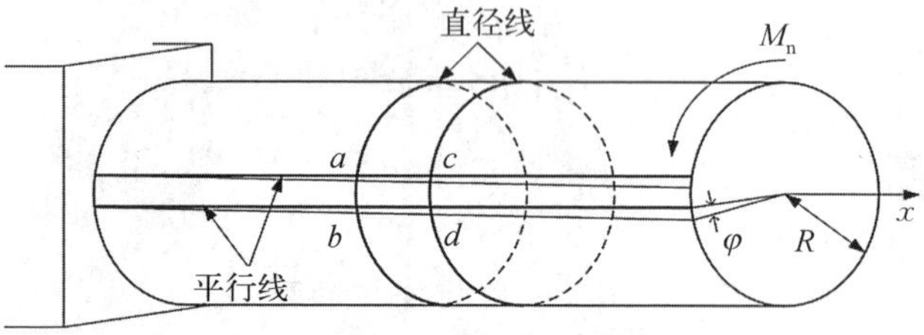

(a) 径向挠曲电效应研究基本原理示意图

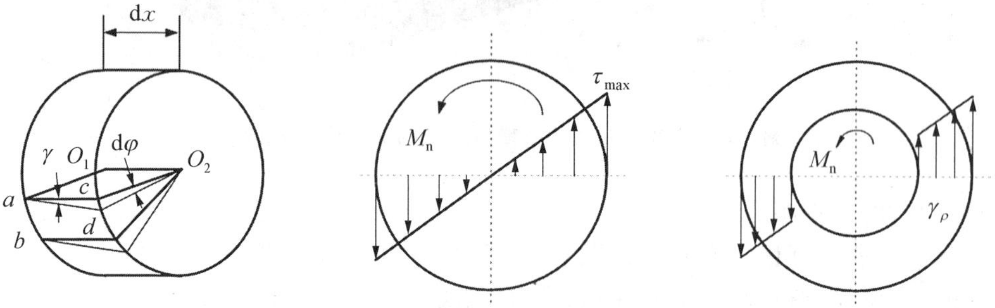

(b) 基于圆柱体结构受到扭矩时的微元变形分析　(c) 圆柱体结构受到扭矩作用时沿径向的剪切应变分布情况　(d) 圆环结构受到扭矩作用时沿径向的剪切应变分布情况

图 3.2　剪切应变梯度的原理图

在式(3.3)中的扭矩和极惯性矩均为常数的情况下,待测结构沿径向的剪切应力应为线性变化,而由式(3.2)可知,剪切应变与剪切应力之间为比例关系,因而可推断待测结构的剪切应变沿径向线性变化。圆柱和圆环沿径向的剪切应变分布分别如图 3.2(c)和(d)所示。因此,沿径向的剪切应变梯度可简化地表达为

$$\frac{\partial \gamma}{\partial \rho} = \frac{\gamma_{out} - \gamma_{in}}{R - r} \tag{3.5}$$

其中,γ_{out} 和 γ_{in} 分别为环状结构外径和内径处的剪切应变;R 和 r 分别为圆环的外径和内径。

2. 半圆柱结构

在进行实验研究时,考虑到电极设置便利等因素有时需要用到半圆柱结构,因而有必要对该结构受到扭矩作用时的应变分布情况进行分析和研究。根据力学分析,扭转半圆柱产生的应变梯度分布与圆柱/圆环结构不同。其具体分析过程和结果如图 3.3 所示。

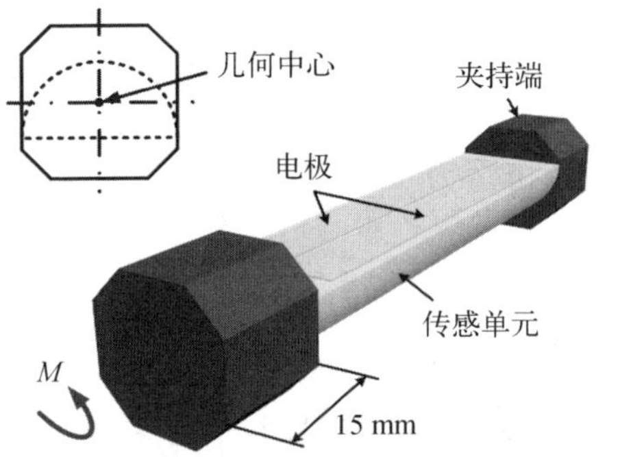

(a) 半圆柱结构的设计原理图和电极布置情况

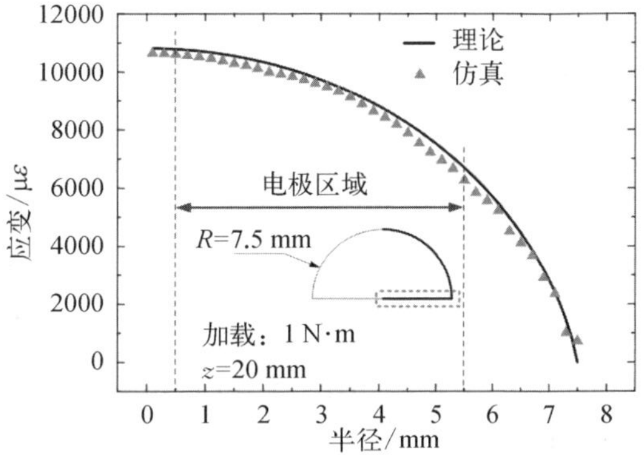

(b) 该结构正中部沿径向切面的应变分布理论计算结果和有限元仿真结果对比

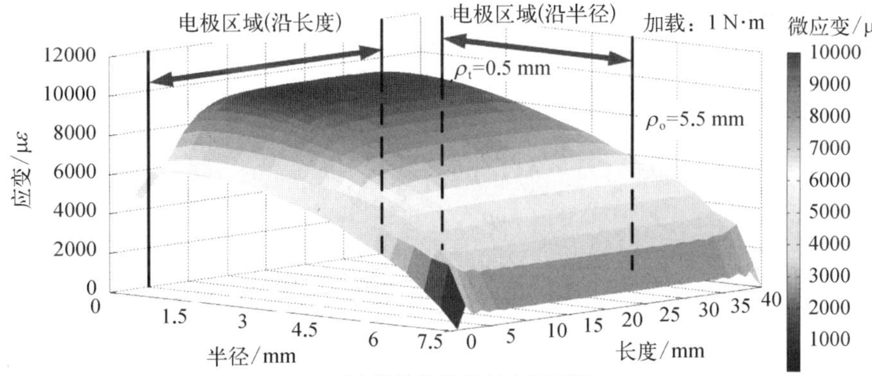

(c) 该结构的应变分布云图

图 3.3　基于半圆柱结构的剪切向挠曲电设计原理图

如图 3.3 所示,根据普朗特应力函数,半圆柱结构受到扭转载荷时,剪切应力满足:

$$\nabla^2\psi = -2G\alpha \tag{3.6}$$

其中,ψ 为普朗特应力函数;G 为剪切模量;α 为单位长度的扭角,在材料和形状固定的情况下沿轴向可看成常数。

在柱坐标系下,式(3.6)可以写为

$$\frac{\partial^2\psi}{\partial\rho^2} + \frac{1}{\rho}\frac{\partial\psi}{\partial\rho} + \frac{1}{\rho^2}\frac{\partial^2\psi}{\partial\phi^2} = -2G\alpha \tag{3.7}$$

式(3.7)的边界条件为

$$\begin{cases} \psi(R,\ \phi) = 0 \\ \psi(\rho,\ 0) = 0 \\ \psi(\rho,\ \pi) = 0 \end{cases} \tag{3.8}$$

其中,R 为半径。

将式(3.7)等式右边进行傅里叶级数展开,并结合边界条件和 $\sum_{n=1,3,\cdots}^{\infty}\frac{1}{n^2(n+2)^2}=\frac{\pi^2-8}{16}$,式(3.7)等式右端的扭角可写为

$$\alpha=\frac{2\pi M}{GR^4(\pi^2-8)} \tag{3.9}$$

将式(3.9)代入式(3.7),并将剪切模量 G 换为弹性模量和泊松比 ν,则应变梯度可以表述为

$$\frac{\partial\gamma_{\phi z}(\rho)}{\partial\rho}=\frac{32M(1+\nu)}{ER^4(\pi^2-8)}\sum_{n=1,3,\cdots}^{\infty}\frac{(n-1)\left(\frac{\rho}{R}\right)^{n-2}-1}{4-n^2} \tag{3.10}$$

式(3.10)可简化为

$$\frac{\partial\gamma_{\phi z}(\rho)}{\partial\rho}=c\cdot M \tag{3.11}$$

其中

$$c=\frac{32(1+\nu)}{ER^4(\pi^2-8)}\sum_{n=1,3,\cdots}^{\infty}\frac{(n-1)\left(\frac{\rho}{R}\right)^{n-2}-1}{4-n^2} \tag{3.12}$$

3.1.2 液体电介质的剪切应变梯度

目前挠曲电效应的研究,尤其是实验研究主要集中在固体电介质材料及液晶材料中。在实际工程应用及人类生活中存在着液体的复杂流动,因而往往存在局部非均匀应变场,因此研究由液体中非均匀应变场诱导产生的挠曲电效应具有重要而普遍的意义。在本书作者开展相关研究以前,学术界还没有关于液体电介质中挠曲电效应的先例。1988 年,Marvan 等基于介电弹性体材料的不可压缩性和大变形特性,提出了一种关于介电弹性体的挠曲电理论模型,该模型的提出过程对液体挠曲电效应的研究有重要借鉴作用。该模型中的介电弹性体在力学变形过程中有两个重要假设:不可压缩性及分子单体随机取向性。这两个假设与介电弹性体这样一类以交联网络和微颗粒填充为重要特性的材料有较大区别,但均与非定向液体的基本特征一致。因此,Marvan 针对介电弹性体材料的模型也可能适用于非定向液体中的挠曲电效应。

根据牛顿内摩擦定律，本书设计了一种在非定向液体中产生剪切应变梯度的方法。挠曲电效应的极化强度 P_i 和剪切应变梯度 $\partial\gamma/\partial x$ 的关系为

$$P_{\mathrm{i}} = \mu_{\mathrm{eff}} \frac{\partial \gamma}{\partial x} \tag{3.13}$$

其中，μ_{eff} 为等效挠曲电系数。

当液体运动时，流体之间产生的剪切应力 τ 可以表示为

$$\tau = \eta \frac{\partial V}{\partial x} = \eta \frac{\partial \gamma}{\partial t} \tag{3.14}$$

其中，η 为液体的黏度；V 为液体运动速度；γ 为剪切应变；t 为时间。

在如图 3.4 所示的一个变截面腔体结构中，腔体截面的半径 $R_2(z)$ 随高度方向 z 均匀变化。一个可以提供频率为 f 的正弦扭转信号的作动器被设置在腔体中心位置，该作动器的半径为 R_1。在柱坐标系下，由式(3.14)可得

$$\frac{\partial \gamma}{\partial t} = \frac{\partial V}{\partial \rho} = \frac{V_0 \sin(2\pi f t) - 0}{R_2 - R_1} \tag{3.15}$$

其中，V_0 为液体运动速度的幅值。于是剪切应变 γ 可以表示为

$$\gamma(z) = -\frac{V_0}{2\pi f(R_2(z) - R_1)} \cos(2\pi f t) \tag{3.16}$$

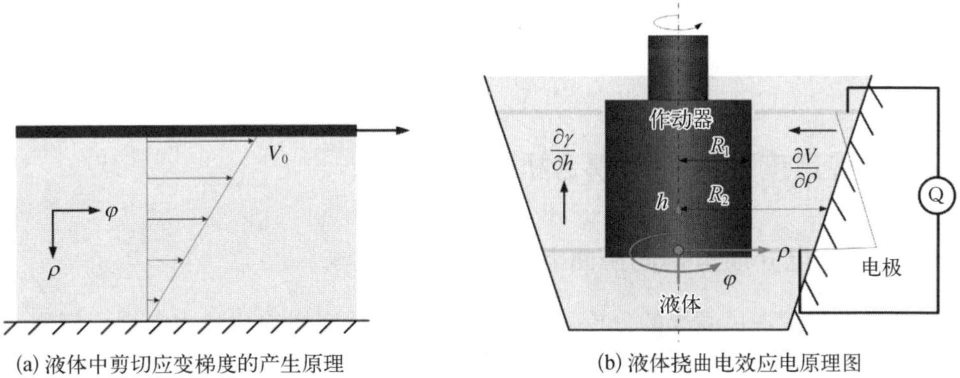

图 3.4　液体中剪切应变梯度的产生原理和液体挠曲电效应的实验装置

考虑到低频和低速的旋转驱动，可采用剪切应变的幅值进行简化计算。于是，剪切应变梯度的平均值为

$$\left.\frac{\partial \gamma}{\partial z}\right|_{\mathrm{average}} = \frac{\gamma(z=0) - \gamma(z=h)}{h} \tag{3.17}$$

其中,h 为上下电极之间的距离。

$z=0$ 和 $z=h$ 处的剪切应变为

$$\begin{cases}\gamma(z=0)=\dfrac{V_0}{2\pi(R_{2\,\min}-R_1)}\\ \gamma(z=h)=\dfrac{V_0}{2\pi(R_{2\,\max}-R_1)}\end{cases}\tag{3.18}$$

其中,$R_{2\,\min}$和 $R_{2\,\max}$为 R_2的最小值和最大值。有

$$V_0=\omega_0 R_1=2\pi f\theta_0 R_1\tag{3.19}$$

其中,ω_0为扭转的最大角速度;θ_0为扭角的幅值。

由于上下电极的面积不一致,可采用上下电极的面积平均值作为有效电极面积,即

$$A_{\text{average}}=\frac{A_h+A_0}{2}=\frac{\pi}{2}(R_{2\,\max}^2-R_{2\,\min}^2)\tag{3.20}$$

其中,A_0和 A_h为 $z=0$ 和 $z=h$ 时的电极面积。于是,液体的等效挠曲电系数μ_{eff}可以根据式(3.21)求得:

$$\frac{Q_0}{A_{\text{average}}}=\mu_{\text{eff}}\frac{\partial\gamma}{\partial z}\bigg|_{\text{average}}\tag{3.21}$$

其中,Q_0为测得的电荷量。

3.2 微观尺度下的力电耦合机理

3.2.1 固体电介质剪切向挠曲电力电耦合模型

为了进行微观尺度下的分析,本书采用与第 2 章同样的微观力电耦合模型,如式(3.22)所示,推导过程见附录 I 中的第二小节。在梯台结构上表面布置一个固定块,通过固定块对梯台施加剪切力 F,因不同高度处的截面积不同,二维电荷模型在不同高度处产生的切应变不同,从而产生高度方向(z)的切应变梯度,利用此切应变梯度和二维电荷模型探索材料的剪切向挠曲电效应。根据附录 I 中的第二小节,固体电介质剪切向挠曲电效应的电极化形式可以表示为

$$P=\frac{qk_{\text{i}}}{4a}\tag{3.22}$$

3.2.2　液体电介质剪切向挠曲电效应机理和实验研究

本书分析中，假设一个任意具有侧链（极性）的液体分子单体是电中性的，且极性存在于其侧链上。为了简化分析过程，考虑到空间对称性，将三维空间任意取向的分子单体简化为二维模型，即 $(x,\ y)$ 坐标下的平面模型，如图 3.5 所示。一个带有极性侧链的分子随意排布，其侧链与 y 方向的初始夹角为 θ，等效初始偶极矩（红色箭头）的值为 P_{A}，初始长度为 l_{A}。剪切应变梯度导致的单位体积内总挠曲电极化为

$$P = \delta_{\mathrm{A}} \Delta P_{\mathrm{A}} \tag{3.23}$$

其中，δ_{A} 为单位体积内挠曲电偶极子的总数；ΔP_{A} 为应变梯度导致的偶极矩变化量。

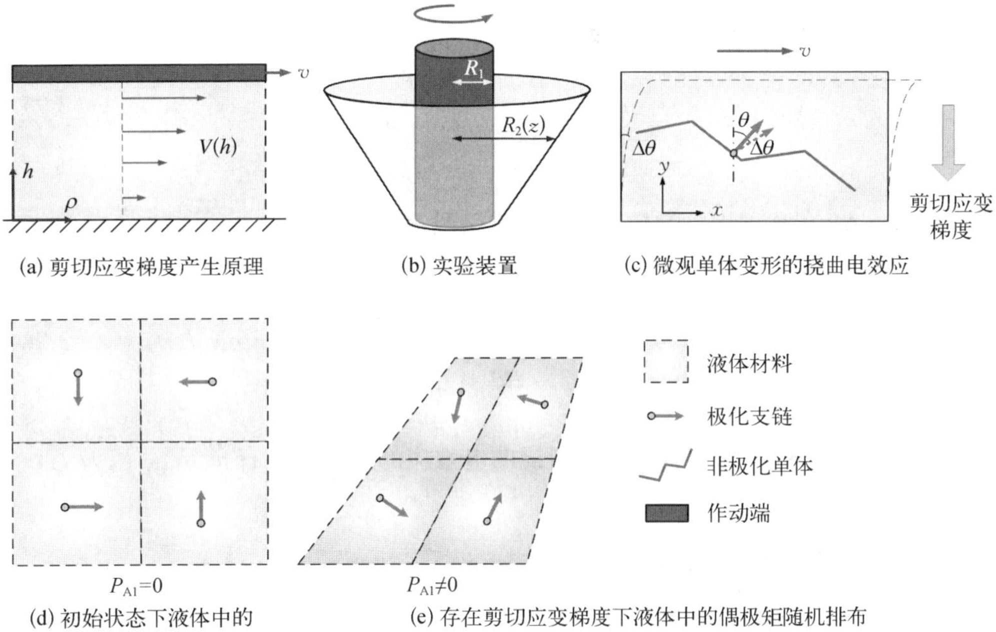

(a) 剪切应变梯度产生原理　(b) 实验装置　(c) 微观单体变形的挠曲电效应

(d) 初始状态下液体中的偶极矩随机排布　(e) 存在剪切应变梯度下液体中的偶极矩随机排布

图 3.5　液体介电材料的微观挠曲电效应力电耦合模型

单位体积内挠曲电偶极子的总数可写为

$$\delta_{\mathrm{A}} = \varepsilon_{\mathrm{r}} n N_{\mathrm{A}} \tag{3.24}$$

其中，ε_{r}、n 和 N_{A} 为液体材料的相对介电常数、每个单体分子链上的侧链个数和单位体积内的分子个数（假设只有一种侧链）。引入无量纲的相对介电常数是根据

电容的物理定义，定量地反映介电材料在与金属接触时感生出瞬时极化电荷的能力。

在应变梯度作用下，单个侧链的挠曲电极化可写为

$$\Delta P_{\mathrm{A}} = \Delta P \cdot n_{\mathrm{A}} \tag{3.25}$$

其中，ΔP 为挠曲电极化量；n_{A} 为应变梯度的方向向量。

当受到应变梯度作用时，侧链发生了与宏观变形协调一致的小角度 $\Delta\theta$ 偏转，考虑到分子取向的随机性，有

$$\Delta P_{\mathrm{A}} = \frac{\int_0^{2\pi} \left(P_{\mathrm{A}}\cos(\theta + \Delta\theta) - P_{\mathrm{A}}\cos(\theta)\right)\mathrm{d}\theta}{2\pi} \approx \frac{2}{\pi}\left(\Delta\theta + \frac{1}{2}\Delta^2\theta\right)P_{\mathrm{A}} \tag{3.26}$$

式(3.26)从 0 到 2π 的积分反映了随机取向的初始偶极子的统计平均贡献。

因此，液体材料的剪切向挠曲电系数可写为

$$\mu_{\mathrm{eff}} = \frac{P}{\dfrac{\partial \gamma}{\partial y}} = \frac{\delta_{\mathrm{A}}\Delta P_{\mathrm{A}}}{\dfrac{\tan\Delta\theta}{l_{\mathrm{A}}}} \tag{3.27}$$

对 $\tan\Delta\theta$ 在 0 点进行泰勒级数展开并忽略高次项，可得

$$\mu_{\mathrm{eff}} = \frac{P}{\dfrac{\partial \gamma}{\partial y}} \approx \frac{2}{\pi}\varepsilon_{\mathrm{r}} n N_{\mathrm{A}} l_{\mathrm{A}} P_{\mathrm{A}} \frac{\Delta\theta + \dfrac{1}{2}(\Delta\theta)^2}{\Delta\theta + \dfrac{1}{3}(\Delta\theta)^3} \approx \frac{2}{\pi}\varepsilon_{\mathrm{r}} n N_{\mathrm{A}} l_{\mathrm{A}} P_{\mathrm{A}} \tag{3.28}$$

根据式(3.28)可知影响液体材料挠曲电效应的变量主要有 n、N_{A}、P_{A}及 l_{A}。

3.3 实验方法及结果分析

3.3.1 固体电介质

1. 轴向电极设置

沿轴向设置电极时，需要考虑的问题除了圣维南原理导致的轴向应变不均匀，还需要考虑如何保证电极覆盖区域的应变梯度均匀性。为了方便描述并套用现有挠曲电系数的描述方法，本章的坐标仍按照前文的定义方法进行，并将 ρ、ϕ、z 分别等效用 1、2 和 3 表示。极化测量方向沿 1 向设置、基于径向电极测量的等效挠曲电系数为 μ_{1211}，其电极的设置方式如图 3.6 金黄色区域所示。为了

避免圣维南效应带来的影响，试件的夹持端和测量端之间采用倒角结构设计，并在测量端靠近夹持端附近不设置电极。图 3.6 是基于 3.2 节所述基于径向电极的实验用试件，其中包括两端的夹持端和中间的测量端。将试件进行一体化加工后布置电极：外壁电极设置如图中金黄色部分所示，内壁电极与外壁电极沿轴向相对应布置。将夹持端的外表面进行粗糙处理以增大夹持端和加载机之间的静摩擦力，避免产生相对滑动。

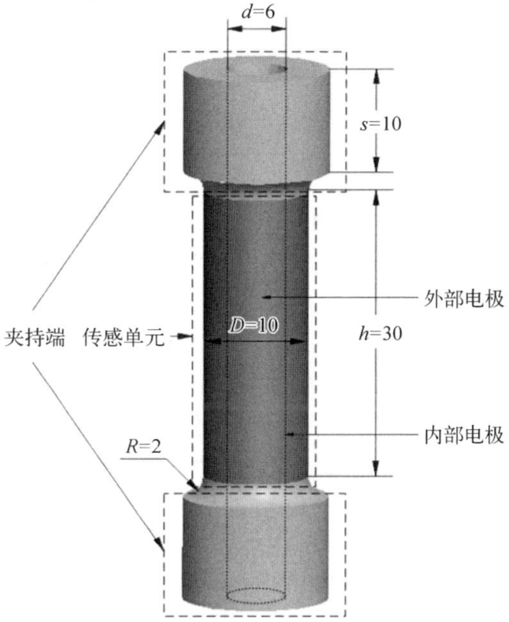

图 3.6　用于扭转实验的基本结构示意图及其相关尺寸设计(单位：mm)

对试件进行实验可测得如图 3.7 所示的力电关系。图 3.7 是加载频率为 1 Hz、扭矩偏置为 0.8 N · m，峰峰值为 0.16 N · m 作用下的力电信号波形。为了验证实验结果的可重复性，本节加工了形状结构完全一样的三个试件，并对试件采取了不同频率下的加载。实验结果如表 3.1 所示，可以看出实验结果在不同试件和不同频率加载条件下具有很高的一致性。

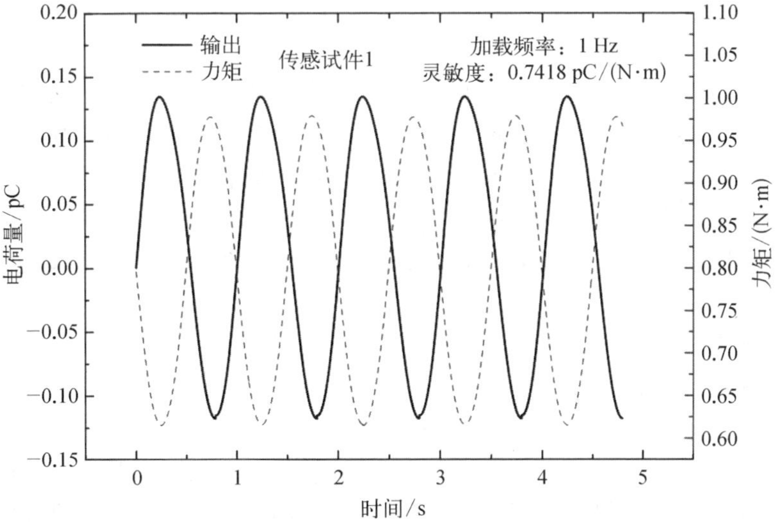

图 3.7　1 Hz 扭矩载荷作用下的力电波形

表 3.1 相同试件在不同频率下的挠曲电系数 μ_{1211} 实验值 （单位：C/m）

频率	PVDF I	PVDF II	PVDF III
0.5 Hz	7.125×10^{-10}	7.286×10^{-10}	7.490×10^{-10}
1 Hz	7.142×10^{-10}	7.413×10^{-10}	7.559×10^{-10}
1.5 Hz	7.025×10^{-10}	7.609×10^{-10}	7.214×10^{-10}

2. 环向电极设置

沿环向设置电极时，最重要的就是将切开并设置电极后的两个部分如何恢复的问题。若只是将两部分简单地拼合在一起进行测量，便会引入由接触等问题导致的一系列困扰，而无法产生均匀的应变梯度。而若将切开的两部分通过粘接剂进行固定，新的粘接材料的引入、等效刚度的计算和实际应变情况的预知都成为较难解决的问题。因此，本节主要采用以半圆柱结构切面直接设置电极为主、粘接结构为辅验证的方式，简化由边界条件的改变、新材料的引入等因素导致的复杂力学问题，保证应变梯度计算结果的可信度。而为了从一定程度上验证半圆柱结构设计的正确性，本节仍然采用粘接的方法，并利用较为简化的理论进行分析和实验。

如上所述，当希望通过环向电极设置的方式研究相应的挠曲电系数时，电极的设置成为困扰实验成功实施的最大障碍。因此，本节设计利用半圆柱结构并通过扭转的方式来产生剪切应变梯度。虽然粘接法测量结果与半圆柱法具有很高的一致性，但由于力学模型简单，粘接材料本身是否存在挠曲电效应（经对比，本处使用的材料并未对总极化的程度产生实质性影响）以及实验操作的复杂性，不推荐在进行环向电极测量的挠曲电研究中使用粘接法。相对地，半圆柱法由于力学模型精确、一体化加工和实验方法相对简单等原因，被认为是进行环向挠曲电系数分量研究的主要研究方法，如图 3.8 所示。图 3.8(a)是沿环向设置的 PVDF 试件及其电极附着区域的实物照片；图 3.8(b)是实验得到的实时扭矩加载值与相应的电荷输出值之间的关系；图 3.8(c)是实时载荷波形与输出电荷波形的测量结果。可以看到，扭矩-电荷之间具有很好的线性度，电响应和力学输入之间也没有明显的相位差。

利用推导出的半圆柱结构应变梯度公式和有限元计算结果，得到等效挠曲电系数结果如表 3.2 所示。

针对粘接法，本书进行了分析和验证，将一对完全一致的半圆柱试件进行粘接实验。在实验前对其中一个试件进行电极覆盖和引出，具体尺寸和实验中一致。具体推导和计算过程见附录 I 第三小节。利用该方法进行实验，可得到利用粘接结构测得的结果为$(1.1\pm0.1)\times10^{-8}$ C/m，与半圆柱结构具有很好的一致性。

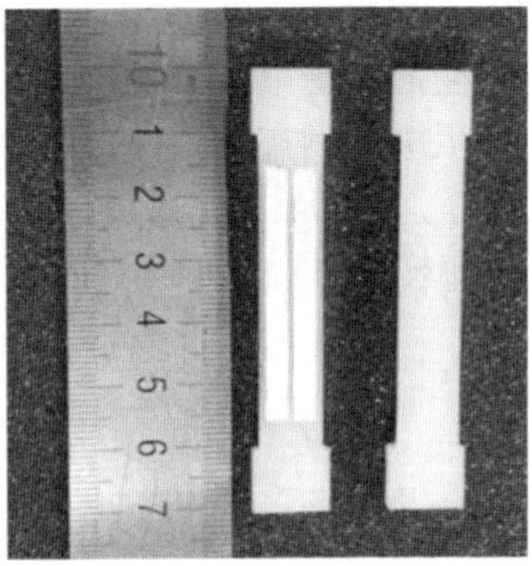

(a) 半圆柱法和粘接法的实物照片

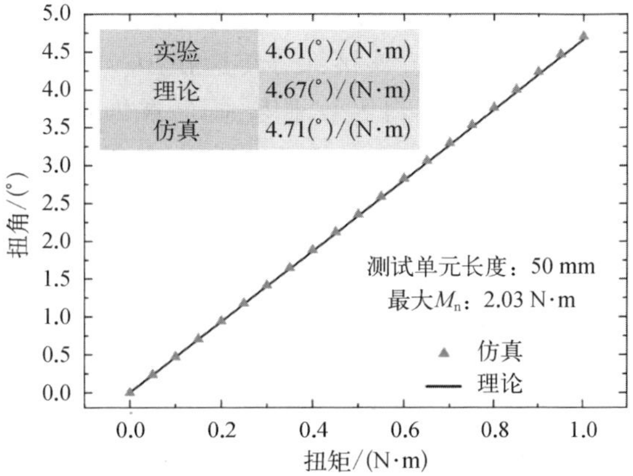

(b) 实验测得的半圆柱法扭矩-极化电荷关系及线性处理结果

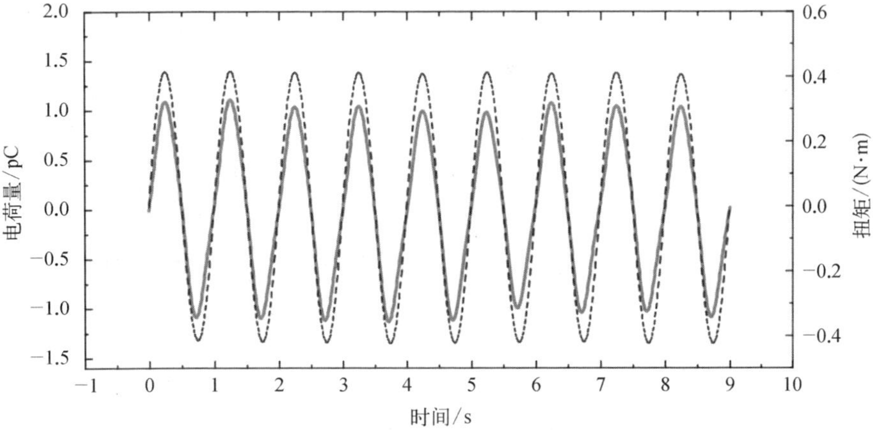

(c) 半圆柱法测得的一组实验波形

图 3.8　半圆柱法实验测试结果

表 3.2　挠曲电系数 μ_{2312} 的测量结果　　（单位：10^{-8} C/m）

频率	试件 I	试件 II	试件 III
0.5 Hz	1.1±0.1	1.1±0.1	1.2±0.1
1 Hz	1.1±0.1	1.1±0.1	1.1±0.1
1.5 Hz	1.1±0.1	1.1±0.1	1.2±0.1
2 Hz	1.1±0.1	1.1±0.1	1.1±0.1

3. 轴向电极设置

在电极布置中，轴向电极的设置方法最为多样，如图 3.9 所示。由于电极沿轴向设置,最直接的考虑就是将待测结构垂直于轴向的表面施加电极后与再与其他连接部分粘接,通过连接部分传递扭矩。为了保证材料变形不受电极影响,使电极附加刚度远低于材料等效刚度,因而在加载过程中会产生电极剥离的情况,致使扭矩无法传递至测量端,从而无法产生应变梯度和极化测量。因此,如何在垂直于轴向设置电极的基础上实现电极覆盖区域均匀地产生应变梯度,即将变形传递至测量区域,值得分析和研究。

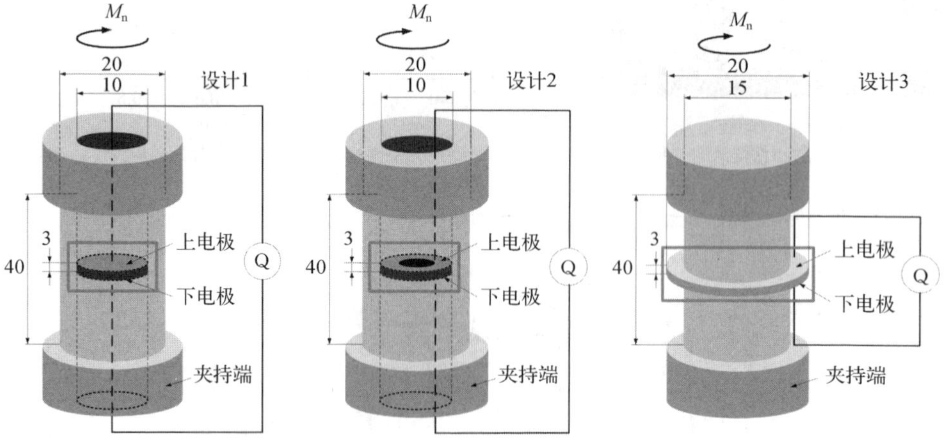

(a) 内嵌式结构设计　(b) 内嵌通孔式结构设计　(c) 外延式结构设计

图 3.9　轴向电极布置图(单位: mm)

经有限元分析计算可知,无论是内嵌式、内嵌通孔式,还是外延式结构,其涂覆电极的环形区域上均能够产生剪切应变梯度。对不同加载频率下的所有实验结果进行计算和整理,得到表 3.3 和图 3.10。由表 3.3 可知,虽然三种结构的具体形式不同,但通过各自实验方法测得的等效挠曲电系数 μ_{3121} 结果具有很好的一致性。由图 3.10(a) 可知,不同结构之间的扭矩和扭角关系不完全一致,但线性度均很好;而由图 3.10(b)可知,不同结构的扭矩-应变梯度直接关系差别则更加明显。其中,在相同扭矩作用下,内嵌通孔式结构的应变梯度最大,而内嵌式结构的应变梯度最小。

表 3.3　利用三种结构测得的剪切向挠曲电系数 μ_{3121}　(单位: 10^{-8} C/m)

频　率	内嵌式	内嵌通孔式	外延式
1 Hz	1.061	0.995	1.090
1.5 Hz	1.046	1.053 5	0.954

续 表

频 率	内嵌式	内嵌通孔式	外延式
2 Hz	1.078	1.029	1.061
2.5 Hz	1.032	1.036	1.000
3 Hz	1.063	1.022	1.039

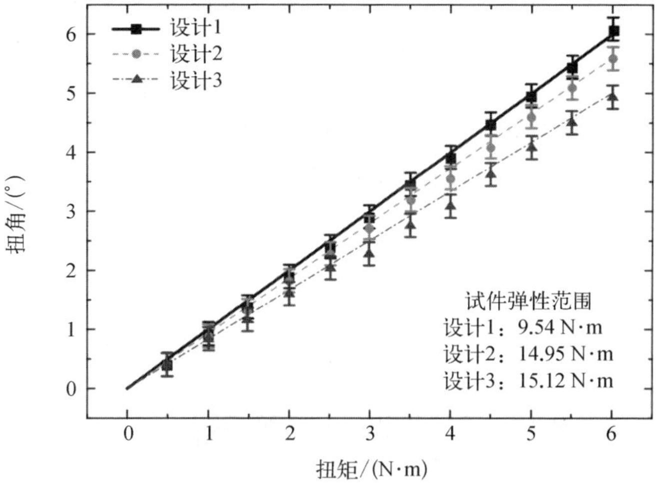

(a) 三种结构扭矩与扭角之间的关系

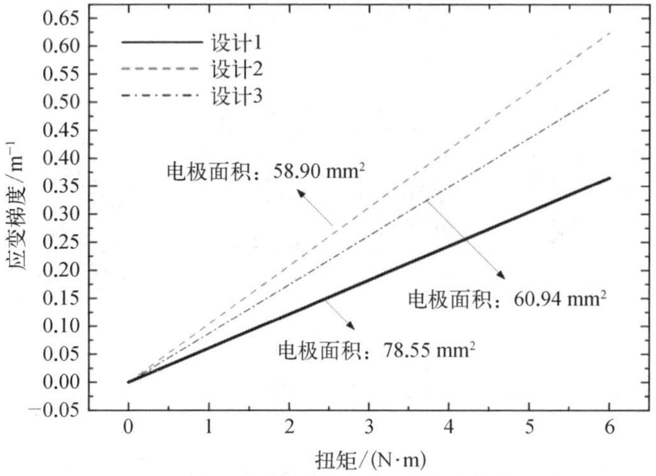

(b) 三种结构扭矩与应变梯度之间的关系

图 3.10 三种结构扭矩与扭角、应变梯度之间的关系

3.3.2 液体电介质

液晶材料的挠曲电效应自 20 世纪开始已经取得了较为充分和完善的研究，相关研究成果对液晶的应用发展提供了很大的帮助[195-201]。液体电介质的物理特性、流体力学特性，以及力电耦合特性均与液晶有较大区别。为了验证液体的剪切运动过程可能产生的挠曲电效应，可在液体中布置沿腔体高度方向分布的色带。当作动器扭转时，液体的运动状态将通过色带的移动来直观体现。由于亲水性的颜料在高度极化的液体中分散得过于迅速，本书采用疏水性颜料在液压油中的扩散运动来展示液体的剪切运动。疏水性颜料的密度要稍大于液压油，当在液压油中滴入颜料时，颜料可以直达腔体的底部，并产生一个竖直的初始色带，不同颜色的色带沿半径方向排列。当液体随着作动器的扭转开始运动时，靠近作动器的色带要比远离作动器的色带分散得快；同时随着腔体截面半径的减小，同一条色带分散的速度加快。如图 3.11 所示，通过液体中带颜料的色带的运动可以清晰地展示液体中的剪切应变梯度。

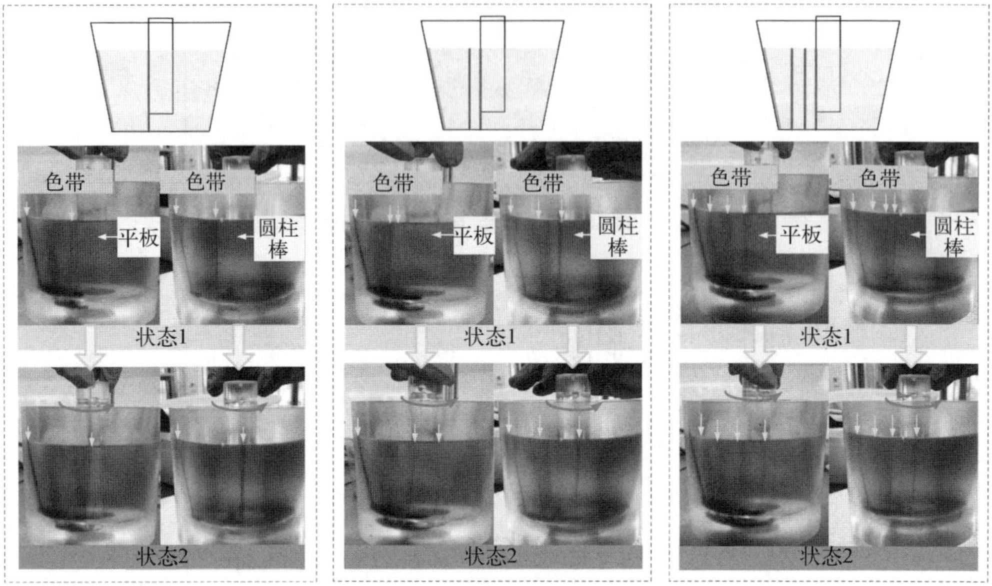

(a) 2条色带　　(b) 3条色带　　(c) 4条色带

图 3.11　通过色带的扩散表征变截面腔体中液体的运动

通过一系列实验测量了多种液体电介质的挠曲电系数，包括乙醇、去离子水、饮用水、PDMS 基底液和液压油。MTS－858 加载设备驱动作动器输出扭角。为了避免复杂流体运动的影响，采用小角度和低速的扭转加载方式（最大输出角度为

±7°，频率为 1 Hz），并用两种作动器结构（平板式和圆柱式）驱动液体运动并将结果进行对比。

由图 3.12（a）可以看出，当用平板作动器提供扭角输出时，各类非定向液体因挠曲电效应产生的极化电荷量与扭角之间呈递增关系。图 3.12（b）是圆柱作动器提供扭转时测得的电荷量与扭角的关系。在相同扭角下，平板作动器驱动下的液体挠曲电效应整体比圆柱作动器的大。

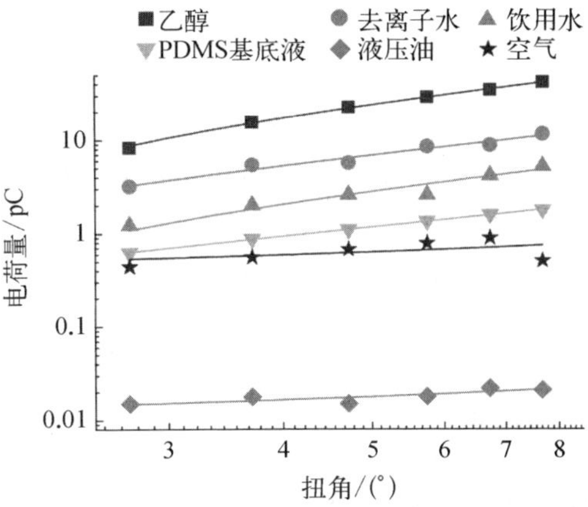

(a) 平板作动器驱动

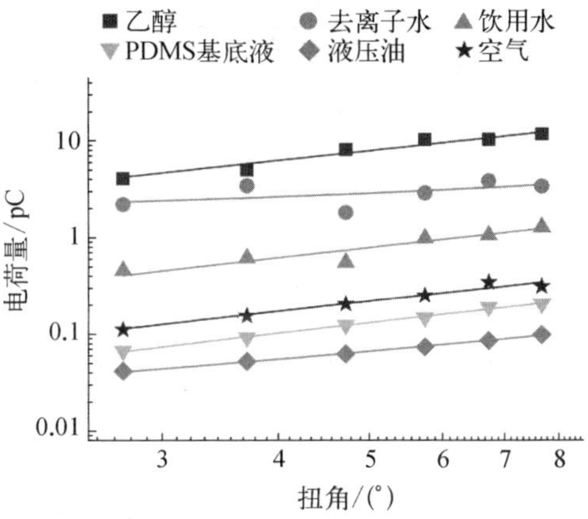

(b) 圆柱作动器驱动

图 3.12　各类非定向液体的挠曲电效应实验结果

各类液体的等效挠曲电系数可以根据式（3.21）计算得到，结果如图 3.13（a）所示。去离子水和乙醇的等效挠曲电系数比其他有机物液体和离子液体要高。随着液体中离子的介入，材料的等效挠曲电系数会降低。各类非定向液体的等效挠曲电系数与相对介电常数的关系如图 3.13（b）所示，体现了材料相对介电常数与等效挠曲电系数的正相关关系。各类非定向液体等效挠曲电系数的理论预测值与实验结果如表 3.4 所示。产生偏差的原因主要是：① 剪切应变梯度的理论计算存在模型简化的误差；② 实验测量系统中存在环境产生的误差。

在验证完成液体剪切向挠曲电效应的实验方法及其可行性之后，需要对式（3.28）所示的微观层面理论预测进行验证。综合考虑各方面条件和实验便利程度等因素，介电液体、电极、作动手段等都需要遵循 3.3.1 节内容和表 3.4 所对应的等效电荷数量级进行设计。为了验证式（3.28）所述介电变量对挠曲电效应的影响，如侧链极性和个数、链长、偶极子长度和偶极矩等都需要根据具体材料属性进行设计。考虑到研究中液体材料的系统性和变量控制的难易程度，考虑用醇类和酸类液体进行验证。之所以考虑这两类材料，是因为其侧链（—OH 和—COOH）的位置和个数，以及主链（碳链）的长度均可选择，如甲醇、乙醇、正丙醇、丙二醇等。

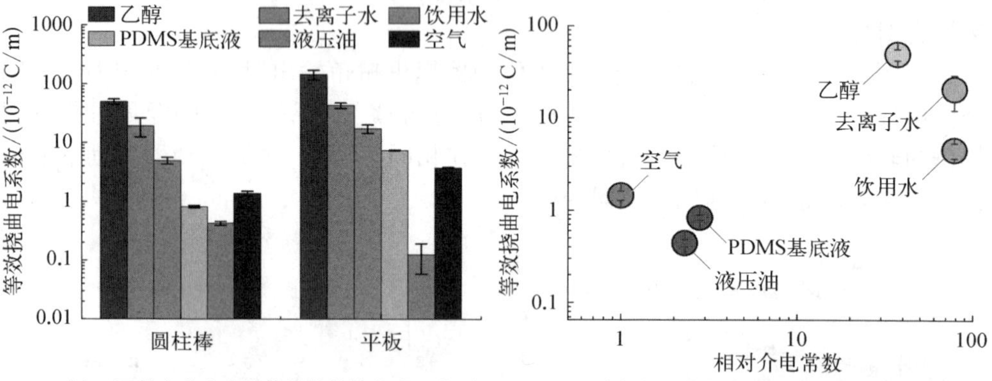

图 3.13　各类液体的等效挠曲电系数值和挠曲电系数与其相对介电常数的关系

然而,考虑到金属电极遇到酸性液体往往发生剧烈化学反应,因此本书工作并未采取羧基进行实验,而是采用化学性质相对稳定的醇类进行。

表 3.4　不同种类非定向液体等效挠曲电系数的理论预测值与实验结果对比　　（单位：C/m）

介质类型	理论预测值	圆柱作动器	平板作动器
去离子水	2.106×10^{-11}	$(1.909\pm0.676)\times10^{-11}$	$(4.283\pm0.676)\times10^{-11}$
乙醇	2.863×10^{-11}	$(4.935\pm0.499)\times10^{-11}$	$(1.451\pm0.275)\times10^{-10}$
PDMS 基底液	0	$(8.2\pm0.4)\times10^{-13}$	$(7.39\pm0.08)\times10^{-12}$
液压油	0	$(4.2\pm0.3)\times10^{-13}$	$(1.2\pm0.7)\times10^{-13}$
饮用水	—	$(4.97\pm0.64)\times10^{-12}$	$(1.731\pm0.286)\times10^{-11}$
空气	—	$(1.37\pm0.13)\times10^{-12}$	$(3.75\pm0.09)\times10^{-12}$

在上述实验条件不变的情况下,本书在常温、常压条件下,用铜锌合金电极针对不同醇类液体进行了系统性实验研究。为了方便实验操作,同时考虑到实验研究的系统性,因此采用甲醇(#C=1,#—OH=1)、乙醇(#C=2,#—OH=1)、正丙醇(#C=3,#—OH=1 边缘位置)、异丙醇(#C=3,#—OH=1 中间位置)、丙二醇(#C=3,#—OH=2)、丙三醇(#C=3,#—OH=3)、正丁醇(#C=4,#—OH=1)、正辛醇(#C=8,#—OH=1),以及液状石蜡(多碳混合物)作为对照组,考虑不同条件对挠曲电系数的影响。值得一提的是,由于醇类自身的属性,侧链的偶极矩和偶极子长

度无法进行变量控制。

图 3.14 是不同醇类的实验结果。图 3.14(a)展示了不同主链(单位体积内总个数)、相同侧链及其个数醇类的实验结果,可以看到,链长越长(单位体积内总个数越小)而侧链不变,挠曲电效应越小;当侧链个数由 1 增为 2 时也有同样结果,如图 3.14(b)所示;图 3.14(c)则展示了主链不变、侧链个数变多会使得挠曲电效应提升;图 3.14(d)则系统性地展示了侧链个数在主链不变情况下与挠曲电效应之间的正相关关系;图 3.14(e)则揭示了一个独特的现象,即在主链和侧链均相同,仅

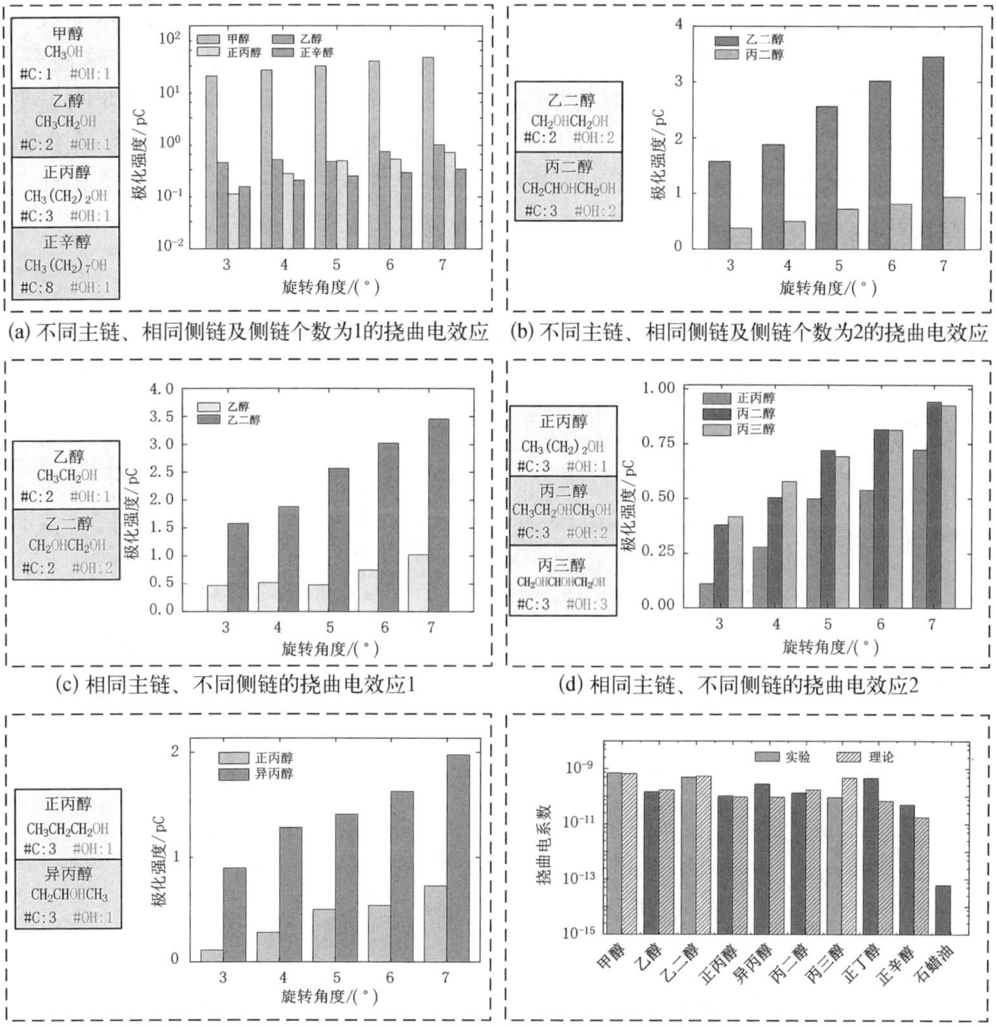

(a) 不同主链、相同侧链及侧链个数为1的挠曲电效应　(b) 不同主链、相同侧链及侧链个数为2的挠曲电效应

(c) 相同主链、不同侧链的挠曲电效应1　(d) 相同主链、不同侧链的挠曲电效应2

(e) 相同主链、相同侧链(位置不同)的挠曲电效应　(f) 醇类液体挠曲电系数

图 3.14　醇类液体挠曲电效应与材料参数之间的关系

侧链的相对位置变化的情况下挠曲电效应也产生了很大变化，这个现象没有明确的物理解释，可能因为极性侧链在主链中间位置时将更好地展现其因应变梯度导致的相对变形。除此之外可以看到，从丙三醇开始，随着材料黏度的急剧增加（1 500 mPa · s，是正丙醇和丙二醇的 847 倍和 26 倍），大黏度的液体材料无法遵循式（3.28）所需要考虑的假设，因此挠曲电效应的结果无法用其进行预测。图 3.14（f）则系统性地表明随着主碳链的增长，材料的挠曲电效应逐渐衰减，且实验结果与理论预测之间具有较好的一致性。

将上述实验结果进行总结可得出以下几个结论。如图 3.15（a）所示，随着主链变长而侧链（在主链上的类型、个数和相对位置）不变，单位体积内的液体个数变少，挠曲电效应变弱；图 3.15（b）所示，侧链密度越大，材料挠曲电效应越显著；图 3.15（c）所示材料黏度较小时，理论预测准确度较高，而随着材料黏度明显变大，理论预测不具备参考意义；如图 3.15（d）所示，通盘考虑主链长度发现，主链越长，材料的挠曲电效应越小。不同醇类材料的参数值和挠曲电效应实测结果详表见附表 II.4。

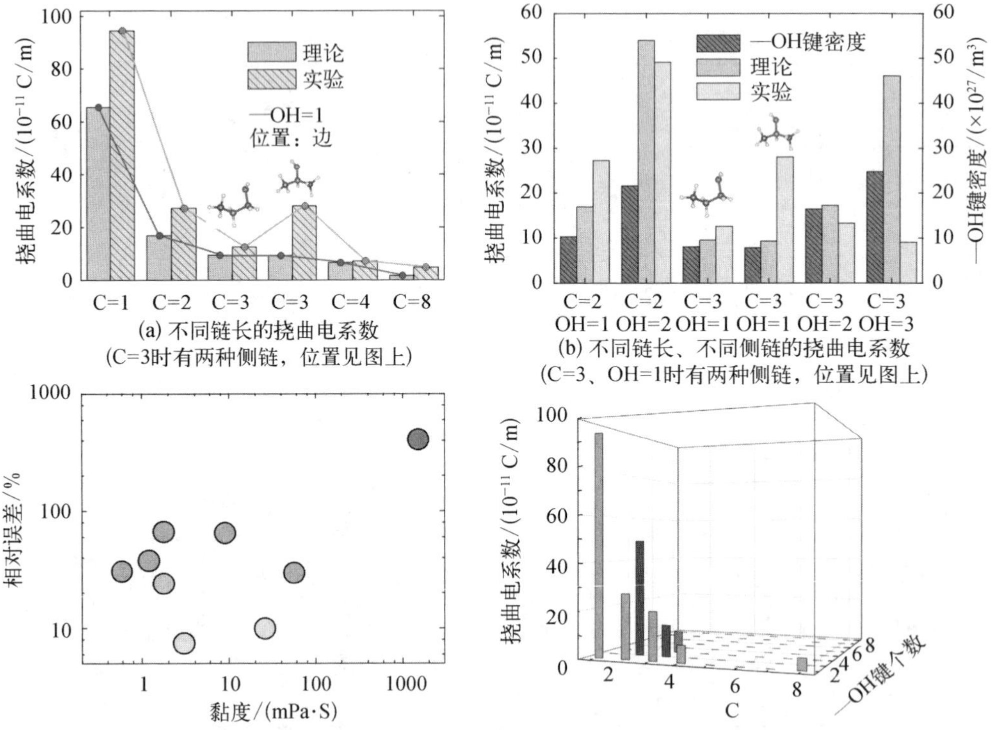

(a) 不同链长的挠曲电系数
(C=3时有两种侧链，位置见图上)

(b) 不同链长、不同侧链的挠曲电系数
(C=3、OH=1时有两种侧链，位置见图上)

(c) 理论与实验误差对比

(d) 挠曲电系数相对于主链和侧链长度的三维条形分布

图 3.15 醇类液体挠曲电效应与介电参数之间的关系

第 4 章

挠曲电系数分量的解耦

由第 2 章和第 3 章可知,基于现有实验体系下实验直接获取固体电介质材料挠曲电系数均是等效而非本征的,即由于材料或试件受到加载发生变形后会沿各方向产生变形,继而可能导致多组应变梯度,从而使测得的电极化往往为多个挠曲电系数的贡献之和,由于在众多电极化贡献中某一挠曲电系数分量的贡献占主要部分,因此经常会近似地认为该实验是对该挠曲电系数分量的测量结果。在实验上准确地获得本征挠曲电系数具有一定的困难。然而,无论是挠曲电理论的发展和验证,还是在应用领域都对本征挠曲电系数有着现实的需求和重要的意义。在理论上,本征挠曲电系数的测量对挠曲电系数的进一步研究具有重要意义,准确的系数测量能够为研究系数与介电常数、温度、加载频率等因素提供基础;在应用上更能够为力电线性度、频率响应等研究提供有力支撑。因此,本章开展通过联立实验组获取本征挠曲电系数群的工作,推进挠曲电系数实验研究从等效性向本征性的发展。

4.1 挠曲电系数分量解耦的意义

关于挠曲电系数分量的理论解,国内外学者利用第一性原理等理论手段进行了推导,给出了所有对称型的电介质材料挠曲电系数分量的个数。由于陶瓷等高对称性材料的独立非零挠曲电系数分量的个数远少于高分子聚合物等低对称性材料,且由于高分子聚合物等材料存在结晶度、掺杂等问题,独立非零挠曲电系数分量的个数难以通过理论推导的方式进行预测。Zubko 利用陶瓷材料独立挠曲电系数分量少的特点,利用不同实验手段同时获取了同一材料的所有三个非零独立挠曲电系数分量,对获得高对称性材料非零独立挠曲电系数分量提供了有效的实验研究方法。

挠曲电系数为四阶张量,包含了 $ijkl$ 四个下标,其中 ij 代表应变的方向,k 代表应变梯度的方向,l 代表极化的方向。在直角坐标系中 $ijkl$ 每个均可由 x(1)、y(2)、z(3)替代,而在柱坐标系中经常由 ρ、φ、z 替代[202, 203]。关于挠曲电系数下标的分析,见附录 I 中第四小节。如何通过实验手段获得低对称性材料的非零独立挠曲电系数分量对于进一步研究挠曲电特性具有十分重要的理论意义和应用价值。高分子聚合物等材料的挠曲电系数分量虽然沿用张量形式表征,但利用张量运算定律进行角标互换得到的挠曲电系数分量是否能够代表同一物理含义目前无法下定论。对于测量本征系数,其解决方案之一就是通过联立实验对或实验组来对极化贡献进行解耦。

4.2 挠曲电系数分量解耦的力学设计思路

为了通过实验数据获得系列挠曲电系数分量,需要设计一系列相关的实验组或实验对进行。如何从力学角度进行考虑,确保所设计的实验组或实验对能够获得唯一且非零的解,需要利用线性代数的相关知识。线性方程组有唯一解的充分必要条件是:系数矩阵的秩与其增广矩阵的秩相等,且个数与未知量个数相等。因此,结合挠曲电系数分量的物理含义和实验设计的协调一致性,实验设计中需同时注意以下几点:① 独立实验组数与待解的挠曲电系数分量个数相等,即实验组之间的输入(应变梯度)-输出(电极化)关系不能一致或具有相关性;② 挠曲电系数分量的值作为待解的未知数,其值为实数且不能为负值;③ 在力学设计产生应变梯度中,可通过改变结构形式、边界和约束条件,复合加载等形式改变结构中应变梯度及其分布,使之具有独立性。

4.3 纵向挠曲电系数分量的解耦设计

4.3.1 力学设计和理论推导

在三类挠曲电效应中,纵向挠曲电效应的研究最为直观,其可预见的潜在应用需求也最为明确。本章以 PVDF 为研究对象,开展基于宏观应变梯度设计的纵向挠曲电效应研究,包括应变梯度的设计、目标挠曲电系数对应的电极化测量及多个未知挠曲电系数的求解等工作。在研究中,采用梯台压载的方法。如图 4.1 所示,在纵向载荷 F 的作用下,梯台结构在 x_1 方向上产生的正应力 $\sigma_{11}(x_1)$ 和正应变 $\varepsilon_{11}(x_1)$,可以表示为

$$\begin{cases} \sigma_{11}(x_1) = \dfrac{F}{S(x_1)} \\ \varepsilon_{11}(x_1) = \dfrac{\sigma_{11}(x_1)}{E} = \dfrac{F}{ES(x_1)} \end{cases} \tag{4.1}$$

其中,$S(x_1)$ 为随高度 x_1 变化的横截面积;E 为材料的弹性模量。

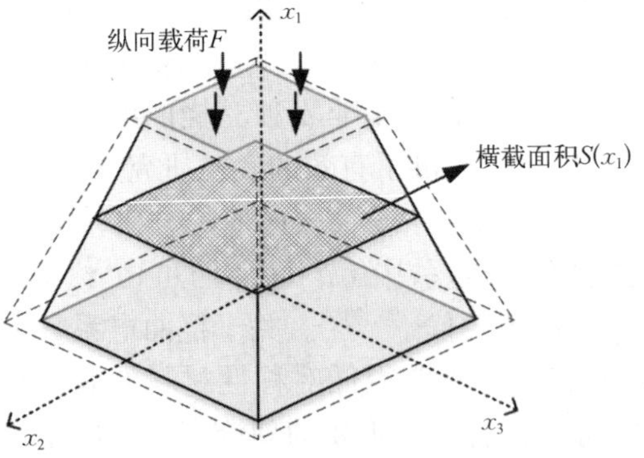

图 4.1 纵向挠曲电效应研究原理图

因此,梯台内沿 x_1 方向产生的应

变梯度为

$$\frac{\partial \varepsilon_{11}}{\partial x_1}=\frac{F}{E}\frac{\partial}{\partial x_1}\left(\frac{1}{S(x_1)}\right) \tag{4.2}$$

根据材料参数和结构尺寸,可根据式(4.2)计算出应变梯度。通过实验测量在梯台上下表面布置的电极上产生的感应电荷量,即根据式(4.3)求出材料的等效纵向挠曲电系数 μ_{eff}:

$$\frac{Q}{S}=\mu_{\text{eff}}\frac{\partial \varepsilon_{11}}{\partial x_1} \tag{4.3}$$

其中,S 为电极的等效面积;Q 为实验测得的电荷量。

然而,根据上述方法求得的纵向挠曲电系数并非材料纵向挠曲电系数 μ_{1111} 的本征值,而是多个挠曲电系数的耦合结果,即测量到的电极化强度是多个不同形式的应变梯度在 x_1 方向上产生电极化效应的代数和。原因如下:梯台结构的横截面积 $S(h)$ 随高度变化,当在 x_1 方向对梯台施加压载 F 时,产生沿 x_1 方向非均匀的正应力 σ_{11} 和正应变 ε_{11},其中 ε_{11} 沿 x_1 方向产生的应变梯度为 $\partial\varepsilon_{11}/x_1$。除此之外,梯台在 x_2 和 x_3 方向还会产生横向的正应变 ε_{22} 和 ε_{33}。由广义胡克定律可知

$$\begin{cases}\varepsilon_{11}=\dfrac{F}{S(x_1)E}\\[2ex] \varepsilon_{22}=-\dfrac{\nu F}{S(x_1)E}\\[2ex] \varepsilon_{33}=-\dfrac{\nu F}{S(x_1)E}\end{cases} \tag{4.4}$$

其中,ν 为材料的泊松比。

因此,这三个正应变在 x_1 方向均存在应变梯度 $\partial\varepsilon_{11}/x_1$、$\partial\varepsilon_{22}/x_1$ 和 $\partial\varepsilon_{33}/x_1$。以上三个应变梯度在图 4.2(a)中所示的 x_1、x_2 和 x_3 方向上诱导产生的电极化强度 P_1、P_2 和 P_3 可以分别表示为

$$\begin{cases}P_1=\mu_{1111}\dfrac{\partial \varepsilon_{11}}{\partial x_1}+\mu_{2211}\dfrac{\partial \varepsilon_{22}}{\partial x_1}+\mu_{3311}\dfrac{\partial \varepsilon_{33}}{\partial x_1}\\[2ex] P_2=\mu_{1112}\dfrac{\partial \varepsilon_{11}}{\partial x_1}+\mu_{2212}\dfrac{\partial \varepsilon_{22}}{\partial x_1}+\mu_{3312}\dfrac{\partial \varepsilon_{33}}{\partial x_1}\\[2ex] P_3=\mu_{1113}\dfrac{\partial \varepsilon_{11}}{\partial x_1}+\mu_{2213}\dfrac{\partial \varepsilon_{22}}{\partial x_1}+\mu_{3313}\dfrac{\partial \varepsilon_{33}}{\partial x_1}\end{cases} \tag{4.5}$$

式(4.5)中包含了挠曲电系数分量 μ_{1111}、μ_{1112}、μ_{1113}、μ_{2211}、μ_{2212}、μ_{2213}、μ_{3311}、μ_{3312} 和 μ_{3313}。传统纵向挠曲电效应研究依照的是式(4.5)中第一式的简化形式:

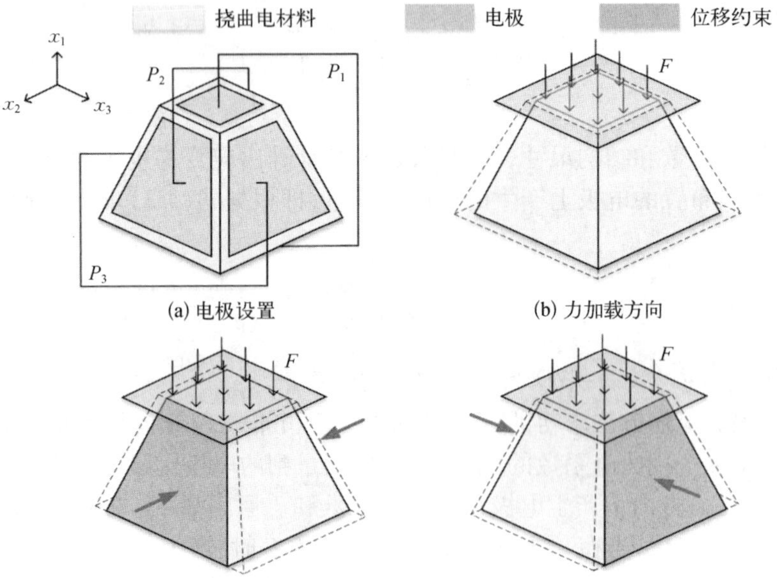

(a) 电极设置　(b) 力加载方向

(c) x_2方向位移约束　(d) x_3方向位移约束

图 4.2　基于宏观应变梯度设计的纵向挠曲电效应原理示意图

$$P_1 = \mu_{1111} \frac{\partial \varepsilon_{11}}{\partial x_1} \tag{4.6}$$

式(4.6)仅考虑了应变梯度$\partial\varepsilon_{11}/x_1$，而忽略了$\partial\varepsilon_{22}/x_1$和$\partial\varepsilon_{33}/x_1$的影响。利用式(4.5)得到的等效纵向挠曲电系数实际是挠曲电系数μ_{1111}、μ_{2211}和μ_{3311}耦合的结果。对于低对称性材料，式(4.5)中存在的所有 9 个挠曲电系数都是独立的。以梯台压载为基本实验体系，可通过设计三种不同的边界条件，强制结构在压载的作用下向所设计的方向变形。这种可设计的变形实现了对宏观应变梯度的定向调控，再结合直角坐标系下三个方向的电极化强度，分别代入式(4.5)中，可联立 9 个独立的方程，从而求出 9 个对应的挠曲电系数分量。在压载 F 的作用下，梯台中仅存在沿 x_1方向的正应力 σ_{11}，沿 x_2和 x_3方向的正应力 σ_{22}和 σ_{33}均为零。根据胡克定律，三个正应变 ε_{11}、ε_{22}和 ε_{33}在 x_1方向的应变梯度可表示为

$$\begin{cases} \dfrac{\partial \varepsilon_{11}}{\partial x_1} = \dfrac{F}{E} \dfrac{\partial}{\partial x_1}\left(\dfrac{1}{S(x_1)}\right) \\ \dfrac{\partial \varepsilon_{22}}{\partial x_1} = -\dfrac{\nu F}{E} \dfrac{\partial}{\partial x_1}\left(\dfrac{1}{S(x_1)}\right) \\ \dfrac{\partial \varepsilon_{33}}{\partial x_1} = -\dfrac{\nu F}{E} \dfrac{\partial}{\partial x_1}\left(\dfrac{1}{S(x_1)}\right) \end{cases} \tag{4.7}$$

如图 4.2(c)所示,当在梯台的 x_2 方向施加强制位移约束时,其在 x_2 方向上的位移为零,从而沿 x_2 方向上的正应变 ε'_{22} 也为 0,沿 x_3 方向上的正应力 $\sigma'_{33}=0$。此时,三个正应变 ε'_{11}、ε'_{22} 和 ε'_{33} 在 x_1 方向的应变梯度为

$$\begin{cases} \dfrac{\partial \varepsilon'_{11}}{\partial x_1} = \dfrac{(1-\nu^2)F}{E} \dfrac{\partial}{\partial x_1}\left(\dfrac{1}{S(x_1)}\right) \\ \dfrac{\partial \varepsilon'_{22}}{\partial x_1} = 0 \\ \dfrac{\partial \varepsilon'_{33}}{\partial x_1} = -\dfrac{(\nu+\nu^2)F}{E} \dfrac{\partial}{\partial x_1}\left(\dfrac{1}{S(x_1)}\right) \end{cases} \tag{4.8}$$

如图 4.2(d)所示,当在梯台的 x_3 方向施加强制位移约束时,其在 x_3 方向上的位移为零,从而沿 x_3 方向上的正应变 ε'_{33} 也为零;沿 x_2 方向上的正应力 $\sigma''_{22}=0$。此时,三个正应变 ε''_{11}、ε''_{22} 和 ε''_{33} 在 x_1 方向的应变梯度为

$$\begin{cases} \dfrac{\partial \varepsilon''_{11}}{\partial x_1} = \dfrac{(1-\nu^2)F}{E} \dfrac{\partial}{\partial x_1}\left(\dfrac{1}{S(x_1)}\right) \\ \dfrac{\partial \varepsilon''_{22}}{\partial x_1} = -\dfrac{(\nu+\nu^2)F}{E} \dfrac{\partial}{\partial x_1}\left(\dfrac{1}{S(x_1)}\right) \\ \dfrac{\partial \varepsilon''_{33}}{\partial x_1} = 0 \end{cases} \tag{4.9}$$

因此,可计算三种边界条件下的应变梯度值。在每种边界条件下,直角坐标系下三个方向上的电极化强度 P_1、P_2 和 P_3 都会相应产生,如图 4.2(a)所示。分别将三种边界条件下的应变梯度值和电极化强度代入式(4.5),即可得到 9 个联立的方程。根据上述联立的方程,可求解出挠曲电系数的 9 个纵向分量。

值得注意的是,本章对纵向挠曲电效应研究仍然采用梯形截面结构,而非优化后的变截面圆台结构,原因如下:为了实现基于笛卡儿坐标系定义下的挠曲电系数分量值,实验需在相应坐标系方向条件下布置电极,而梯形截面结构可较好地在相应方向设置电极。因局部应变非均匀性导致的对挠曲电效应的复杂影响在本节工作中暂不考虑[204, 205]。

4.3.2 实验设计

在梯台的上、下表面铺设电极,在周期性准静态压载的激励下,可以在电极上采集到因挠曲电效应产生的感应电荷量,挠曲电效应的电极化强度即单位面积上的感应电荷量。为了避免应力集中造成的局部非均匀应变梯度的影响,电极的布

置区域应避开梯台的边缘。电极的材料为导电银漆(Humiseal 948－06G),具有良好的导电性和较低的附加刚度,实验试件的材料选用非极化 PVDF 块料和棒料加工而成。

图 4.3 是基于宏观应变梯度设计的纵向挠曲电效应实验系统。梯台试件简支水平放置在不锈钢底座上。横向的位移约束由两端的两个位移约束块提供,每个位移约束块均由螺栓分别固定在底座上。由于不锈钢的弹性模量比 PVDF 试样高 2 个数量级,且结构尺寸大于试样,故可认为 PVDF 试件在被约束方向上不会发生变形。由 PVDF 制成的绝缘加载头位于梯台和加载设备中间以传递载荷。梯台试件与夹具的各个接触面之间都做了电绝缘处理。准静态的压载由加载设备(MTS－858)提供。在实验过程中,加载设备输出频率为 1 Hz 的正弦压载。将试件上电极中引出的导线连接至电荷放大器(B&K 2692A)并采集电荷信号。载荷信号和电荷信号由示波器(Tektronix MDO3104)采集并存储。如图 4.3 所示,电荷信号与载荷信号的相位展现了良好的一致性。

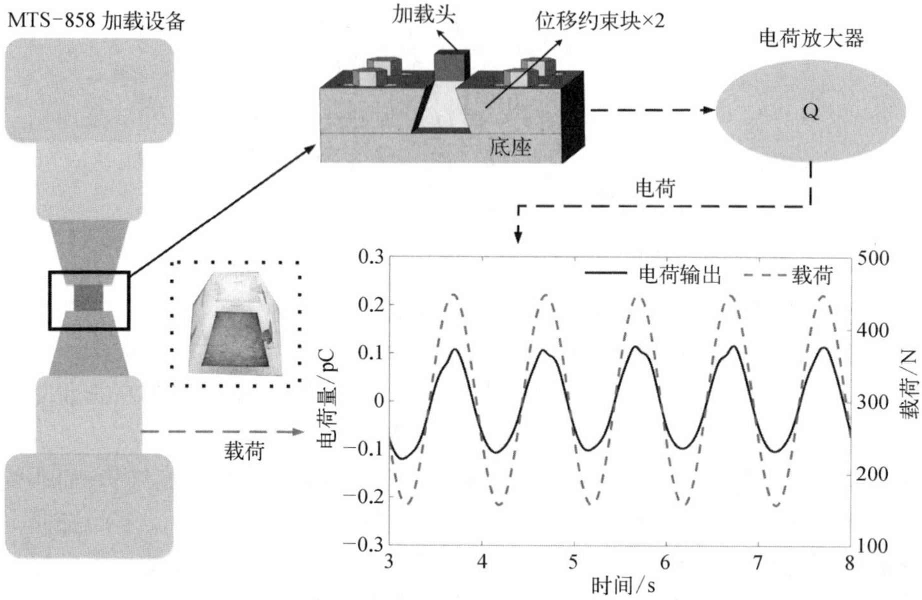

图 4.3　基于宏观应变梯度设计的纵向挠曲电效应实验系统

利用上述实验系统可分别在三种边界条件下(无横向约束、x_2方向横向约束和 x_3方向横向约束)测量三个方向上的电荷输出(P_1、P_2和 P_3)。施加的力学载荷和电荷输出的关系如图 4.4 所示,可见随着输入载荷的增大,输出的电荷量也增大,二者基本呈线性关系,其中产生偏差的原因可能来自电极铺设的不均匀性、测量环境的不确定性以及滤波软件的误差等。最终挠曲电极化强度就是输出电荷量与电极面积之比。求解 PVDF 的 9 个挠曲电系数的本征分量,如表 4.1 所示。所得的 9 个挠曲电系数值的数量级均符合文献中公认的 PVDF 挠曲电系数的范围。

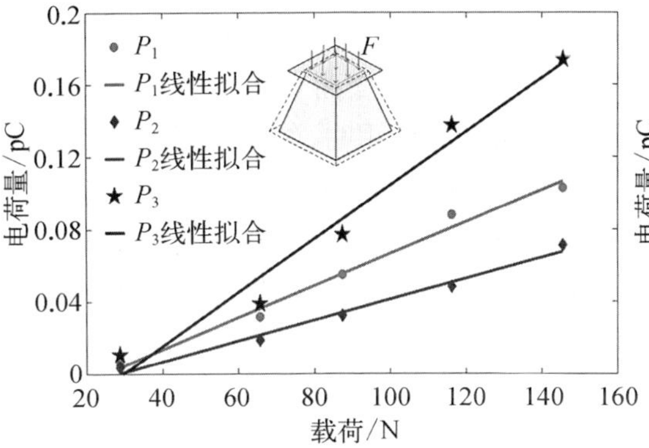

(a) 无横向约束

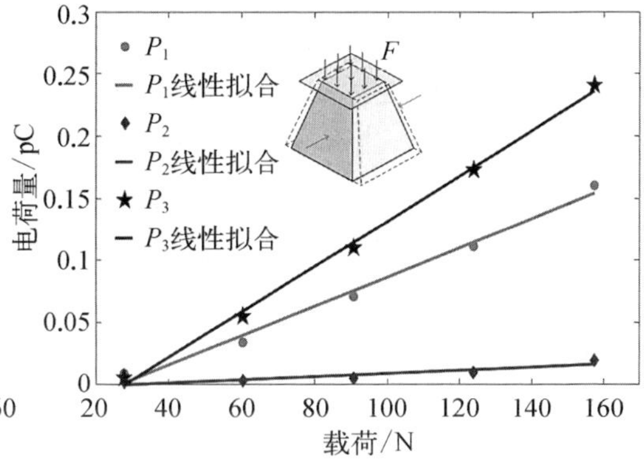

(b) x_2方向横向约束

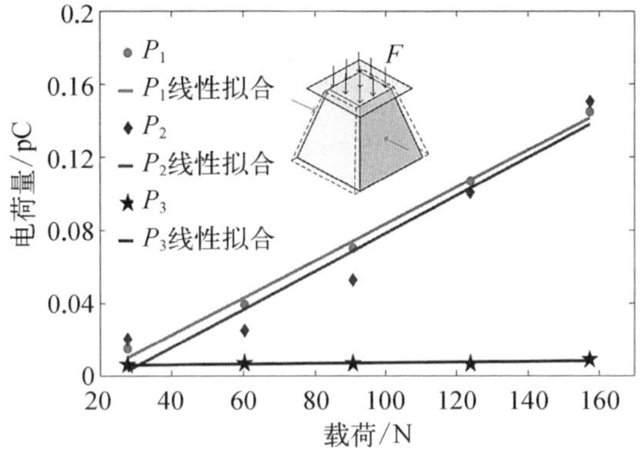

(c) x_3方向横向约束

图 4.4 梯台压载作用下输入载荷和输出电荷量的关系

表 4.1 纵向挠曲电效应中解耦的 9 个挠曲电系数分量的绝对值 (单位: 10^{-8} C/m)

挠曲电系数	取值	挠曲电系数	取值	挠曲电系数	取值
μ_{1111}	5.25	μ_{2211}	4.52	μ_{3311}	5.08
μ_{1112}	1.55	μ_{2212}	2.02	μ_{3312}	0.65
μ_{1113}	1.70	μ_{2213}	7.90	μ_{3313}	2.60

4.4 剪切向挠曲电系数分量的解耦设计

4.4.1 力学设计和理论推导

1. 基于均匀截面径向极化的解耦设计

本节以柱坐标系为基础,开展通过联立实验求解本征挠曲电系数的工作。如图4.5(a)所示,当厚壁圆筒结构的内外壁受到均匀应力作用时,结构沿径向会产生应变梯度。本章柱坐标系定义径向为ρ,环向为ϕ,轴向为z,并在此基础上进行分析。由于在如图所示的两类实验条件下同时产生两种应变梯度,沿内外壁设置电极进行测量时会得到这两种应变梯度共同作用下的极化电荷。现将应变梯度的方向要求为沿径向,而当无载荷作用于轴向时,为了简化分析,本节假设沿轴向不产

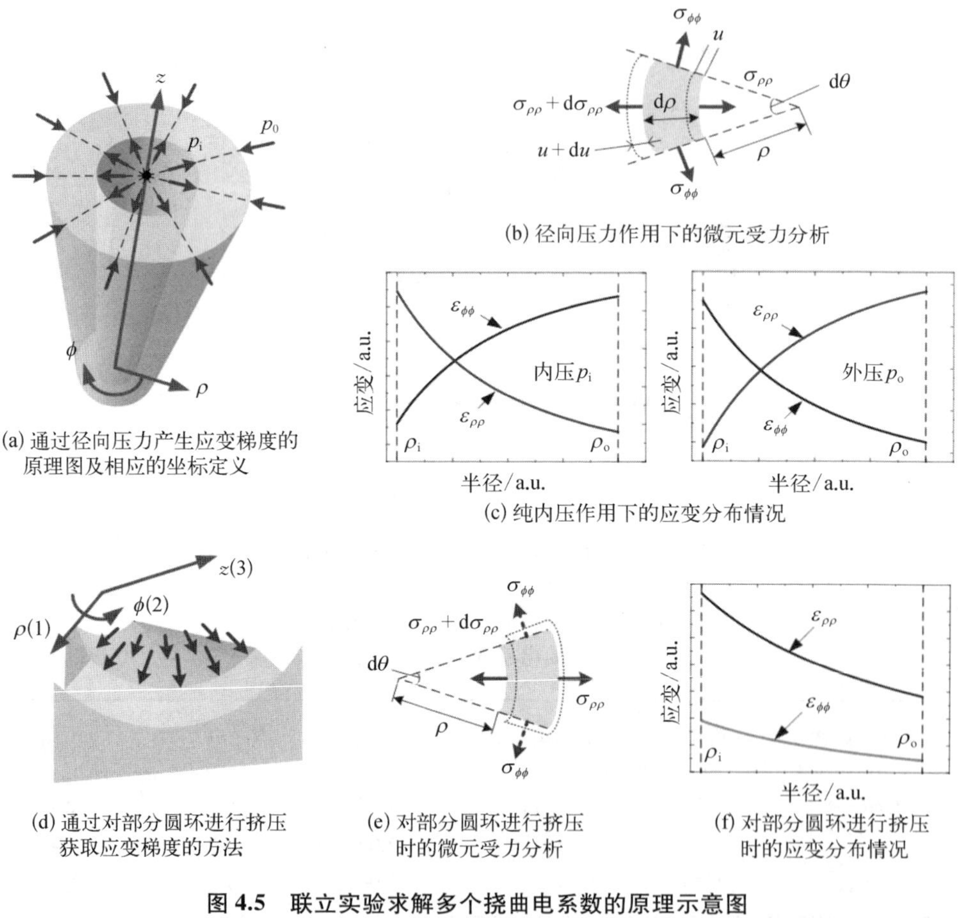

(a) 通过径向压力产生应变梯度的原理图及相应的坐标定义
(b) 径向压力作用下的微元受力分析
(c) 纯内压作用下的应变分布情况
(d) 通过对部分圆环进行挤压获取应变梯度的方法
(e) 对部分圆环进行挤压时的微元受力分析
(f) 对部分圆环进行挤压时的应变分布情况

图4.5 联立实验求解多个挠曲电系数的原理示意图

生应变(ε_{zz})梯度。当没有扭矩施加于结构时,剪切应力也不存在。因此,挠曲电极化公式可以写为

$$P_\rho = \mu_{\rho\rho\rho\rho}\frac{\partial \varepsilon_{\rho\rho}}{\partial \rho} + \mu_{\phi\phi\rho\rho}\frac{\partial \varepsilon_{\phi\phi}}{\partial \rho} \tag{4.10}$$

为了获得未知的挠曲电系数分量 $\mu_{\rho\rho\rho\rho}$ 和 $\mu_{\phi\phi\rho\rho}$,除了图 4.5(a)所示的实验,还需要一个实验以供联立求解。当把圆筒结构换成部分圆环结构,并改变边界条件和加载方式时,其产生的沿径向的应变梯度大小和方向就会发生改变,如图4.5(d)所示。分别将两种实验定义为实验 I(EI)和实验 II(EII)。首先对 EI 展开应变梯度产生方法的分析。根据载荷、边界条件和物理条件对 EI 结构中的微元进行受力分析。当结构受到均匀且沿径向的内外压力 p_i 和 p_o 作用时,微元受到载荷作用发生变形。沿径向的应力为 $\sigma_{\rho\rho}$,沿 ϕ 方向为 $\sigma_{\phi\phi}$,沿轴向为 σ_{zz}。相应的应变分别为 $\varepsilon_{\rho\rho}$、$\varepsilon_{\phi\phi}$ 和 ε_{zz}。z 向的轴向长度定义为 1,相应的厚度和角度分别为 $d\rho$ 和 $d\theta$。微元沿 ρ 方向的变形为 u,如图 4.5(b)所示。

考虑到静力平衡和本实验的载荷形式,有

$$\begin{cases} \sigma_{\rho\phi} = \sigma_{\rho z} = \sigma_{\phi z} = 0 \ \text{(a)} \\ \sigma_{zz} = 0 \ \text{(b)} \\ (\sigma_{\rho\rho} + d\sigma_{\rho\rho})(\rho + d\rho)d\theta \cdot 1 = \sigma_{\rho\rho}\rho d\theta \cdot 1 + 2\sigma_{\rho\rho}d\rho \cdot 1 \cdot \sin(d\theta/2) \ \text{(c)} \end{cases} \tag{4.11}$$

其中,$d\theta$ 很小,因此有 $\sin(\theta/2) \approx \theta/2$,并忽略高阶小量,式(4.11)可简化为

$$\partial(\rho\sigma_{\rho\rho})/\partial\rho = \sigma_{\phi\phi} \tag{4.12}$$

根据 EI 的边界条件,有

$$\begin{cases} \varepsilon_{\rho\rho} = \dfrac{(u + du) - u}{d\rho} = \dfrac{du}{d\rho} = \dfrac{1}{E}[\sigma_{\rho\rho} - \nu_p(\sigma_{\phi\phi} + \sigma_{zz})] \ \text{(a)} \\ \varepsilon_{\phi\phi} = \dfrac{(\rho + u)d\theta - \rho d\theta}{\rho d\theta} = \dfrac{u}{\rho} = \dfrac{1}{E}[\sigma_{\phi\phi} - \nu_p(\sigma_{\rho\rho} + \sigma_{zz})] \ \text{(b)} \\ \varepsilon_{zz} = \dfrac{1}{E}[\sigma_{zz} - \nu_p(\sigma_{\rho\rho} + \sigma_{\phi\phi})] = 0 \ \text{(c)} \end{cases} \tag{4.13}$$

式(4.13)可简化为

$$\frac{\partial \varepsilon_{\phi\phi}}{\partial \rho} = \frac{\rho\dfrac{du}{d\rho} - u}{\rho^2} = \frac{1}{\rho}(\varepsilon_{\rho\rho} - \varepsilon_{\phi\phi}) \tag{4.14}$$

考虑到物理条件,有

$$
\begin{cases}
\varepsilon_{\rho\rho} = \dfrac{1}{E}(\sigma_{\rho\rho} - \nu_{\mathrm{p}}\sigma_{\phi\phi}) \ (\mathrm{a}) \\
\varepsilon_{\phi\phi} = \dfrac{1}{E}(\sigma_{\phi\phi} - \nu_{\mathrm{p}}\sigma_{\rho\rho}) \ (\mathrm{b})
\end{cases}
\tag{4.15}
$$

其中,ν_{p}为材料的泊松比。将式(4.12)和式(4.15)代入式(4.14),有

$$
\rho^2(\rho\sigma_{\rho\rho})'' + \rho(\rho\sigma_{\rho\rho})' - (\rho\sigma_{\rho\rho}) = 0 \tag{4.16}
$$

其中,“′”代表求导。式(4.16)的通解为

$$
\begin{cases}
(1-\nu_{\mathrm{p}}^2)(\rho\sigma_{\rho\rho})'' + (1-\nu_{\mathrm{p}}^2)\sigma'_{\rho\rho} = 0 \\
(1-\nu_{\mathrm{p}}^2)\rho^2(\rho\sigma_{\rho\rho})'' + (1-\nu_{\mathrm{p}}^2)\rho(\rho\sigma_{\rho\rho})' - (1-\nu_{\mathrm{p}}^2)(\rho\sigma_{\rho\rho}) = 0 \\
\rho^2(\rho\sigma_{\rho\rho})'' + \rho(\rho\sigma_{\rho\rho})' - (\rho\sigma_{\rho\rho}) = 0
\end{cases}
\tag{4.17}
$$

结合式(4.15),有

$$
\begin{cases}
\sigma_{\rho\rho} = A + B/\rho^2 \\
\sigma_{\phi\phi} = A - B/\rho^2
\end{cases}
\tag{4.18}
$$

其中,A 和 B 分别为与边界条件有关的常数。

两种特殊情况需要单独讨论,分别是结构只受内压和只受外压作用。当结构只受内压作用时,有

$$
\begin{cases}
\rho = \rho_{\mathrm{i}}, \quad \sigma_{\rho\rho}(\rho_{\mathrm{i}}) = -p_{\mathrm{i}} \\
\rho = \rho_{\mathrm{o}}, \quad \sigma_{\rho\rho}(\rho_{\mathrm{o}}) = 0
\end{cases}
\tag{4.19}
$$

常数 A 和 B 为

$$
\begin{cases}
A = \dfrac{p_{\mathrm{i}}\rho_{\mathrm{i}}^2}{\rho_{\mathrm{o}}^2 - \rho_{\mathrm{i}}^2} \\
B = -\dfrac{p_{\mathrm{i}}\rho_{\mathrm{i}}^2\rho_{\mathrm{o}}^2}{\rho_{\mathrm{o}}^2 - \rho_{\mathrm{i}}^2}
\end{cases}
\tag{4.20}
$$

相应的应力和变形可写为

$$
\begin{cases}
\sigma_{\rho\rho}(\rho) = p_{\mathrm{i}}\dfrac{\rho_{\mathrm{i}}^2}{\rho_{\mathrm{o}}^2 - \rho_{\mathrm{i}}^2}\left(1 - \dfrac{\rho_{\mathrm{o}}^2}{\rho^2}\right) \\
\sigma_{\phi\phi}(\rho) = p_{\mathrm{i}}\dfrac{\rho_{\mathrm{i}}^2}{\rho_{\mathrm{o}}^2 - \rho_{\mathrm{i}}^2}\left(1 + \dfrac{\rho_{\mathrm{o}}^2}{\rho^2}\right) \\
u(\rho) = p_{\mathrm{i}}\dfrac{\rho}{E}\dfrac{\rho_{\mathrm{i}}^2}{\rho_{\mathrm{o}}^2 - \rho_{\mathrm{i}}^2}\left[(1-\mu) + (1+\mu)\dfrac{\rho_{\mathrm{o}}^2}{\rho^2}\right]
\end{cases}
\tag{4.21}
$$

图 4.5(c)是其应变分布的示意图。由于两类应变均为单调递减,因此其相应的应变梯度可简化为

$$\begin{cases}\dfrac{\partial \varepsilon_{\rho\rho}}{\partial \rho_{\text{general}}}=\dfrac{\varepsilon_{\rho\rho}(\rho_{\text{o}})-\varepsilon_{\rho\rho}(\rho_{\text{i}})}{\rho_{\text{o}}-\rho_{\text{i}}}\\ \dfrac{\partial \varepsilon_{\phi\phi}}{\partial \rho_{\text{general}}}=\dfrac{\varepsilon_{\phi\phi}(\rho_{\text{o}})-\varepsilon_{\phi\phi}(\rho_{\text{i}})}{\rho_{\text{o}}-\rho_{\text{i}}}\end{cases} \tag{4.22}$$

因此应变梯度可写为

$$\begin{cases}\dfrac{\partial \varepsilon_{\rho\rho}}{\partial \rho_{\text{general}}}=\dfrac{p_{\text{i}}(1+\mu)}{E(\rho_{\text{o}}-\rho_{\text{i}})}\\ \dfrac{\partial \varepsilon_{\phi\phi}}{\partial \rho_{\text{general}}}=-\dfrac{p_{\text{i}}(1+\mu)}{E(\rho_{\text{o}}-\rho_{\text{i}})}\end{cases} \tag{4.23}$$

当试件只受外压作用时,边界条件为

$$\begin{cases}\rho=\rho_{\text{o}}, & \sigma_{11}(\rho_{\text{o}})=-p_{\text{o}}\\ \rho=\rho_{\text{i}}, & \sigma_{11}(\rho_{\text{i}})=0\end{cases} \tag{4.24}$$

类似地,两个常数为

$$\begin{cases}A=-\dfrac{p_{\text{o}}\rho_{\text{o}}^2}{\rho_{\text{o}}^2-\rho_{\text{i}}^2}\\ B=\dfrac{p_{\text{o}}\rho_{\text{i}}^2\rho_{\text{o}}^2}{\rho_{\text{o}}^2-\rho_{\text{i}}^2}\end{cases} \tag{4.25}$$

相应的应变梯度简化公式可写为

$$\begin{cases}\dfrac{\partial \varepsilon_{\rho\rho}}{\partial \rho_{\text{general}}}=-\dfrac{p_{\text{o}}(1+\mu)}{E(\rho_{\text{o}}-\rho_{\text{i}})}\\ \dfrac{\partial \varepsilon_{\phi\phi}}{\partial \rho_{\text{general}}}=\dfrac{p_{\text{o}}(1+\mu)}{E(\rho_{\text{o}}-\rho_{\text{i}})}\end{cases} \tag{4.26}$$

对于 EII,对刚性圆柱体的部件施加 F 的力,在试件表面会均匀地分布成压力。为了方便叙述,将刚性圆柱体称为作动部分,如图 4.5(d)所示。然而,加载均匀的假设是基于作动器的直径与试件的外径基本一致,而对于试件,内径如果与外径过于接近则会导致材料呈薄膜化,且弹性变形范围过小,因而难以测量。而试件变厚虽然便于测量,但在边缘等处仍有不均匀的应变和应变梯度,且有平均极化如何等

效等问题。综合考虑以上因素，本书仍采取一定厚度的试件进行实验，且该尺寸的合理性经过有限元分析验证。其微元的受力分析如图 4.5(e)所示。径向应力分布可表述为

$$\begin{cases}\sigma_{\rho\rho}(\rho)=\dfrac{F}{S(\rho)}=\dfrac{F}{\theta\rho l}\\ \sigma_{\phi\phi}(\rho)=0\end{cases}\tag{4.27}$$

其中，$S(\rho)$、θ 和 l 分别为 r 处的等效面积、部分圆环的角度和试件的长度。

因此，有

$$\begin{cases}\varepsilon_{\rho\rho}(\rho)=(1-\nu_{\mathrm{p}}^2)\sigma_{\rho\rho}(\rho)/E\\ U=\displaystyle\int_{\rho_{\mathrm{i}}}^{\rho_{\mathrm{o}}}\varepsilon_{\rho\rho}(\rho)\mathrm{d}\rho=(1-\nu_{\mathrm{p}}^2)\ \dfrac{F}{\theta lE}\ln\dfrac{\rho_{\mathrm{o}}}{\rho_{\mathrm{i}}}\\ u(\rho)=U-\displaystyle\int_{\rho_{\mathrm{i}}}^{\rho}\varepsilon_{\rho\rho}\mathrm{d}\rho=(1-\nu_{\mathrm{p}}^2)\ \dfrac{F}{\theta lE}\left(\ln\dfrac{\rho_{\mathrm{o}}}{\rho_{\mathrm{i}}}-\ln\dfrac{\rho}{\rho_{\mathrm{i}}}\right)\\ \varepsilon_{\phi\phi}(\rho)=u(\rho)/\rho=(1-\nu_{\mathrm{p}}^2)\ \dfrac{F}{\theta lE\rho}\left(\ln\dfrac{\rho_{\mathrm{o}}}{\rho_{\mathrm{i}}}-\ln\dfrac{\rho}{\rho_{\mathrm{i}}}\right)\end{cases}\tag{4.28}$$

其中，U 为试件沿 ρ 方向的总变形。基于式(4.15)，应变梯度可写为

$$\begin{cases}\dfrac{\partial\varepsilon_{\rho\rho}}{\partial\rho_{\mathrm{general}}}=\dfrac{\varepsilon_{\rho\rho}(\rho_{\mathrm{o}})-\varepsilon_{\rho\rho}(\rho_{\mathrm{i}})}{\rho_{\mathrm{o}}-\rho_{\mathrm{i}}}=-\dfrac{(1-\nu_{\mathrm{p}}^2)F}{El\theta\rho_{\mathrm{o}}\rho_{\mathrm{i}}}\\ \dfrac{\partial\varepsilon_{\phi\phi}}{\partial\rho_{\mathrm{general}}}=\dfrac{\varepsilon_{\phi\phi}(\rho_{\mathrm{o}})-\varepsilon_{\phi\phi}(\rho_{\mathrm{i}})}{\rho_{\mathrm{o}}-\rho_{\mathrm{i}}}=-\dfrac{(1-\nu_{\mathrm{p}}^2)\ \dfrac{F}{\theta lE\rho_{\mathrm{i}}}\ln\dfrac{\rho_{\mathrm{o}}}{\rho_{\mathrm{i}}}}{\rho_{\mathrm{o}}-\rho_{\mathrm{i}}}\end{cases}\tag{4.29}$$

基于极化的概述公式和电极化方向的定义，联立的等式可写为

$$\begin{cases}\dfrac{p(1+\nu_{\mathrm{p}})}{E(\rho_{\mathrm{o}}-\rho_{\mathrm{i}})}\mid\mu_{\rho\rho\rho\rho}-\mu_{\phi\phi\rho\rho}\mid S_{\mathrm{I}}=\mid Q_{\mathrm{I}}\mid\ \text{(a)}\\ (1-\nu_{\mathrm{p}}^2)\left(\mu_{\rho\rho\rho\rho}\dfrac{F}{El\theta\rho_{\mathrm{o}}\rho_{\mathrm{i}}}+\mu_{\phi\phi\rho\rho}\dfrac{\dfrac{F}{\theta lE\rho_{\mathrm{i}}}\ln\dfrac{\rho_{\mathrm{o}}}{\rho_{\mathrm{i}}}}{\rho_{\mathrm{o}}-\rho_{\mathrm{i}}}\right)S_{\mathrm{II}}=\mid Q_{\mathrm{II}}\mid\ \text{(b)}\end{cases}\tag{4.30}$$

其中，S_{I} 和 S_{II} 分别为 EI 和 EII 中试件上的等效面积；Q_{I} 和 Q_{II} 分别为 EI 和 EII 中获取的电荷总量。当只受内压时，式(4.30)(a)可以写为

$$\frac{p_{\mathrm{i}}(1+\nu_{\mathrm{p}})}{E(\rho_{\mathrm{o}}-\rho_{\mathrm{i}})}(\mu_{\rho\rho\rho\rho}-\mu_{\phi\phi\rho\rho})=\frac{|Q_{\mathrm{I}}|}{S_{\mathrm{I}}} \tag{4.31}$$

类似地,只受外压时,式(4.30)(a)可以写为

$$\frac{p_{\mathrm{o}}(1+\nu_{\mathrm{p}})}{E(\rho_{\mathrm{o}}-\rho_{\mathrm{i}})}(\mu_{\phi\phi\rho\rho}-\mu_{\rho\rho\rho\rho})=\frac{|Q_{\mathrm{I}}|}{S_{\mathrm{I}}} \tag{4.32}$$

当实验载荷以动态的形式进行加载时,式(4.30)(b)绝对值的取舍以载荷相位是否与电响应相位是否一致为准:当两者一致时,绝对值中的值取正号,而相反时取负号。利用式(4.32)和测量得到的具体极化电荷的值,可以求解联立方程得到$\mu_{\rho\rho\rho\rho}$和$\mu_{\phi\phi\rho\rho}$的值。

2. 变截面径向极化的解耦设计

当带孔圆台受到扭矩时,因带孔圆台的半径随高度而变化,会存在沿 z 向的切应变梯度,如图 4.6(a)所示。

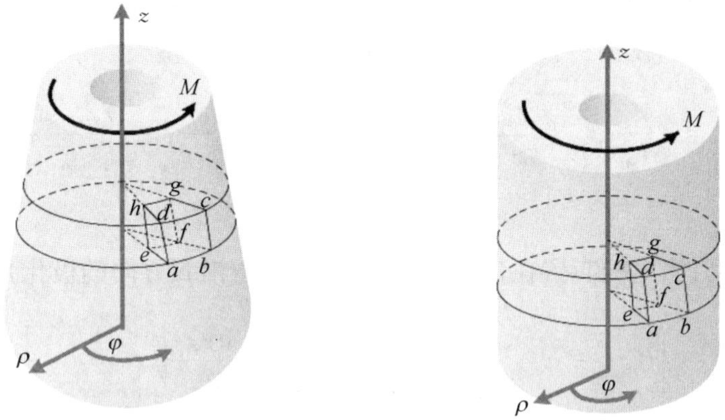

(a) 扭矩M作用下的带孔圆台(SI)　(b) 扭矩M作用下的带孔圆柱(SII)

图 4.6　带孔圆台/柱剪切应变的产生

在 $\rho-\varphi-z$ 柱坐标系中,带孔圆台在不同高度处的外径为 R_z,内径为固定值 r。带孔圆台的极惯性矩为

$$\begin{cases} I_{\mathrm{SI}}=\dfrac{1}{2}\pi(R_z^4-r^4) \\ I_{\mathrm{SII}}=\dfrac{1}{2}\pi(R_z^4-r^4) \end{cases} \tag{4.33}$$

基于纯剪切假设,带孔圆台截面上的剪切应变为

$$\begin{cases} \gamma_{\varphi z-\mathrm{SI}} = \dfrac{M\rho}{GI_{\mathrm{SI}}} \\ \gamma_{\varphi z-\mathrm{SII}} = \dfrac{M\rho}{GI_{\mathrm{SII}}} \end{cases} \tag{4.34}$$

在扭矩 M 的作用下，带孔圆台的扭转角为

$$\begin{cases} \alpha_{\mathrm{SI}} = \dfrac{M}{G}\displaystyle\int_{z_{\mathrm{bottom}}}^{z_{\mathrm{top}}} \dfrac{\mathrm{d}z}{I_{\mathrm{SI}}} \\ \alpha_{\mathrm{SII}} = \dfrac{M(z_{\mathrm{top}} - z_{\mathrm{bottom}})}{GI_{\mathrm{SII}}} \end{cases} \tag{4.35}$$

其中，G 为剪切模量。

考虑带孔圆台在扭矩 M 作用下两个方向的切应变均是单调递增的，沿径向和 z 向的切应变梯度为

$$\begin{cases} \left.\dfrac{\partial\gamma_{\varphi z}}{\partial\rho}\right|_{\mathrm{SI}} = \dfrac{\partial[M\rho/(GI_{\mathrm{SI}})]}{\partial\rho} = \dfrac{M}{GI_{\mathrm{SI}}}, \quad \left.\dfrac{\partial\gamma_{\varphi z}}{\partial z}\right|_{\mathrm{SI}} = \dfrac{\partial[M\rho/(GI_{\mathrm{SI}})]}{\partial z} \\ \left.\dfrac{\partial\gamma_{\varphi z}}{\partial\rho}\right|_{\mathrm{SII-general}} = \dfrac{M}{GI_{\mathrm{SII}}}, \quad \left.\dfrac{\partial\gamma_{\varphi z}}{\partial z}\right|_{\mathrm{SII-general}} = \dfrac{\gamma_{\varphi z-\mathrm{SII-general}-z_{\mathrm{top}}} - \gamma_{\varphi z-\mathrm{SII-general}-z_{\mathrm{bottom}}}}{z_{\mathrm{top}} - z_{\mathrm{bottom}}} = 0 \end{cases} \tag{4.36}$$

以 SI 为例，当电极布置在带孔圆台的内外壁时，沿 ρ 方向的极化强度为

$$\begin{cases} P_{\rho-\mathrm{SI}} = \mu_{\varphi z\rho\rho}\left.\dfrac{\partial\gamma_{\varphi z}}{\partial\rho}\right|_{\mathrm{SI-general}} + \mu_{\varphi zz\rho}\left.\dfrac{\partial\gamma_{\varphi z}}{\partial z}\right|_{\mathrm{SI-general}} \\ P_{\rho-\mathrm{SI}} = \dfrac{Q_{\mathrm{SI}}}{A_{\mathrm{SI}}} \end{cases} \tag{4.37}$$

其中，Q_{SI}为带孔圆台受扭矩后产生的极化电荷；A_{SI}为等效电极面积。因此，可以解耦两个挠曲电分量的贡献，并求解出 $\mu_{\varphi z\rho\rho}$ 和 $\mu_{\varphi zz\rho}$ 挠曲电系数分量。

3. 高度方向极化的解耦设计

如 4.3 节所述，扭转带孔圆台结构产生的剪切应变会产生沿径向和 z 向的应变梯度，同样扭转圆台也会产生两个方向的应变梯度，而当电极布置在上下表面时，测量得到的电荷量是另外两个挠曲电系数分量 $\mu_{\varphi z\rho z}$ 和 $\mu_{\varphi zzz}$ 贡献的。与之相对应的，扭转圆柱结构仅存在径向的应变梯度，电荷量是由挠曲电系数分量 $\mu_{\varphi z\rho z}$ 贡献的。图 4.7 为本节使用的圆台结构和圆柱结构。

当圆台 SI 和圆柱 SII 底部固定，上端面受扭矩 T 作用时，剪切应变 $\gamma_{\varphi z}$沿 z 向的

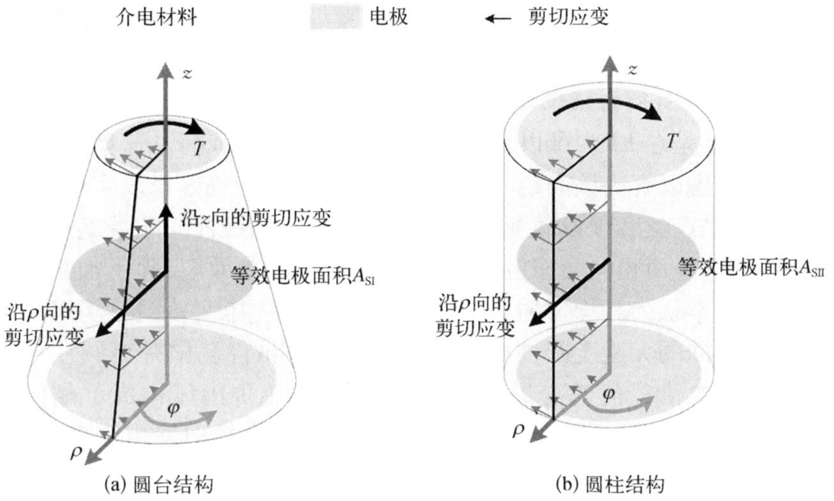

图 4.7　圆台/圆柱结构剪切应变的产生方法

极化强度为

$$\begin{cases} P_{z-\mathrm{SI}} = \mu_{\varphi z\rho z} \left.\dfrac{\partial \gamma_{\varphi z}}{\partial \rho}\right|_{\mathrm{SI-general}} + \mu_{\varphi zzz} \left.\dfrac{\partial \gamma_{\varphi z}}{\partial z}\right|_{\mathrm{SI-general}} \\ P_{z-\mathrm{SII}} = \mu_{\varphi z\rho z} \left.\dfrac{\partial \gamma_{\varphi z}}{\partial \rho}\right|_{\mathrm{SII-general}} \end{cases} \tag{4.38}$$

圆台和圆柱的极惯性矩为

$$\begin{cases} I_{\mathrm{SI}} = \dfrac{1}{2}\pi R_z^4 \\ I_{\mathrm{SII}} = \dfrac{1}{2}\pi R^4 \end{cases} \tag{4.39}$$

将剪切应变表达式应用于此圆台/圆柱结构，通过测量圆台和圆柱在受载时的输出电荷，可以解耦两个挠曲电系数分量的贡献。输出电荷与挠曲电系数之间的关系为

$$\begin{cases} Q_{\mathrm{SI}} = \left(\mu_{\varphi z\rho z} \left.\dfrac{\partial \gamma_{\varphi z}}{\partial \rho}\right|_{\mathrm{SI-general}} + \mu_{\varphi zzz} \left.\dfrac{\partial \gamma_{\varphi z}}{\partial z}\right|_{\mathrm{SI-general}} \right) A_{\mathrm{SI}} \\ Q_{\mathrm{SII}} = \mu_{\varphi z\rho z} \left.\dfrac{\partial \gamma_{\varphi z}}{\partial \rho}\right|_{\mathrm{SII-general}} A_{\mathrm{SII}} \end{cases} \tag{4.40}$$

其中，Q_{SI}、Q_{SII}分别为圆台、圆柱受扭矩后产生的极化电荷；A_{SI}、A_{SII}分别为圆台、圆柱的等效电极面积。

4.4.2 实验设计和结果

1. 基于均匀截面径向极化的实验

在实验,尤其是在 EI 中难以对试件施加理想的均匀载荷。这就使得等效加载问题值得充分考虑以解决该问题。本节设计一套等效加载方式以实现对材料的加载,其等效原则是产生和预设载荷同样的变形。当对圆柱杆的两端施加压-压载荷时,杆的轴向会缩短而径向会相应地凸出,考虑到圣维南效应,除了加载端附近,其他部分的变形基本认为是均匀的。这就为 EI 的等效内压实验提供了可能性,将尺寸与试件内径相同的大刚度圆柱杆作为作动端伸进试件孔中并对圆柱杆加载,试件会受到挤压发生沿径向的变形,该变形与给试件施加内压构成了相同的结果。类似地,而若将空心圆杆施加拉-拉载荷,圆杆内壁会向轴向发生变形。该现象同样可以适用于外压的等效实验。对于 EII,需要做到的就是将作动端(包括支持端)的等效刚度设计得远大于试件即可。

至于等效刚度问题,本节认为需要将作动端的等效刚度设计远大于待测结构(等效刚度比至少应远大于 10),以避免较大的理论和实验误差。因此,金属材料是作动端的理想材料。而对于 EI,既希望材料有大的刚度,又希望能输出较大的弹性变形是不能兼顾的。因此,需要对实验重新进行考量和评判,要么增大载荷量程,要么减小试件的轴向等效刚度。因此,选择铝作为作动端,并对试件重新设计以减小其等效刚度,保证等效刚度比在 40 以上。对于 EII,不锈钢就是较理想的选择。图 4.8(a)是 EI 的实验方案,图 4.8(b)是 EII 的实验方案。表 4.2 是待测材料、铝制作动端、不锈钢作动端和支持端材料的力学参数。

本方法中,采用的仍是不具备压电效应的 PVDF,以便设计和加工试件。表 4.2 是待测材料的力学参数。EI 中的试件尺寸取为 $\rho_i = 4$ mm, $\rho_o = 8$ mm, 轴向长度 l 取为 50 mm。对于 EII 中的试件,角度 θ 为 90°,其他尺寸与 EI 相同。在材料的弹性范围内,应变梯度假定为 1 m^{-1} 时,EI 内压的最大应力大致为 34%(5.7 MPa/16.9 MPa),而对于外压有大约 54%(9.1 MPa/16.9 MPa)。对于 EII,载荷设置为 3.1×10^3 N,试件上的最大应力大致为 62%(10.5 MPa/16.9 MPa)。

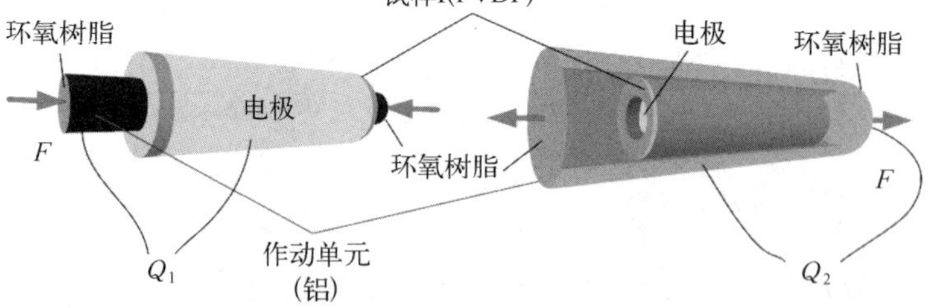

(a) EI的相关实验原理图

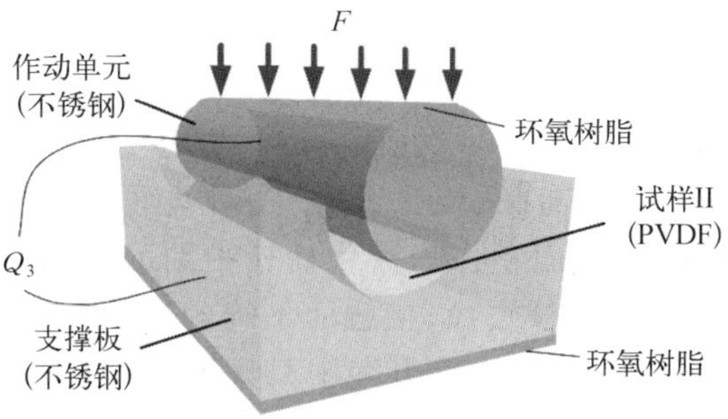

(b) EII的实验原理图

图 4.8　实验方法示意图

表 4.2　待测结构和作动端的力学参数

材　　料	质量密度/(kg/m^3)	弹性模量/GPa	泊松比
PVDF 棒料	2.1×10^3	1.25	0.38
不锈钢	7.8×10^3	206	0.26
铝	2.7×10^3	72	0.3

EI 中等效内压的作动端轴向等效刚度为 2.50×10^{13} N/m, PVDF 待测结构为 1.54×10^{11} N/m,两者的等效刚度比约为 162。EI 中等效外压的空心圆筒作动端($\rho_i = 8$ mm, $\rho_o = 10$ mm, $l = 120$ mm)等效刚度为 4.03×10^{12} N/m,待测结构的径向等效刚度为 1.61×10^{11} N/m,两者的等效刚度比约为 25,低于本节预设的刚度比下限。因此,相关试件有必要重新设计 $\rho_i = 3$ mm, $\rho_o = 6$ mm, $l = 50$ mm, 相应的作动端重新设计成 $\rho_i = 6$ mm, $\rho_o = 9$ mm, $l = 120$ mm。 相应的径向刚度分别 4.03×10^{12} N/m 和 9.43×10^{10} N/m, 等效刚度比约为 43。类似地,对于 EII,待测结构与作动端的等效刚度比约为 50,确保实验正常进行。

考虑到圣维南效应,作动端的长度应大于待测结构,使变形不均匀地避开待测结构。本节对上述尺寸的作动端和待测结构加载过程进行了有限元仿真计算,结果表明,在待测结构上理论和有限元计算的应变结果具有良好的一致性。在此基础上,以及基于小变形的弹性假设,本节有理由认为载荷和变形呈比例关系,因而 4.4.1 节提到的应变梯度计算方法也具有足够的正确性。综上,本节通过实验方法的等效设计完全实现了对待测结构的等效加载。图 4.8(a)是 EI 的实验原理图,图 4.8(b)是 EII 的实验原理图。

对于 EI 压缩实验,内电极由金属作动端实施,且对作动端与加载机连接部分采取绝缘处理,外电极由导电银漆实施;对于 EI 拉伸实验,其内电极由导电银漆实现,外电极由作动端实施,且作动端与加载机连接部分采取绝缘处理。对于EII,则全部采取作动端/支持端充当电极的方法:将加载机与作动端接触区域采取绝缘处理,将支持端下部采取绝缘处理。待测材料均有一定的厚度,而考虑到极化的计算方法与电极面积有关,因此采用的是平均面积的计算方法,即将待测结构中线半径所对应的等效面积作为极化计算中的面积值。经初步实验,发现EI的压缩实验可能由于长压杆失稳、接触面不均匀等原因电荷输出结果与载荷输入的波形不一致,因而在最终实验方案中只采取了拉伸实验。极化测量方法与前文工作基本一致,而载荷的设置为:EI拉伸实验10.0 kN峰峰值(下同),EII为3.0 kN。通过有限元计算得到相应的应变梯度值分别为0.983和0.955。通过上述实验方法进行一系列的实验后,获取了一系列的实验结果,对实验结果进行计算、分析和研究,便可得到最终的挠曲电系数的值。本节采用多次重复实验并改变加载频率的方法来获取实验结果。表4.3是经上述实验方法获取到的极化电荷的值。

表4.3 联立实验的测量结果

重复次数	极化电荷/pC			
	EI 拉伸(10.0 kN 峰峰值)		EII (3.0 kN 峰峰值)	
	1 Hz	2 Hz	1 Hz	2 Hz
1	0.706 3	0.750 3	0.471 4	0.443 9
2	0.649 1	0.735 6	0.477 1	0.441 2
3	0.644 9	0.731 1	0.487 4	0.446 4
4	0.640 6	0.742 3	0.486 1	0.447 7
5	0.686 5	0.735 6	0.485 0	0.445 1

2. 基于变截面径向极化的实验

为了对带孔圆台和带孔圆柱施加扭矩,试件需要满足加载设备MTS的夹持要求,因此分别对带孔圆台和带孔圆柱进行夹持端设计。图4.9为带孔圆台试样和带孔圆柱试样。带孔圆台试样由PVDF和铝加工而成,包含三个部分,即传感部分、夹持部分和转接部分,转接部分与夹持部分通过螺钉连接,设置有导线引出孔,内电极和外电极涂刷在传感部分的内外壁上。带孔圆柱试样仅由PVDF加工而成,包含传感部分和夹持部分,夹持部分、传感部分的几何中心重合,利用加载机施加扭矩时,扭转中心为传感部分的几何中心。试样采用PVDF棒料一体加工,避免了传感部分和夹持/转接部分的粘接问题。铝的材料参数见表 4.4。实验测量得到 PVDF 的剪切弹性模量为 0.384 GPa,铝的剪切弹性模量为 25.94 GPa,约是 PVDF 的 68 倍,在该实验中铝产生的变形远小于 PVDF 结构产生的变形,可忽略不计。

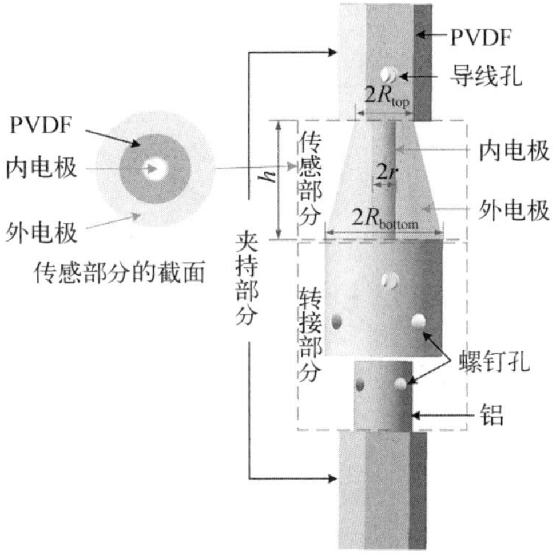

(a) 带孔圆台试样

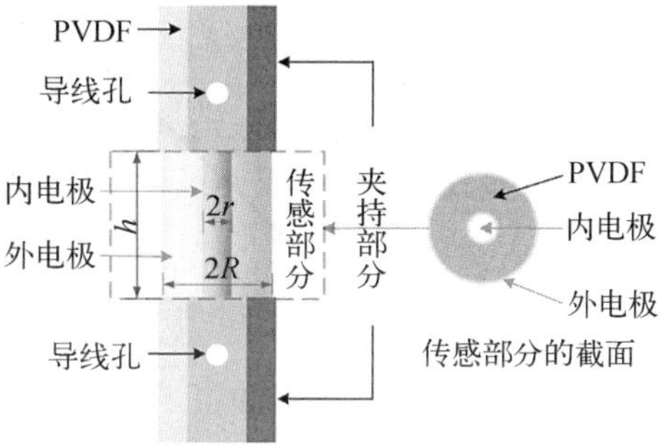

(b) 带孔圆柱试样

图 4.9　带孔圆台试样和带孔圆柱试样

表 4.4　铝的材料参数

材料	密度/(kg/m^3)	剪切弹性模量/GPa	泊松比
铝	2.8×10^3	25.94	0.33

本次实验加载中,带孔圆台的加载偏置为 0 N · m,带孔圆台的最大加载幅值为 1.83 N · m,带孔圆柱的加载偏置为 0 N · m,带孔圆柱的最大加载幅值为 2.74 N · m,均处于 PVDF 的弹性范围内。测量不同加载幅值下的电荷输出情况,如表 4.5 和表 4.6 所示。本节对扭矩和输出电荷进行线性拟合,如图 4.10 所示。带孔圆台扭矩-电荷量的斜率为0.326 pC/(N · m),带孔圆柱扭矩-电荷量的斜率为 0.191 pC/(N · m)。

表 4.5　带孔圆台在不用扭矩加载时输出的电荷

扭矩/(N · m)	0.77	1.04	1.31	1.54	1.83
电荷量/pC	0.19	0.28	0.36	0.45	0.56

表 4.6　带孔圆柱在不用扭矩加载时输出的电荷

扭矩/(N · m)	1.20	1.58	1.96	2.42	2.74
电荷量/pC	0.37	0.47	0.54	0.61	0.67

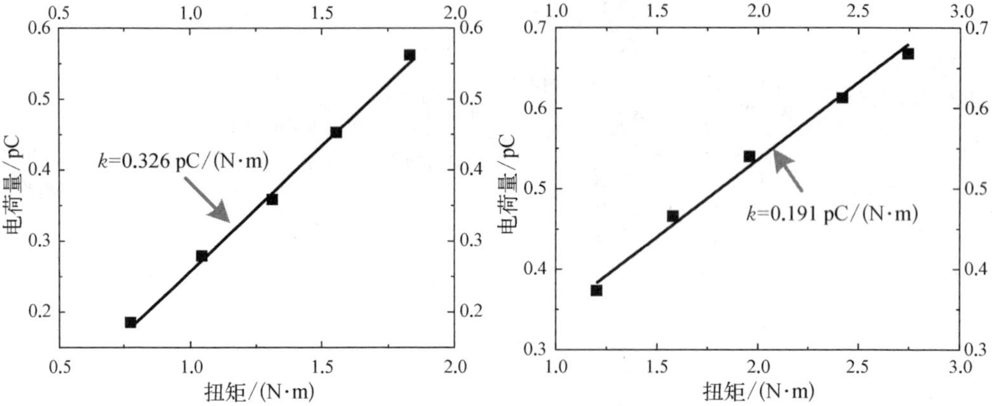

(a) 带孔圆台　　(b) 带孔圆柱

图 4.10　试样扭矩与输出电荷的关系(加载频率 1 Hz,室温,加载机 MTS－858,电荷放大器 B&K－2692)

圆台实验件包含传感部分和连接部分,上连接部分为带孔六棱柱形状与加载机的 V 型夹头连接,下连接部分包括带孔圆柱和六棱柱两部分(这两部分通过螺钉连接),圆台试样由 PVDF 和铝加工而成,铝的剪切模量远大于 PVDF,因此在本节研究中忽略铝结构产生的剪切变形。电极涂刷于圆台实验件传感部分的上下面,电荷放大器与示波器连接显示并记录实验数据。圆台试样和圆柱试样的一阶固有频率分别是 1 812.6 Hz 和 1 942.2 Hz,扭矩设置为 1 Hz 正弦加载。经实验,两个挠曲电系数可求解为 $\mu_{\varphi z\rho z} = 3.83 \times 10^{-9}$ C/m 和 $\mu_{\varphi zzz} = 4.63 \times 10^{-8}$ C/m。

4.4.3　实验研究方法的普遍适用性讨论

本章提出的各种解耦方法是通过特定的力学设计使结构产生预设的应变梯度,在材料的弹性范围内,可适用于不同类的高分子聚合物材料。为了验证此类解耦方法的普适性,将 PTFE 和聚对苯二甲酸乙二醇酯(PET)材料加工成相应的圆台试样和圆柱试样,测量了其在 MTS 加载机施加一定扭矩时的电荷输出情况。结合不同扭矩下的剪切应变梯度,可解耦获得 PTFE 和 PET 的两个挠曲电系数,如表 4.7 所示。

表 4.7　PVDF、PTFE 和 PET 剪切向挠曲电系数 $\boldsymbol{\mu}_{\phi z\rho z}$ 和 $\boldsymbol{\mu}_{\varphi zzz}$ 的绝对值　（单位：C/m）

参　数	PVDF	PTFE	PET
$\lvert\mu_{\varphi z\rho z}\rvert$	3.83×10^{-9}	5.87×10^{-9}	2.03×10^{-8}
$\lvert\mu_{\varphi zzz}\rvert$	4.63×10^{-8}	5.54×10^{-9}	2.10×10^{-8}

第 5 章

均匀应变梯度的提出和设计

在挠曲电效应的研究中，应变梯度的产生和调控成为最为核心的步骤之一。由于应变梯度是在力学载荷施加过程中出现的由应变梯度，而非应变导致的“次级”，或称“二阶”效应，研究挠曲电效应在某种程度上是一种研究“二阶”力电耦合效应的过程。为了不让可能存在的更高阶的效应干扰挠曲电效应的研究，也为了进一步有效控制研究过程中的变量，有必要分别针对纵向、横向和剪切向挠曲电效应入手，开展均匀应变梯度相关的研究。

5.1 纵向挠曲电效应的等应变梯度结构设计

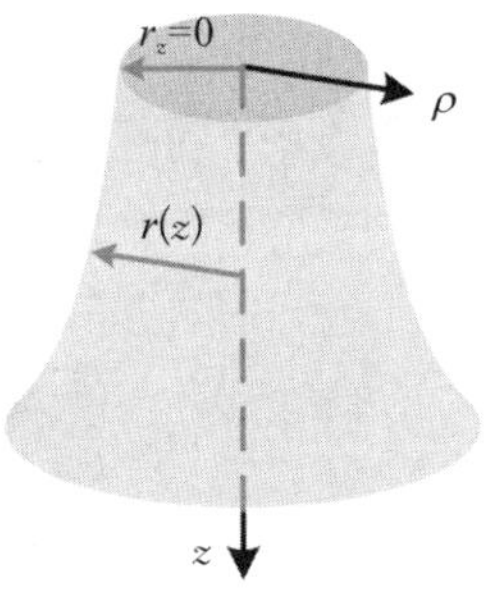

图 5.1 等应变梯度圆台

在进行挠曲电效应等应变梯度的设计中，为了实现沿高度方向的应变梯度均匀性，需要对应变梯度的产生过程进行分析和讨论。如图 5.1 所示，当梯台上表面受均布力 F 的作用时，将梯台简化为各个薄层的叠加。均布力 F 作用于各个薄层上，现假设 z 向定义为方向 1，则各薄层受到的应力为

$$\sigma_{11}(z) = \frac{F}{A(z)} \tag{5.1}$$

其中，$A(z)$ 为梯台在高度 z 处的面积；F 为梯台上表面受到均布力的合力。

由胡克定律可知，各薄层沿 z 向的正应变为

$$\varepsilon_{11}(z) = \frac{\sigma_{11}(z)}{E} = \frac{F}{EA(z)} \tag{5.2}$$

其中，E 为材料的弹性模量。

z 向的正应变沿该方向进行微分可以得到梯台在受均布力作用时的应变梯度，应变梯度为

$$\frac{\partial \varepsilon_{33}(z)}{\partial z} = \frac{F}{E} \frac{\partial \dfrac{1}{A(z)}}{\partial z} \tag{5.3}$$

电极布置在梯台的上下表面,通过电极测量沿 z 向的极化强度,将 z 替换成方向 1,由实验测量得到的电荷值可以计算得到材料的纵向(1111 向)挠曲电系数。此梯台模型的极化强度可表示为

$$P_1 = \mu_{1111} \frac{\partial \varepsilon_{11}(z)}{\partial z} \tag{5.4}$$

前面提到,在进行挠曲电效应研究时,期望应变梯度能够是一个常数,但由于实验使用的试件和加载手段等因素的影响,应变梯度的均匀性并不理想。梯台结构存在边界条件的影响及应变梯度均匀性的问题。第 2 章论述了梯台结构的应变梯度分布,梯台结构用于纵向挠曲电效应研究存在一些优化问题,包括边界条件的影响、应变梯度的均匀性等。在边界条件的影响方面已经提出了可实施性强的约束方式,在本节中以圆台结构为基础提出等梯度圆台结构,类比于梯台结构在应变梯度的均匀性方面进行优化。圆台结构相比于梯台结构,棱边由 12 条减至 2 条,同时当圆台上表面受到均布的正压力作用时,依然会产生沿 z 向的应变梯度,从而使材料发生电极化。

当圆台上表面受均布力 F 的作用时,将圆台简化为各个薄层的叠加,均布力 F 作用于各个薄层上,各薄层上沿 z 向的应变梯度为

$$\frac{\partial \varepsilon_{11}(z)}{\partial z} = \frac{F}{\pi} \frac{\partial (AE)}{\partial z} \tag{5.5}$$

为了获得沿高度方向均匀应变梯度的结构,且为了简化此处分两种情况分别进行讨论。当圆台截面积 A 和弹性模量 E 分别随高度 z 变化时,有

$$\begin{cases} A(z) = \dfrac{1}{K_1 z + C_1} \\ E(z) = \dfrac{1}{K_2 z + C_2} \end{cases} \tag{5.6}$$

本节仅以截面积 A 随高度变化为例进行分析。为了实现截面积随高度方向的变化,可将圆台腰线由直线变为曲线,如图 5.1 所示,使其应变梯度为常数 K_z,则有

$$\frac{\partial \varepsilon_{11}}{\partial z} = \frac{F}{E\pi} \frac{\partial \dfrac{1}{r^2(z)}}{\partial z} = K_z \tag{5.7}$$

该等应变梯度圆台结构在不同高度处的半径为

$$\begin{cases} r(z) = \sqrt{\dfrac{F}{E\pi K_l z + FC}} \\ C = \dfrac{1}{r_{z=0}^2} \end{cases} \tag{5.8}$$

其中，C 为半径 $r_z = 0$ 相关的常数，而 $r_z = 0$ 为等应变梯度圆台在 $z = 0$ 时的半径。

为了进行实验演示，采用等应变梯度圆台不同高度处的半径分布如图 5.2 所示，其尺寸参数如表 5.1 所示。

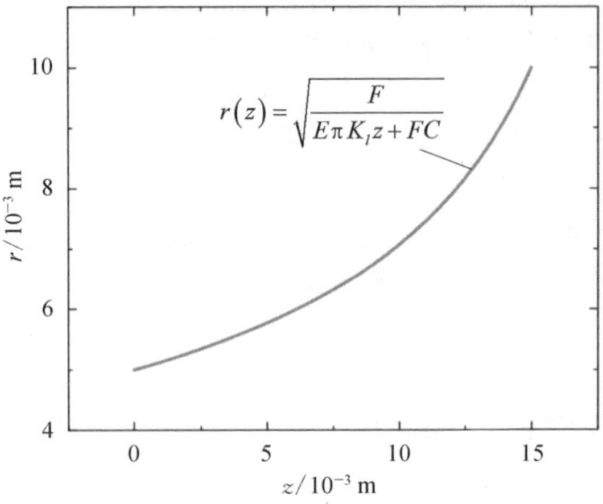

图 5.2　等应变梯度圆台不同高度处的半径

表 5.1　等应变梯度圆台的尺寸参数　（单位：m）

参　数	$r\ (z\ =\ 0)$	$r\ (z\ =\ h)$	h
取　值	5×10^{-3}	1×10^{-2}	1.5×10^{-2}

对此等应变梯度圆台进行有限元分析，计算中采用弹性材料，使用线性六面体网格，单元类型为 C3D8R，单元数量为 28 928 个，等应变梯度圆台底部仅限制 z 向的自由度，上表面受到均布力的作用，其沿 z 向的应变云图如附图 III.6(a) 所示。归一化处理后沿高度方向应变梯度的理论解与有限元解如附图 III.6(b) 所示。由于等应变梯度圆台是非等截面结构，在受到载荷作用时，z 向的正应力之外还存在其他方向的应力会对结构的应变梯度分布产生影响。由附图 III.6 可知，应变梯度的理论解与有限元解存在一定的偏差，分析其产生原因为：① 因梯台/圆台结构为

非等截面结构，存在 z 向之外的应力；② 在理论分析时忽略了其他方向应力的影响，认为相同高度处的应变相同，而忽略了其沿径向的变化；③ 圆台上下边线位置会引起应变梯度不均匀；④ 有限元分析时，单元网格大小、质量会对有限元分析结果产生影响。相比于圆台，等应变梯度圆台的应变梯度理论解为常数。

5.2　横向挠曲电效应的等应变梯度结构设计

如第 2 章所述，在横向挠曲电效应研究中主要有三种主要的实验研究方法，即悬臂梁、三点弯和四点弯形式；且由分析可知，四点弯结构的中间段具有均匀的应变梯度，而其他部分，以及其他加载方式均不具备该性质。因此，如何通过对横向挠曲电效应研究中的结构进行分析和设计，使其产生均匀应变梯度是本节的主要内容。

当截面梁为矩形时，对 y 轴的惯性矩为

$$I = \frac{bh^3}{12} \tag{5.9}$$

在 x 处悬臂梁、三点弯、四点弯分别受到的弯矩为

$$M = \begin{cases} F(L-x) \\ \begin{cases} \dfrac{Fx}{2}, & 0 \leqslant x \leqslant L/2 \\ \dfrac{F(L-x)}{2}, & L/2 \leqslant x \leqslant L \end{cases} \\ \dfrac{F}{2A} \end{cases} \tag{5.10}$$

其中，A 为四点弯实验中两个中间加载点之间的距离。

而根据应变梯度的理论推导结果，有

$$\frac{\partial \varepsilon}{\partial l} = \frac{M}{EI} \tag{5.11}$$

由式(5.9)和式(5.11)可知，惯性矩几何尺寸中的高度和宽度值需与弯矩表达式中长度相关的变量($L-x$)进行约除，方能保障应变梯度在长度方向的分布为常数。

悬臂梁应变梯度分布不均匀的原因为弯矩随梁的跨度 x 变化而变化，但是梁的惯性矩是固定不变的，因此其产生的应变梯度也随着跨度 x 的变化而变化。当悬臂梁的惯性矩也随着跨度 x 的变化而变化，且与弯矩的变化速率相同时，可以实现悬臂梁的均匀应变梯度分布，此梁为等应变梯度悬臂梁。悬臂梁的惯性矩变化主要由其宽度 b 和高度 h 决定，因此对应的等应变梯度悬臂梁也存在两种，分别

为：高度 h 和宽度 b 变化的等应变梯度悬臂梁。

令悬臂梁的应变梯度为常数，则有

$$\frac{\partial \varepsilon_{11}}{\partial z}=\frac{M(x)}{EI(x)}=\frac{F(l-x)}{EI}=K_t \tag{5.12}$$

其中，K_t 为等应变梯度悬臂梁的应变梯度，设置为常数。

在宽度 b 固定不变时，高度 h 为跨度 x 的函数，则有

$$h(x)=\left[\frac{12F}{EK_tb}(l-x)\right]^{\frac{1}{3}} \tag{5.13}$$

高度变化的等应变梯度悬臂梁如图 5.3 所示。为了方便加载，在等应变梯度悬臂梁自由端和夹持端均设置有均匀截面的平台。

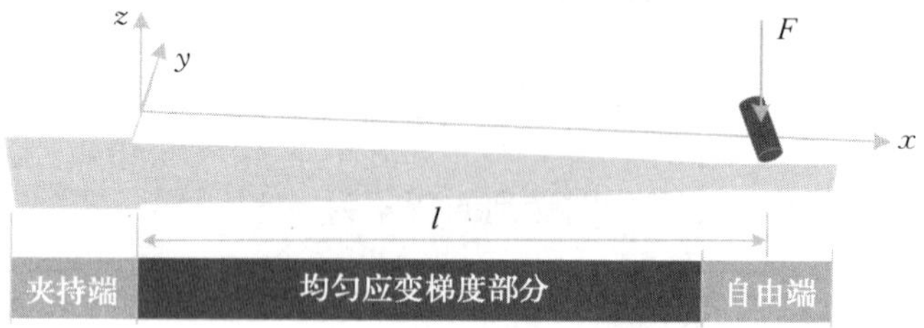

图 5.3　高度变化的等应变梯度悬臂梁

为了进行演示，本书使用高度 h 变化的等应变梯度悬臂梁的尺寸参数，如表 5.2 所示，等应变梯度悬臂梁高度 h 随跨度 x 的变化曲线如图 5.4 所示。

表 5.2　高度变化的等应变梯度悬臂梁的尺寸参数　　（单位：m）

几何参数	l	b	h
参数值	1×10^{-1}	2×10^{-2}	$[1.5\times10^{-5}(l-x)]^{1/3}$

类似地，当等应变梯度悬臂梁高度 h 不变，宽度 b 变化时，图 5.5 为宽度随长度变化的等应变梯度悬臂梁。

考虑载荷的施加方式，宽度变化的等应变梯度悬臂梁设置有均匀截面平台，可知

$$b(x)=\begin{cases}\dfrac{12F}{Ekh^3}(l-x), & 0\leqslant x\leqslant l_1\\[2ex] \dfrac{12F}{Ekh^3}(l-l_1), & l_1<x\leqslant l\end{cases} \tag{5.14}$$

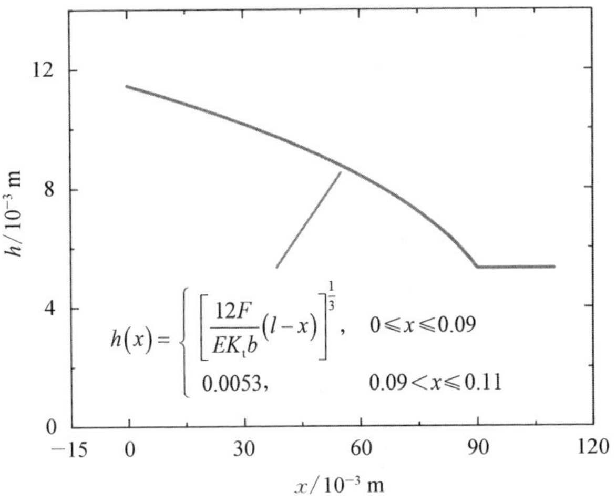

图 5.4　高度变化的等应变梯度悬臂梁高度与跨度的关系

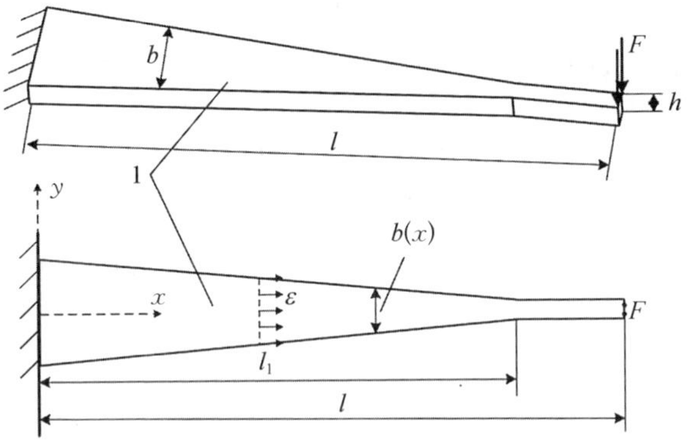

图 5.5　宽度变化的等应变梯度悬臂梁

通过这种设计方法，不但可以实现基于悬臂结构的均匀应变梯度，还可对三点弯、四点弯的相应结构进行重新设计，即对于三点弯，当梁的宽度 b 为固定值时，高度随长度方向的变化可写为类似式(5.13)的形式，而当梁的厚度 h 为固定值时，宽度随长度方向的变化可写为类似式(5.14)的形式。四点弯结构的左、右端也可通过类似的设计实现梁结构全范围的均匀应变梯度。

5.3　剪切向挠曲电效应的等应变梯度结构设计

剪切向挠曲电效应的研究，需要产生剪切应力、剪切应变，而扭转圆柱类结构是产生剪切应变的有效方法。当圆柱/圆环结构一端固支，另一端施加扭矩时，圆柱体在横截面上将产生切应力、切应变，在圆柱坐标系下进行分析，其应变梯度方向沿圆柱的径向(ρ 向)的截面惯性矩为

$$I_{\mathrm{p}} = \frac{\pi R^4 - r^4}{2} \tag{5.15}$$

其中，R 为圆柱或圆环的外径；r 为其内径。

当受扭矩 M_{n} 作用时，其横截面的切应力、切应变为

$$\begin{cases} \tau_{\phi z}(\rho) = \dfrac{M_{\mathrm{n}}\rho}{I_{\mathrm{p}}} \\ \gamma_{\phi z}(\rho) = \dfrac{\tau_{\phi z}(\rho)}{G} = \dfrac{M_{\mathrm{n}}\rho}{GI_{\mathrm{p}}} \end{cases} \tag{5.16}$$

其中，G 为剪切弹性模量，与弹性模量 E 之间的关系为

$$G = \frac{E}{2(1+\mu)} \tag{5.17}$$

因此，求得切应变梯度为

$$\frac{\partial \gamma_{\phi z}(\rho)}{\partial \rho} = \frac{M_{\mathrm{n}}}{GI_{\mathrm{p}}} \tag{5.18}$$

可以看到，结构的剪切应变分布仅与 ρ 相关，因此圆柱或圆环结构的剪切应变梯度为常数。

第 6 章

逆挠曲电效应

与压电效应类似，挠曲电效应既有正效应，也有逆效应。而与正、逆压电效应也类似的是，逆压电效应是电场梯度导致等效应力，继而发生变形。逆挠曲电效应过程是从电能到机械能的过程，且过程与正效应相反。与逆压电效应相同，逆挠曲电效应具有变形能力，因而具有作动的功能。结合挠曲电效应在尺度效应、温度友好性、力电耦合设计性强等方面的优势，其有望在高精度作动领域具有良好的发展前景。

6.1 逆挠曲电效应研究的意义

作为与正挠曲电效应相对应的逆效应，逆挠曲电效应由于电场梯度施加难度大、等效位移小、压电的排除与系数正逆一致性实验验证困难等原因一直未能得到系统的研究。针对现阶段固体电介质材料的逆挠曲电效应实验研究存在的困难，Cross 等分别对 BST 陶瓷梯形截面块体的逆挠曲电效应进行了实验研究。他们在逆挠曲电效应的研究方面做出了开创性的工作和里程碑式的贡献，即选用了大挠曲电效应的 BST(挠曲电系数比低对称性材料大 3~4 个数量级)并采用高精度的光学位移测量系统；利用纵向挠曲电效应研究中的变截面结构产生电场梯度，使电场梯度致应力对材料造成的极微小变形得以测量，从而计算出了 BST 材料的逆挠曲电系数。其开发的极微小位移光学测量平台设计精妙而复杂，对环境振动隔离的要求也非常高。他们利用该系统和高电压驱动，使材料产生了电致变形，而对照组等截面试件的变形结果与变截面试件的变形结果相差不大。

Shu 利用该系统和试件求得了 BST 的切向挠曲电效应结果，其实验结果初步证明了正、逆挠曲电系数的一致性。然而，现有方法在实际操作中有以下几点需要改进：① 实验系统精度高、系统组成复杂，对环境噪声的要求也非常高，很难在普通的隔振实验环境中进行；② 即便待研究试件为大挠曲电效应的材料(10^{-6} C/m)，产生的变形也只是 10^{-10} m 数量级甚至更小，变形的测量难度大；③ 试件上的电场梯度不够均匀，所使用的理论模型是否能够准确描述实验情况不得而知，这使得研究结果的可信度不足。

6.2 电场梯度的产生和设计

逆挠曲电效应的实施过程中,核心步骤之一为电场梯度的产生和调控。而根据电磁场相关知识可知,准静态电场的分布与材料、结构以及电极布置等密切相关,且具有很强的设计性。由麦克斯韦方程组可知,动态电场及其分布除了与上述因素密切相关,与其变化磁场情况和空间位置等均有密切关系[82, 83, 206]。由于本书研究的主要内容不包含动态挠曲电效应,因此主要以准静态电场及其分布为前提进行研究。根据电场和电势的定义,可知空间任意一点的电场可写为

$$E = -\nabla\varphi \tag{6.1}$$

其中,φ 为空间该点处的电势。

6.2.1 基于结构和尺寸设计的电场梯度

为了研究电场梯度对不同介电材料的作用及其等效电致变形情况,本章针对几种情况分别进行分析和讨论。如图 6.1(a)所示,当均匀电场施加于介电材料时,材料的电致变形完全来自电致伸缩,而在宏观尺度,以及电场幅值不是很大的情况下电致伸缩的变形量极小;图 6.1(b)是介电材料受到电场梯度作用时产生的微观等效偶极子变形及宏观形状变化。可以看到,由于电场沿高度方向存在梯度,由局部电场产生的感应偶极子随高度方向不断变化,电场值大的区域感生偶极子的等效长度长,进而产生沿高度方向的非均匀变形;而当材料内部存在净电荷时,其受

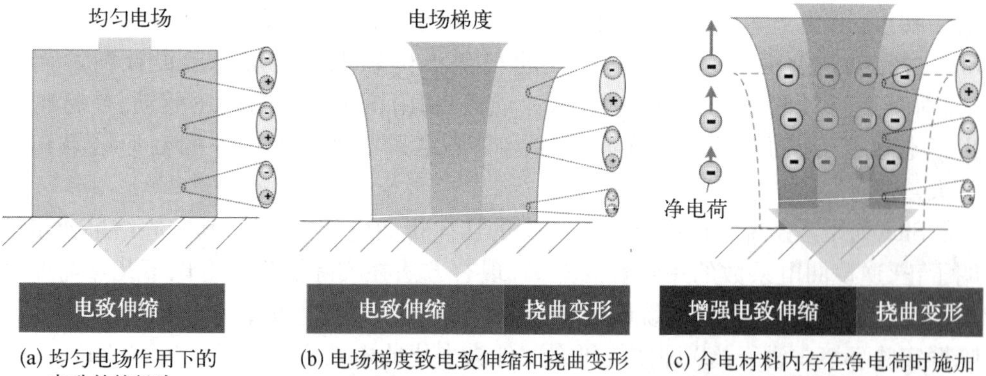

(a) 均匀电场作用下的电致伸缩行为　(b) 电场梯度致电致伸缩和挠曲变形　(c) 介电材料内存在净电荷时施加电场梯度的变形机理

图 6.1　不同电场作用下的介电材料变形情况

到电场作用产生位移的趋势,但其存在于介电材料内部,移动困难,因此会带动附近材料发生局部位移,从而产生非均匀变形,如图 6.1(c)所示。可以看到,当材料内部存在净电荷(即驻极体)时,其电致伸缩效应会更加明显,且结合电场梯度的作用,材料将发生更大程度和更加复杂的变形。

在了解电场梯度对材料产生附加变形的基本过程之后,就需要考虑电场梯度的产生和调控方法。为产生和调控电场梯度,最直接的思路就是通过如图 6.2(a)所示的非对称式电极结构来产生。表 6.1 是用于有限元计算的材料参数和几何尺寸参数。在下电极尺寸固定的情况下,上电极长度分别为 0.01 m、0.02 m、0.03 m、0.04 m 时的电压、电场强度、电场梯度分布分别如图 6.2(a)~(c)所示。可以清楚地看到,随着上、下电极尺寸的相近直至相同,材料内部电势分布对称性逐渐提高,而电场沿高度方向的分布却相对杂乱,其电场梯度(图中红色箭头)的大小和方向也与预想的不完全一致。将电场数据进行梯度计算并绘制其幅值后可以发现,电场梯度幅值分布较为明显的区域为电极的边缘。

表 6.1　用于平行板电场梯度计算的参数

参数	相对介电常数	厚度/m	总长度/m	上电极长度/m	下电极长度/m	上电极电压/V	下电极电压/V	网格尺寸/m
取值	5	0.02	0.06	0.01/0.02/0.03/0.04	0.04	10^3	-10^3	5×10^{-4}

为了进一步研究电场梯度幅值沿厚度方向的分布情况,对图 6.2(c)所示的电场梯度沿材料中轴线的值进行了提取和绘制,如图 6.3 所示。可以看到,随着电极对称性的提高,材料的最大电场梯度值以及整体电场梯度值普遍较小,且分布趋于平缓,在对称电极的情况下基本没有电场梯度。

由以上有限元计算结果可知,利用平板电容结构与非一致结构电极产生的电场梯度幅值有限且设计性不够强,并非实验研究以及产生和设计电场梯度的首选。考虑到电场在介电材料中分布的复杂性,结合电磁场理论和高电压绝缘相关知识,高压电路线缆往往对绝缘有很高的要求,因此对电力线缆的绝缘性有较为明确的设计和评价原则,如多层变厚度变介电常数设计等,如图 6.4(a)所示。又如,在高电压实验中往往有金属球参与放电和电荷源等工作,因此球状结构的绝缘设计也具备一定的参考性,如图 6.4(b)所示。由于以上两类结构中介电材料沿径向的电场分布有明确的位置相关性,且能够根据高斯公式进行计算,因此在平板电容结构的基础上,本书考虑利用以上两个结构进行设计和分析,以制备和调控电场梯度。相对于平板电容-非对称电极结构,圆环结构和圆球结构的电势、电场和电场梯度

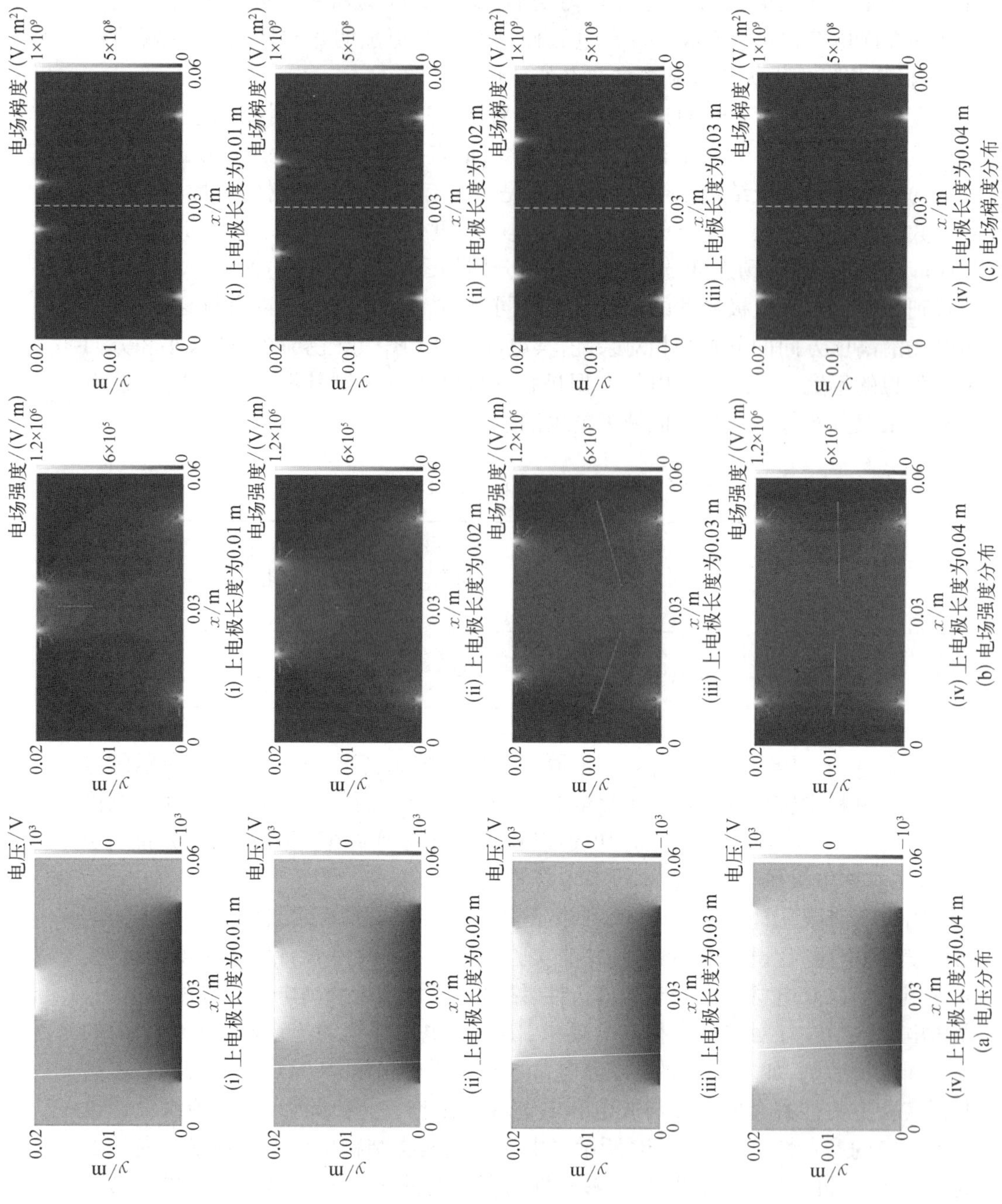

图 6.2 上电极在中间布置时的电场分布

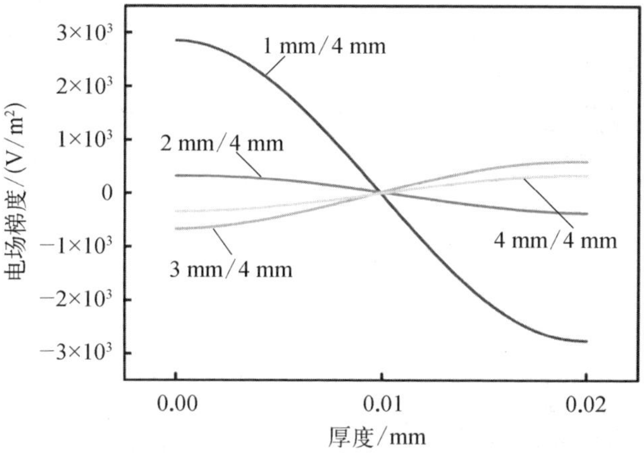

图 6.3　不同上/下电极尺寸下材料沿厚度方向的电场梯度分布情况

幅值分布均相对简单。本书对其进行了计算,其基本参数与表 6.1 相同：圆环、圆球的内径、外径分别为 0.02 m 和 0.04 m。计算结果如图 6.4(c)~(f)所示。可以看到,无论是圆环结构还是圆球结构,其电势、电场强度、电场梯度幅值的分布都变得均匀,且对于圆球结构,其在同等几何尺寸、同等电压加载的条件下,产生的最大电场梯度要大于圆环结构。此外,两者电场梯度幅值分布都随径向不断减小,即在贴近内电极时电场梯度幅值最大,随着材料向外延伸,电场梯度幅值迅速变小。该现象说明介电材料内径处承受更大的电场梯度致应力和相应的变形。

在此基础上,利用静电场的高斯公式和几种典型的绝缘结构形式,并结合电场分布规律,本节分别对空心圆柱形和空心圆球形结构进行理论推导和分析,以获得电场梯度的设计原则、相应的等效逆挠曲电系数及逆挠曲电效应致变形量等,从而对逆挠曲电致作动器的发展提供理论和实验指导。

首先,对无限长的空心圆柱假设进行理论分析。假设单位长度上空心圆柱内、外表面附着电极,其所带电荷量异号且数值相等,为 τ。根据高斯公式,电场强度沿轴向的分布 E_ρ 可写为

$$E_\rho = \frac{\tau}{2\pi\varepsilon_0\rho} \tag{6.2}$$

其中,ρ 为空心圆柱的轴向半径;ε_0 为绝对介电常数。空心圆柱的两个板间电极电势差为

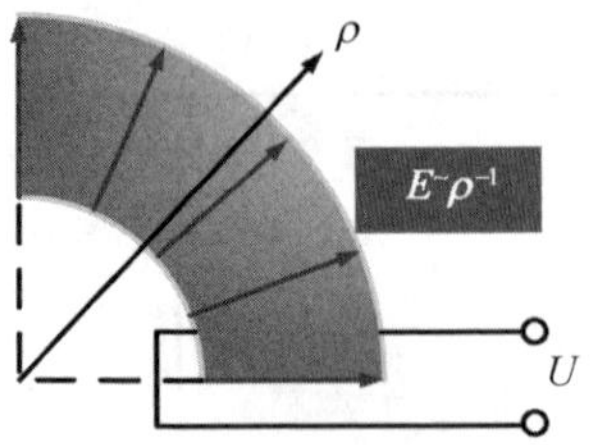

(a) 圆环结构

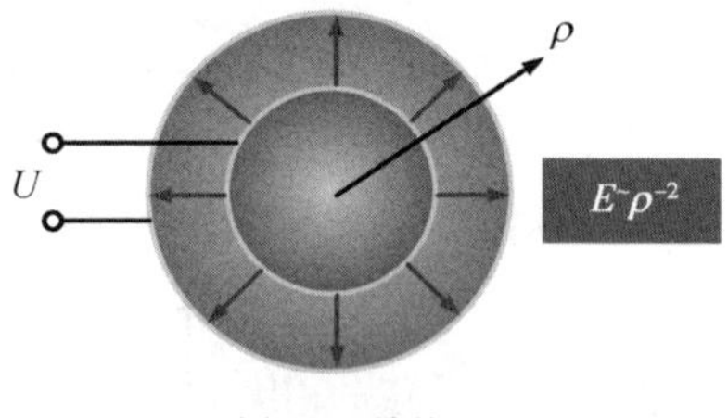

(b) 圆球结构

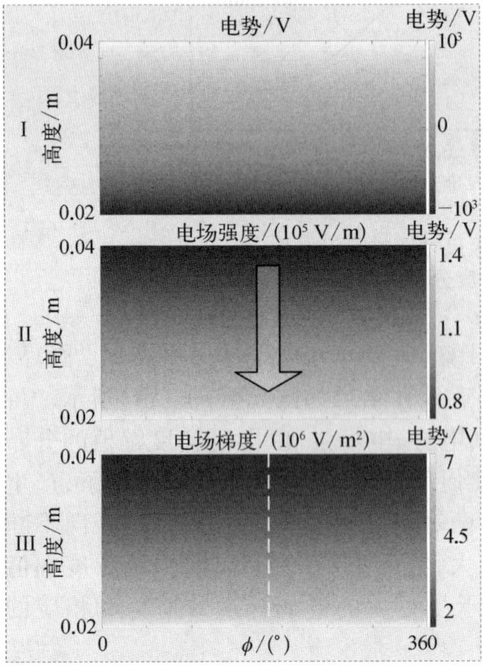

(c) 圆环结构的电势、电场强度和电场梯度分布情况

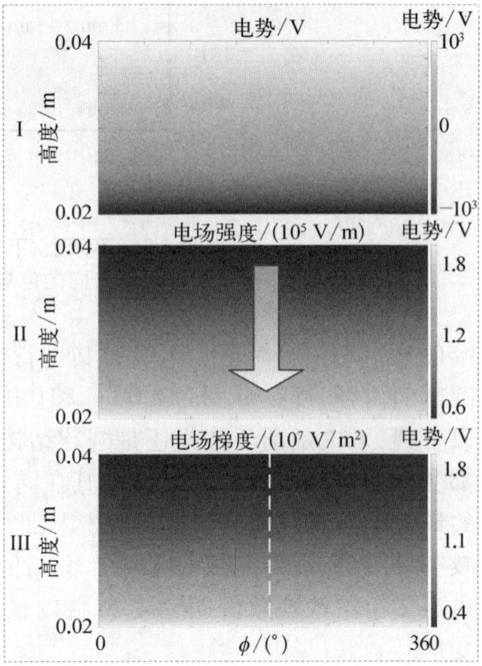

(d) 圆球结构的电势、电场强度和电场梯度分布情

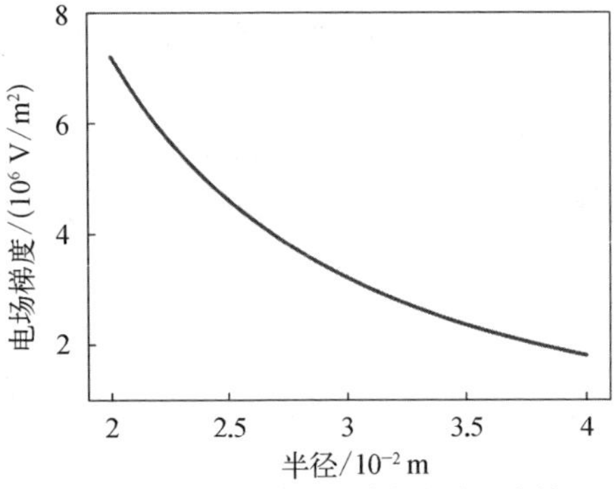

(e) 圆环结构沿径向电场梯度分布情况

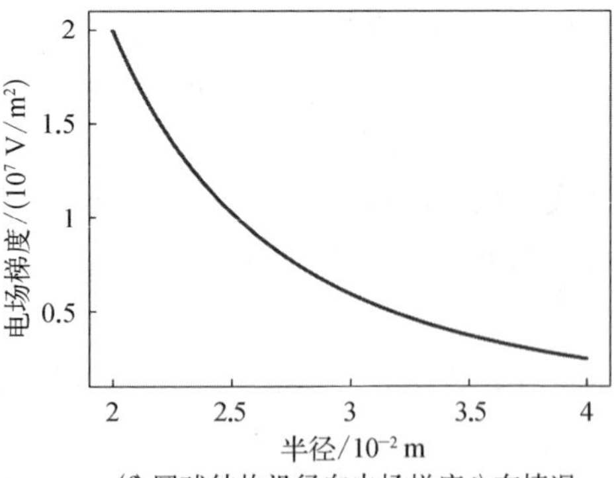

(f) 圆球结构沿径向电场梯度分布情况

图 6.4　圆环和圆球电势、电场强度和电场梯度分布情况

$$U = \frac{\tau}{2\pi\varepsilon_0}\ln\frac{b}{a} \tag{6.3}$$

其中,a 和 b 分别为空心圆柱结构的内径和外径。因此,径向的电场强度和电场梯度分布可写为

$$\begin{cases} E_\rho = \dfrac{\tau}{2\pi\varepsilon_0\rho} = \dfrac{U}{\rho\ln\dfrac{b}{a}} \\ \dfrac{\partial E_\rho}{\partial\rho} = -\dfrac{U}{\rho^2\ln\dfrac{b}{a}} \end{cases} \tag{6.4}$$

再对空心圆球结构进行分析。假设空心圆球的内径和外径分别为 a 和 b,内、外壁上附着金属电极,其所带的电荷量异号且数值相等,为 q。根据高斯公式,空心圆球沿径向的电场分布为

$$E_\rho = \frac{q}{4\pi\varepsilon_0\rho^2} \tag{6.5}$$

两电极之间的电势差与电荷量的关系可写为

$$U = \frac{q}{4\pi\varepsilon_0}\left(\frac{1}{a} - \frac{1}{b}\right) \tag{6.6}$$

约去等效电荷,相应的电场分布和电场梯度分别为

$$\begin{cases} E_\rho = \dfrac{U}{\rho^2}\dfrac{ab}{b-a} \\ \dfrac{\partial E_\rho}{\partial\rho} = -\dfrac{U}{\rho^3}\dfrac{2ab}{b-a} \end{cases} \tag{6.7}$$

对于空心圆柱和空心圆球结构,其相应的逆挠曲电系数(m_1、m_2)分别为

$$\begin{cases} m_1 = \dfrac{\sigma}{\dfrac{\partial E_\rho}{\partial\rho}} = \dfrac{\varepsilon_0(\varepsilon_r - 1)}{\ln\dfrac{b}{a}}U \\ m_2 = \dfrac{\sigma}{\dfrac{\partial E_\rho}{\partial\rho}} = \dfrac{\varepsilon_0(\varepsilon_r - 1)ab}{2(b-a)}\dfrac{U}{\rho} \end{cases} \tag{6.8}$$

若考虑空心结构特征，定义参数 λ，如 $b=\lambda a$，式中 $\lambda>1$，则逆挠曲电系数可写为

$$\begin{cases} m_1 = \dfrac{\varepsilon_0(\varepsilon_r - 1)}{\ln \lambda} U \\ m_2 = \dfrac{\varepsilon_0(\varepsilon_r - 1)\lambda a}{2(\lambda - 1)} \dfrac{U}{\rho} \end{cases} \tag{6.9}$$

利用逆挠曲电系数和相应的结构特征，在上述电场作用条件下，空心圆柱和圆球结构的相对变形可分别写为

$$\begin{cases} \Delta d_1 = \displaystyle\int_a^b \varepsilon \mathrm{d}\rho = \dfrac{\varepsilon_0(\varepsilon_r - 1)U^2}{3Y \ln^2 \dfrac{b}{a}}(a^{-3} - b^{-3}) \\ \quad = \dfrac{\varepsilon_0(\varepsilon_r - 1)a^{-3}(1 - \lambda^{-3})}{3\ln^2\lambda} \dfrac{U^2}{Y} \\ \Delta d_2 = \displaystyle\int_a^b \varepsilon \mathrm{d}\rho = \dfrac{\varepsilon_0(\varepsilon_r - 1)a^2 b^2 U^2}{5Y(b-a)^2}(a^{-5} - b^{-5}) \\ \quad = \dfrac{\varepsilon_0(\varepsilon_r - 1)}{5} \dfrac{a^{-3}(1 - \lambda^{-5})\lambda^2}{(\lambda - 1)^2} \dfrac{U^2}{Y} \end{cases} \tag{6.10}$$

由式(6.9)可知，且如图 6.5(a)所示，逆挠曲电系数的参数值随内外径比的变小而急剧增大，即结构形状越"薄"，挠曲电系数越大，越"厚"则挠曲电系数越小，最后趋近于 1。如图 6.5(b)所示，在如图所示的具体设定条件下，结构的挠曲电系

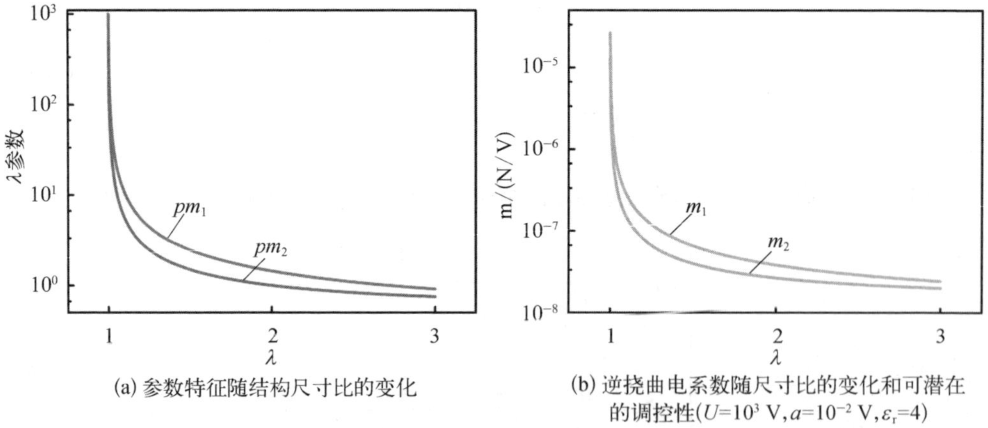

(a) 参数特征随结构尺寸比的变化

(b) 逆挠曲电系数随尺寸比的变化和可潜在的调控性($U=10^3$ V, $a=10^{-2}$ V, $\varepsilon_r=4$)

图 6.5 结构特征对逆挠曲电系数的影响

数随结构形状的变化而剧烈变化，从超过 10^{-5} C/m 到接近 10^{-8} C/m，将提升将近 3 个数量级，也证明除了材料属性，结构和电场设计对于提升逆挠曲电系数具有重要意义。

根据式(6.10)进行系统性分析，分别对相对介电常数 ε_r，材料弹性模量 Y，特征尺寸 a，结构比厚度 λ 及外加电压 U 分别进行分析，结果如图 6.6 所示。在研究单一变量的过程中，其他参数固定为典型值。研究过程中的典型值如表 6.2 所

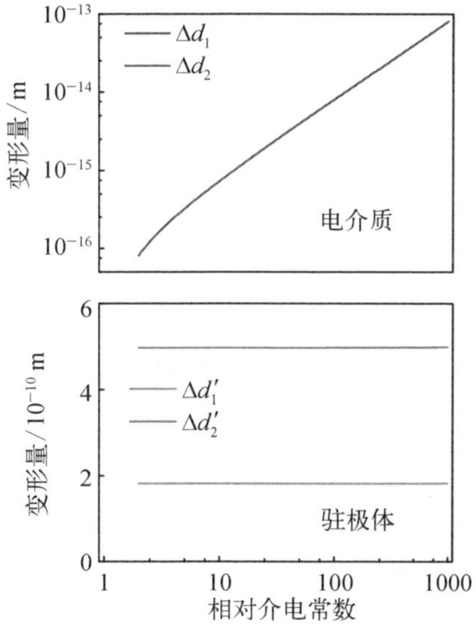

(a) 圆环和圆球相对介电常数

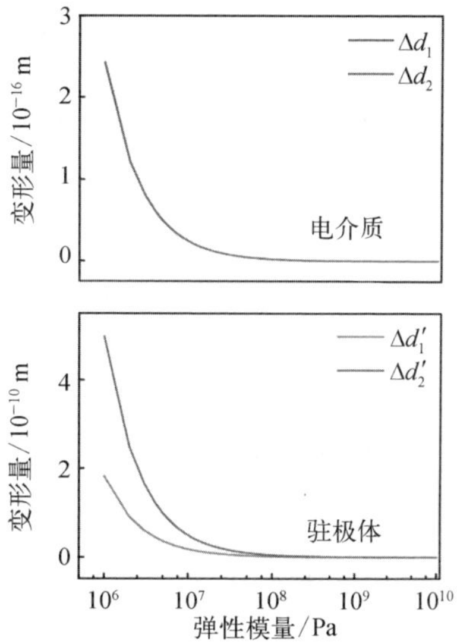

(b) 圆环和圆球弹性模量

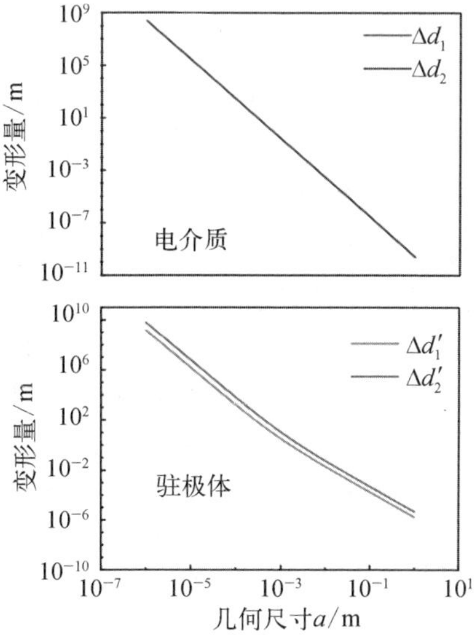

(c) 圆环和圆球外径几何尺寸a

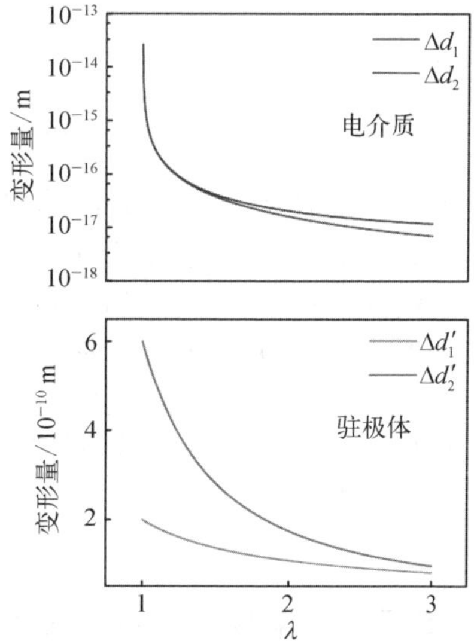

(d) 圆环和圆球外径/内径比λ

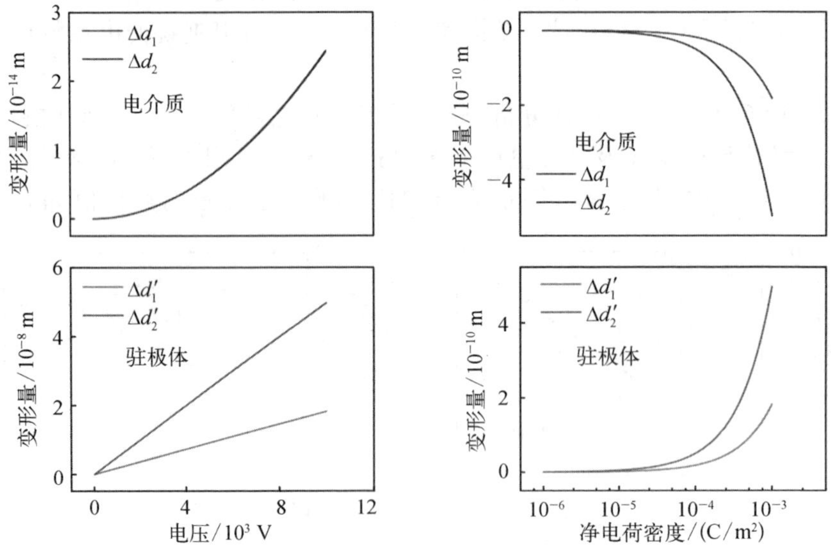

(e) 圆环和圆球加载电压　　(f) 圆环和圆球预设净电荷密度

图 6.6　不同变量对圆环(I)和圆球(II)结构逆挠曲电作动特性的影响

示。由图 6.6 可以看出,除了结构比厚度,其他几个变量对两类结构逆挠曲电效应的影响均不大,其位移-参数曲线均几乎重合。

表 6.2　电场梯度设计研究过程中参数的典型值

参数名称	ε_r	Y/MPa	a/m	λ	U/V
典型值	4	1	0.02	1.1	1 000

为了进一步验证上述研究内容,针对不同结构进行实验探索,如图 6.7 所示。实验条件如图中所列,分别对平板结构、圆环结构和圆柱结构进行实验加载。通过图 6.7(a)和(b)可以看到,即便是具有电场梯度的平板结构,在外电场和电场梯度作用下也较电致伸缩具有明显效果,即产生了更大的位移和变形。图 6.7(c)和(d)是实验测得同轴 1/4 圆柱结构和带净电荷的驻极体在外电场作用下的位移情况,图 6.7(e)和(f)是实验测得 1/4 圆球结构和带净电荷的驻极体在外电场作用下的位移情况。可以看到,随着净电荷的加入,材料的逆挠曲电效应水平明显变高。

6.2.2　基于介电常数设计的电场梯度

与基于结构和尺寸的电场梯度设计方法不同,基于介电常数设计的电场梯度

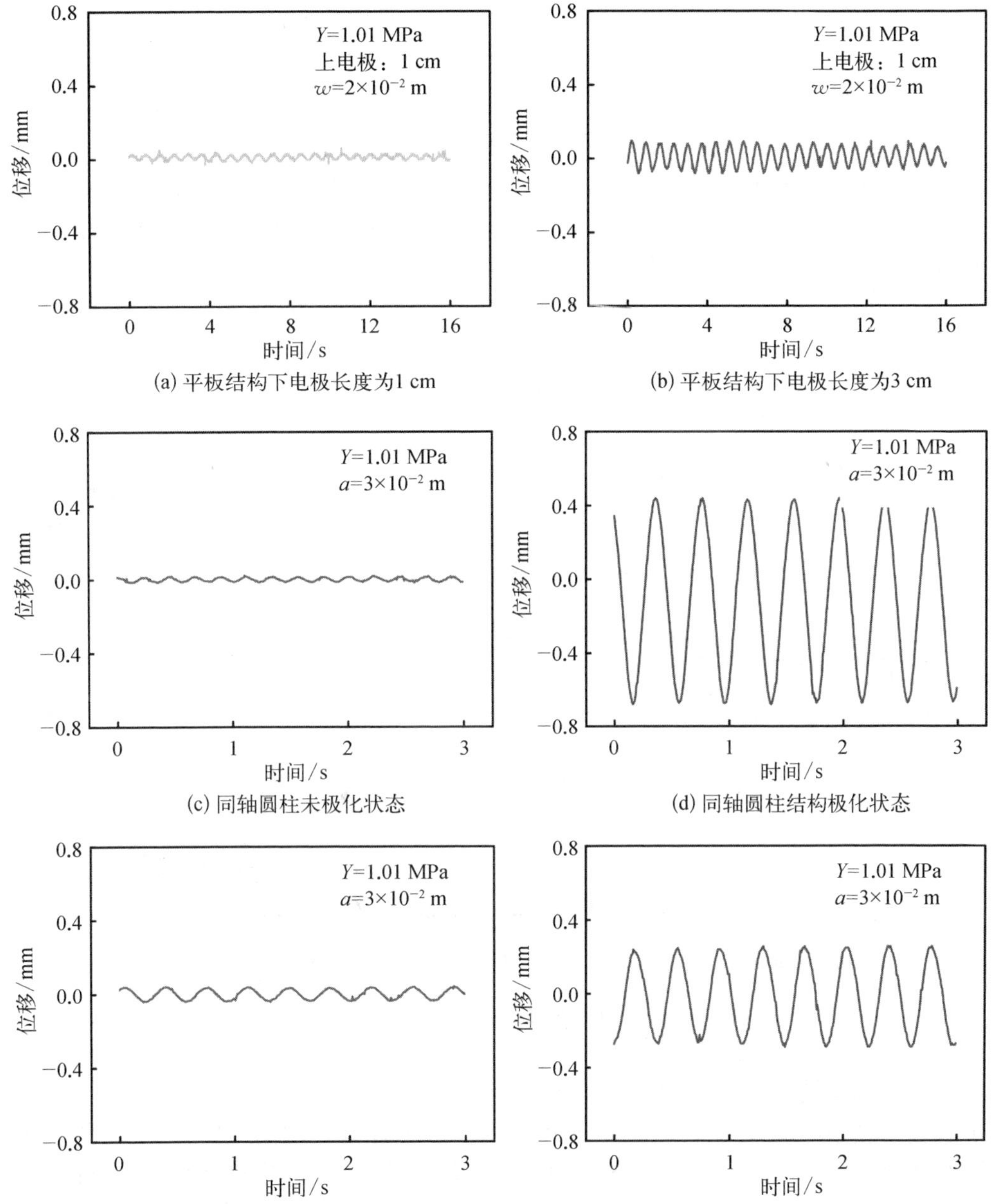

(a) 平板结构下电极长度为1 cm　(b) 平板结构下电极长度为3 cm

(c) 同轴圆柱未极化状态　(d) 同轴圆柱结构极化状态

(e) 空心球结构未极化状态　(f) 空心球极化状态

图 6.7　不同参数变量对两类结构逆挠曲电效应的影响

方法主要来自式(6.1)的延伸,即高斯定理。在外电场确定的条件下,材料的电位移不变,如果此时介电常数沿某个方向不同,会导致电场梯度不同,而这种电场梯度的不一致性会引发逆挠曲电效应。如图6.8(a)所示,当人为地通过材料的设计实现其在高度方向上的介电常数连续变化时,其在外电场作用下产生的位移变化与均匀介电常数的材料不一致。为了产生这种介电常数梯度,或者说如何产生因介电常数不一致性导致的电场梯度,图6.8(b)介绍了一种最为直接的、通过掺杂改变介电常数的方法,即给介电常数较低的高分子材料基底中掺杂高介电常数陶瓷或氧化物粉末,使其在基底内自由分散,从而提高等效介电常数,再通过掺杂比例来改变等效介电常数的值。如图6.8(c)所示,如能成功制备出一种在高度方向上介电常数值连续均匀变化的材料,其在材料内部的电场幅值沿高度方向也产生了均匀的连续变化,继而产生了电场梯度。

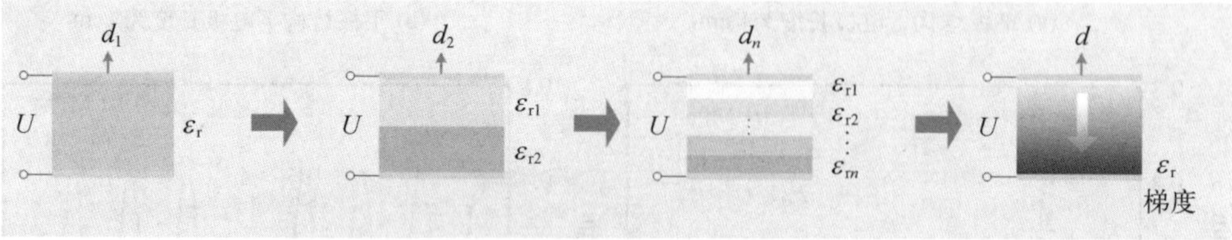

(a) 介电常数梯度的实现过程

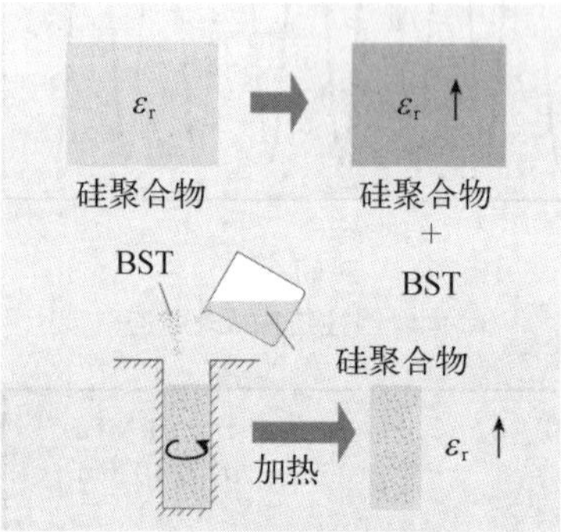

(b) 具体制备方法

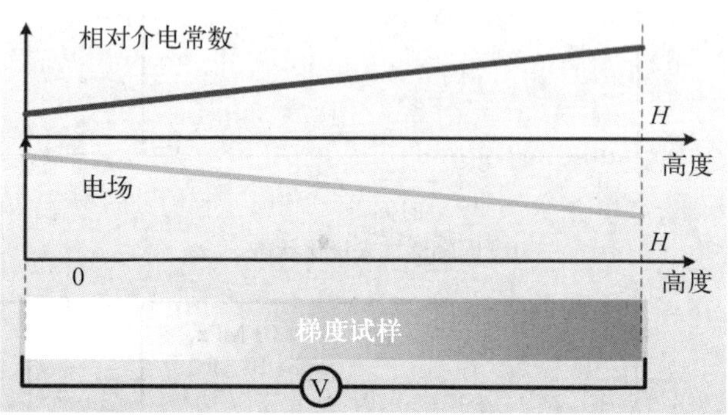

(c) 介电常数和电场在材料长度方向上的分布理论值

图6.8 基于介电常数梯度的电场梯度设计过程

为了验证如图6.8所示的制备可行性,本书进行实验。将不同比例的BST微米颗粒与PDMS进行混合掺杂,以质量分数计掺杂程度。如图6.9所示,可以看到对不同掺杂比例的混合物进行XRD测量,在BST特征峰处发现该峰峰值确实随掺杂比例变大而变高。同时对制备好的薄片试样进行电学和介电测量,得到连续变化的等效电阻值和介电常数值,如图6.9(b)所示。

确定了实验制备手段的正确性后,按顺序倾倒不同掺杂比例的混合物并控制好倾倒间隔时间和固化用的环境温度,使下端材料部分固化后上端材料倒入并在

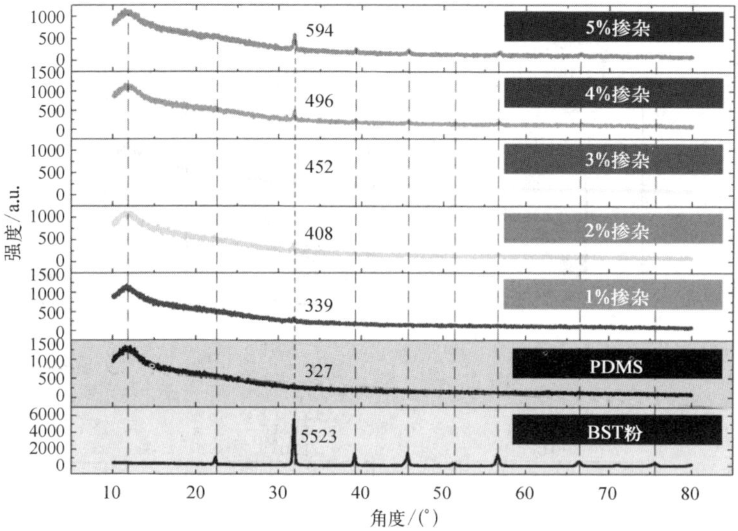

(a) 通过XRD来验证掺杂程度

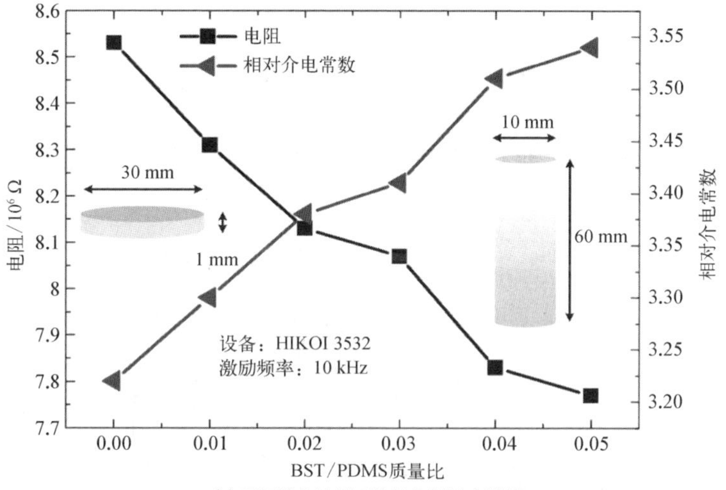

(b) 不同掺杂比例下的复合材料实测值

图 6.9　通过掺杂手段实现介电常数梯度

界面附近处共混-固化，实现较为连续的掺杂梯度，如图 6.10 所示。

使用上述梯度材料和对照组材料分别进行实验，即沿轴向施加电极并通过其一阶固有频率的交流电压(300 V)进行驱动后可看到，对照组在驱动频率点的位移变化远低于实验组的变化，后者是前者的 7.16 倍，如图 6.11(a)所示。而进一步对两类材料在不同电加载条件下进行实验可得到具有更加一般性的直观结果，如图 6.11(b) 所示。该实验验证了基于介电常数梯度的设计能够产生电场梯度，从而能够实现逆挠曲电效应。

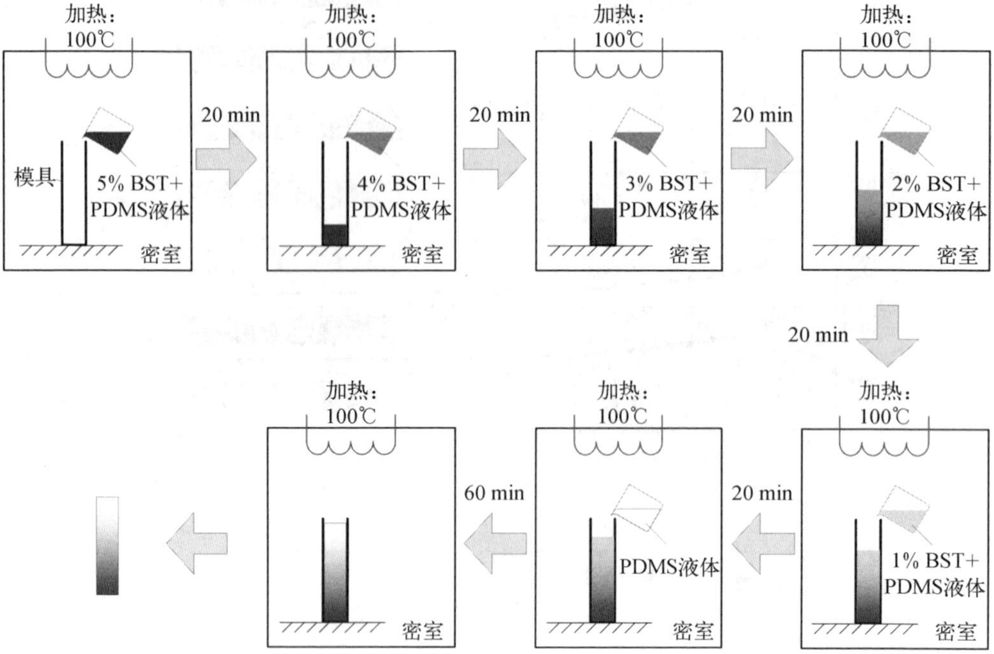

图 6.10　通过连续固化手段制备介电常数梯度材料原理示意图

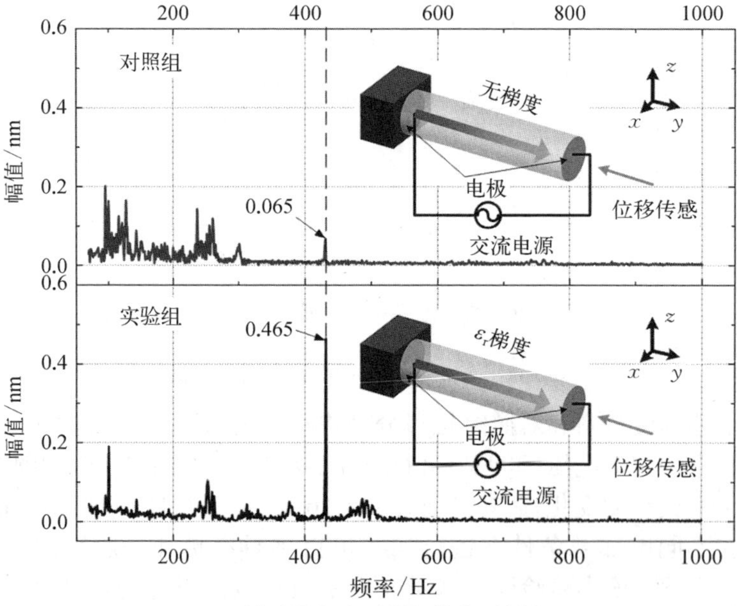

(a) 实验组和对照组的变形频谱

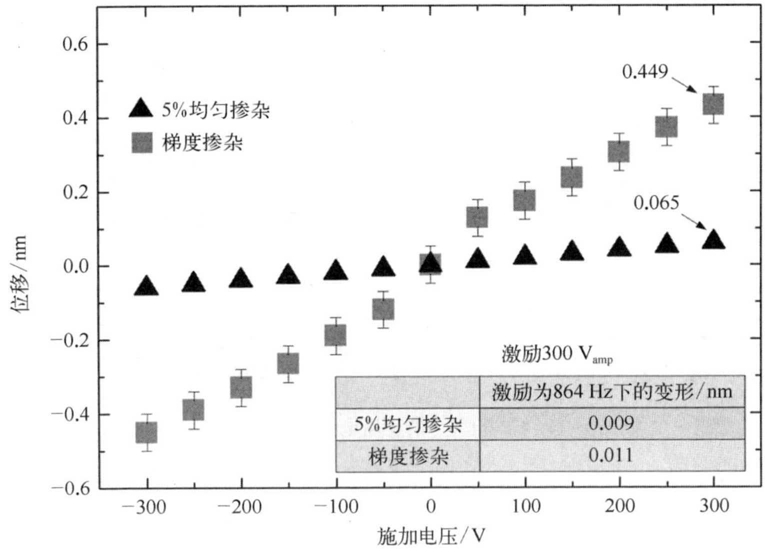

(b) 实验组和对照组在不同外电压作用下的位移变化

图 6.11　介电常数梯度产生的电场梯度及其效果

6.3　逆挠曲电效应的微观机理分析和实验方法分析

6.3.1　微观机理分析

与正挠曲电效应类似,逆挠曲电效应是由电场梯度作用于电介质材料,导致材料产生等效应力、继而发生变形的力电耦合现象。对于压电材料,可以清楚地从图 6.12(a) 看到,当均匀电场作用于材料时,偶极子在材料内部各个高度位置均能够发生均匀的偏转或伸缩,继而从宏观尺度看材料沿电场方向发生了变形;而当电场梯度作用于材料时,偶极子的偏转/伸缩程度与其所处位置的电场强度有关,即不同位置的偏转/伸缩程度不同,继而在宏观上产生了与均匀电场作用下不一致的变形情况,如图 6.12(b)所示。压电材料的逆挠曲电效应如此,非压电材料在电场梯度作用下又将如何? 任取一个微观单元,或以材料本身的独立微观单元为例,其正、负电荷中心在初始状态下是重合的,在均匀电场作用下,其受到两种形式的作用: 电荷中心在电场作用下有偏离原位置的趋势及在电场力作用下的挤压趋势,即电致伸缩效应。在受到非均匀电场作用时,由于局部产生了非均匀的电场强度,相邻微观单元之间为了平衡这种非均匀电场,而产生正、负电荷中心的分离,且分离程度沿电场梯度方向不断变化,而这种电荷中心的非均匀分离在力学上导致了材料的变形,即逆挠曲电效应。

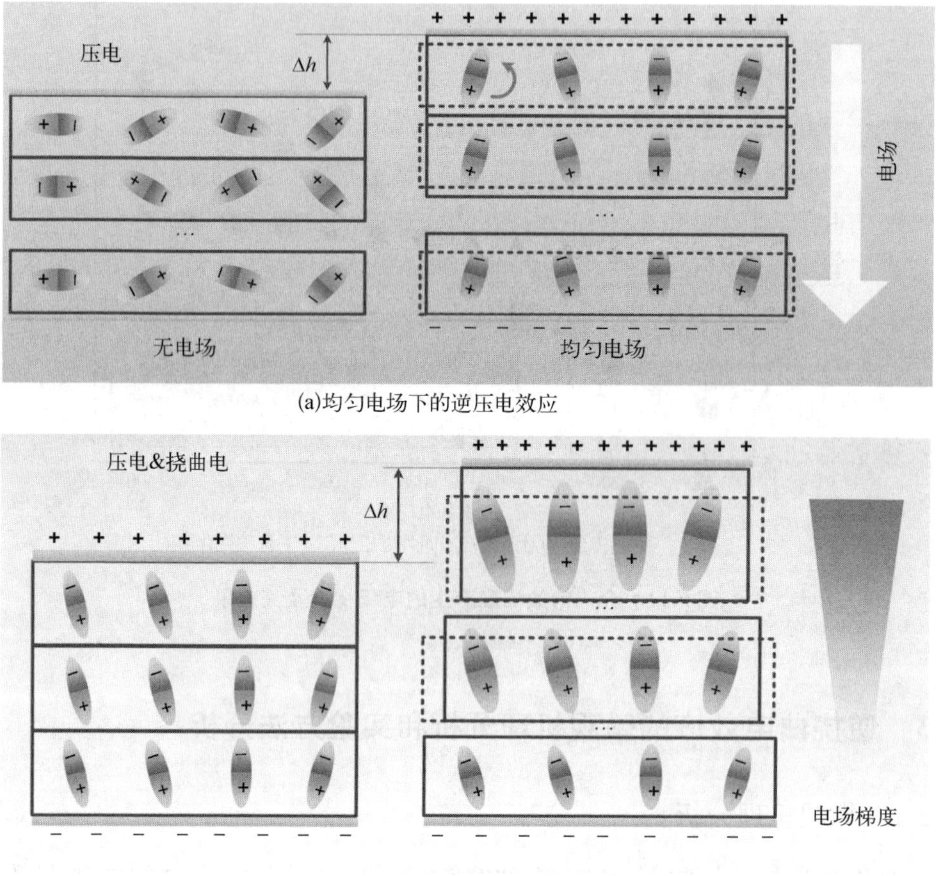

(a)均匀电场下的逆压电效应

(b)电场梯度下的逆挠曲电效应

图 6.12　逆挠曲电效应的微观机理原理图

6.3.2　实验方法分析

在产生和设计了电场梯度后，本书还开展了一系列逆挠曲电效应研究的设计工作，以实现更大程度的变形，如图 6.13 所示。图 6.13(a)是基于极微小位移测量的一种电容式差分测量位移的方法。测量原理为：将两个待测结构对称放置，将结构端部设计成平板电极，再将结构相对位置进行调整以实现极板间距满足实验要求，当发生变形时，通过测量电容变化来实现等效位移的测量。以极板面积为 10^{-4} m^2为例，极板间的空气初始间隙设为 d，则当试件发生变形时（取文献中的 10^{-10} m 数量级），现有技术可测得的电容变化分辨率与量程比为 10^3，量程为 1 pF 量级，即

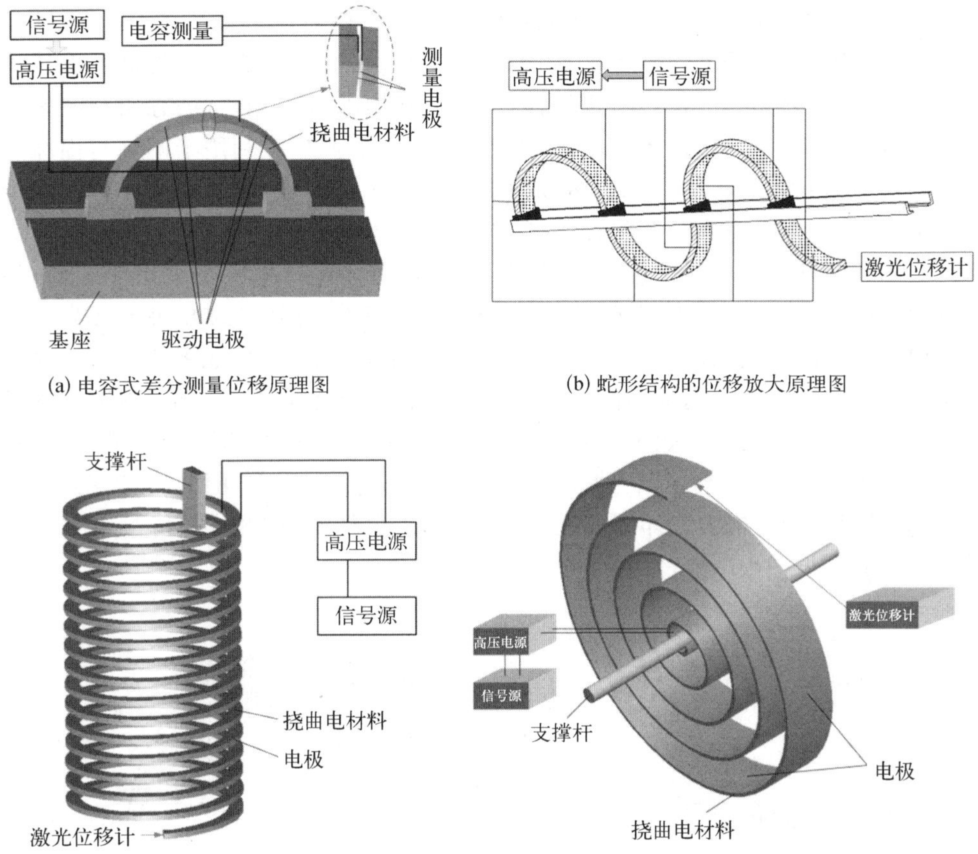

(c) 弹簧式位移放大原理图　　(d) 蚊香式位移放大原理图

图 6.13　逆挠曲电传感与作动结构设计图

$$\Delta C = C_1 - C_2 = \frac{\varepsilon s}{d} - \frac{\varepsilon s}{d + \Delta d} = 10^{-14}\ \mathrm{F} \tag{6.11}$$

可求得初始间距不得大于 10^{-5} m。当测量系统受到环境振动等干扰时，几何结构对称导致共模抑制，可有效避免噪声对研究的影响。

除此之外，还针对位移输出小的问题设计如图 6.13(b)所示的蛇形结构，即当圆弧结构沿轨道方向周期性排列时，测量得到的位移将是各个单元位移之和。在实际研究过程中，需要计算和考虑的是轨道摩擦带来的位移损失问题。图 6.13(c) 是利用周期性弹簧结构进行位移放大的设计，可实现多挠曲电系数的获取，在实际研究过程中主要需要考虑的是试件本身的自重对结构带来的影响和变形情况。图 6.13(d)是蚊香式结构放大位移的结构设计，在实际研究过程中重复单元几何尺寸的变化，导致需要区别于前三者的、新的理论模型的建立，还需要考虑在不同位置时重力对结构的附加影响。

6.3.1 节提到,可利用同轴空心圆筒产生不受电极边缘影响且可设计的电场梯度,如图 6.14(a)所示:当在空心圆筒内外壁上施加电压时,沿筒径方向会产生可设计的电场梯度。为了输出位移,沿周向将圆筒一截为二,并利用半圆筒自由端进行位移输出,如图 6.14(b)所示。电场梯度施加于该结构后,对结构微元进行应力分析可知,由于相应挠曲电系数的存在,位于结构中的微元受到径向和环向的应力作用。而在两种应力共同作用下,结构会产生如图6.14(b) 所示的变形。在此,为了方便叙述,将竖直向下方向定义为 1 方向,将水平向固定端的方向定义为 2 方向。由振动理论相关知识可知,在同样幅值载荷的作用下,结构处于共振状态时会产生更大的变形。考虑到微小位移测量难度大和信噪比不高等不足,本工作准备对结构施加动态交变电压激励,以使结构处于共振状态,从而增大变形量,减小测量难度。图 6.14(c)是利用以上原理设计的逆挠曲电系数测量用试件,考虑到安全和电场梯度均匀性,电极选择部分覆盖,考虑到光学测量的方便性,待测结构自由端的弧面被削去一小部分,使之成为平面。

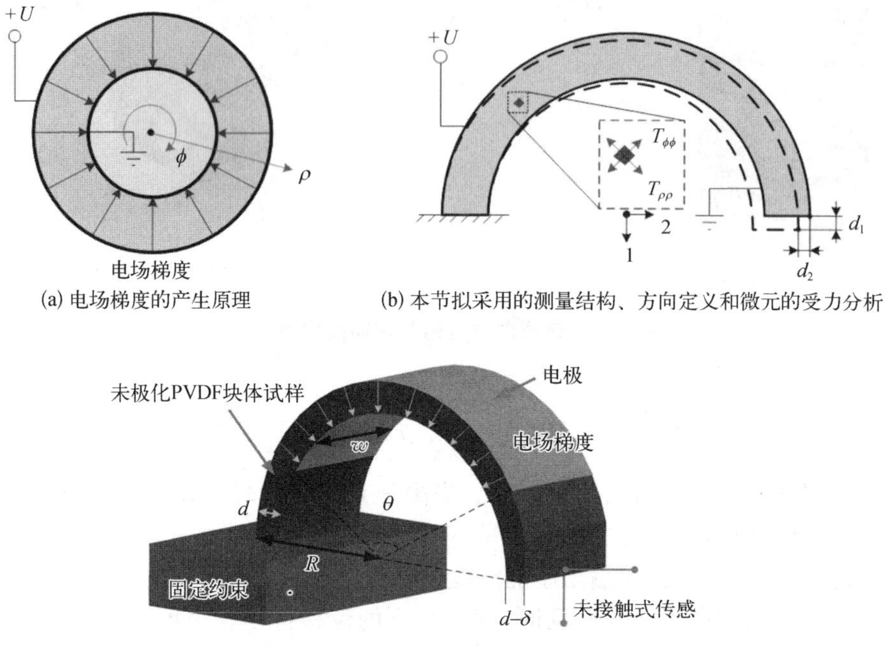

(a) 电场梯度的产生原理

(b) 本节拟采用的测量结构、方向定义和微元的受力分析

(c) 待测结构的示意图

图 6.14 圆筒状逆挠曲电作动结构

为了减小理论分析的难度,将由共振产生的位移称为动态位移,将非共振产生的位移称为静态位移,总位移为两者的简单叠加。值得注意的是,静态位移,其实

只是激励源的频率并未达到或接近该共振状态的频率,而非真的静态。沿两个方向的位移可简单表述为

$$\begin{cases} d_1 = d_{1s} + d_{1d} \\ d_2 = d_{2s} + d_{2d} \end{cases} \tag{6.12}$$

其中,d_1、d_2、d_{1s}、d_{1d}、d_{2s}和 d_{2d}分别代表沿 1 和 2 方向的总位移、沿 1 方向的静态位移和动态位移,以及沿 2 方向的静态位移和动态位移。根据有限元分析结果,待测结构的一阶模态为“点头”模态,即沿纵向的载荷会激励结构使其产生共振。而据有限元分析,在“点头”模态下,待测结构会同时在 1 和 2 两个方向产生变形。而沿 2 方向的同频载荷并无法激励待测结构的第三阶模态,因此可将其视为静态载荷。考虑到结构的复杂性,为了同时提高理论分析的可靠性和可操作性,本节利用有限元结合理论解的方式进行该力电耦合分析。综上,静态位移可表述为

$$\begin{cases} d_{1s} = \dfrac{T_{\phi\phi} - \chi T_{\rho\rho}}{E_{\mathrm{PVDF}}}\theta \dfrac{1}{2}\left(R - \dfrac{1}{2}d\right)\cos\left(\dfrac{1}{2}(\pi - \theta)\right) \\ d_{2s} = \dfrac{T_{\phi\phi} - \chi T_{\rho\rho}}{E_{\mathrm{PVDF}}}\theta \dfrac{1}{2}\left(R - \dfrac{1}{2}d\right)\sin\left(\dfrac{1}{2}(\pi - \theta)\right) + k_2 T_{\rho\rho} \end{cases} \tag{6.13}$$

其中,E_{PVDF}、χ、θ 和 k_2分别为 PVDF 材料的弹性模量和泊松比、电极覆盖角度和待测结构沿 2 方向的静态力-位移系数。

而对于动态,利用有限元计算可描述为

$$\begin{cases} d_{1d} = k_1 \beta T_{\rho\rho} \\ d_{2d} = \eta k_2 \beta T_{\rho\rho} \end{cases} \tag{6.14}$$

其中,k_1、β 和 η 分别为待测结构沿 1 方向的静态力.位移系数、共振放大倍数和双向位移比例。式(6.14)中 k_1和 k_2及 η 由有限元计算而来,β 由实验测量得来。

利用有限元方法对上述计算过程进行计算,试件的几何尺寸如表 6.3 所示。当电极覆盖角为 120°、加载应力为 1 N/m^{2}时,试件沿两个方向有如图 6.15 所示的变形。对试件的模态和固有频率进行有限元分析,可得如图 6.16 所示的结果。将图 6.15 和图 6.16 中的信息进行汇总和计算,可得所需的参数,计算结果如表 6.3 所示。

表 6.3　待测结构的基本力电参数

宽度/mm	R/d/mm	δ/mm	1 V 下的电场梯度/(V/m^2)	η/(d_1/d_2)	k_1/k_2/(m^3/N)
10	10/2	0.2	5.55×10^4	0.318 0	7.994×10^{-8}/ 2.657×10^{-8}

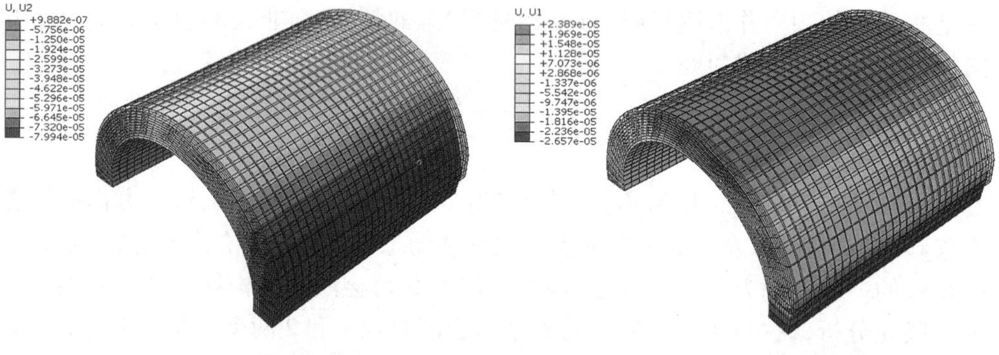

图 6.15 逆挠曲电效应实验试件的静态位移比(加载 1 N/m², 角度 120°, 单位: mm)

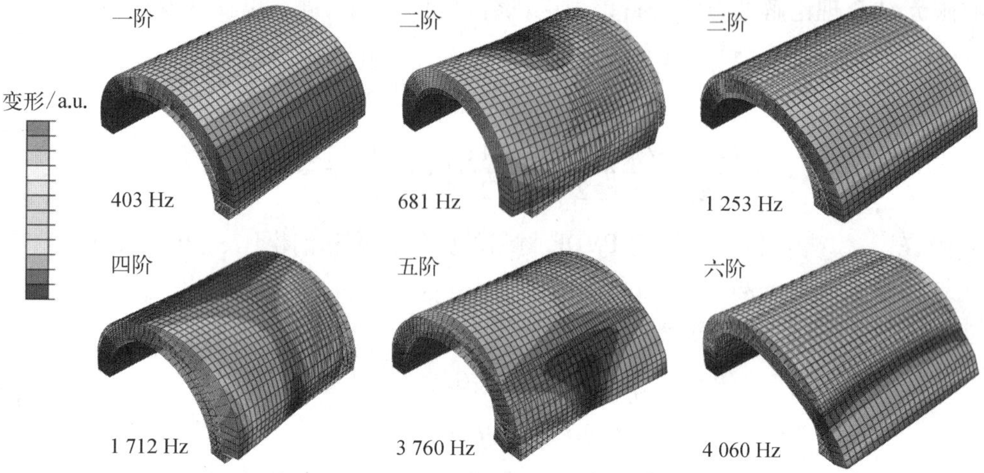

图 6.16 逆挠曲电效应实验试件的模态和固有频率

为了验证图 6.13(a)中所述电容式差分测量微小位移变化的手段,首先进行电容变化测试。使用精度为 2 μm 的螺旋测微计进行大位移的调节,以使得电极极板之间的距离在 10^{-6} m 左右。而如何将待测对象与螺旋测微计进行连接,进行连接件的结构设计,通过连接件将铜质平面电极板与螺旋测微计进行连接,如附图 III.7 所示。实验结果并不理想,与预测结果有较大误差。误差来源主要有以下几点:① 铜质电极的表面处理不够光滑,导致位移调节时粗糙度大,难以调节至理想距离;② 铜电极与测量电路之间的连接导线与连接位置、连接方式等均会较为严重地影响测量结果;③ 环境中的电磁干扰难以排除或减弱;④ 由于重力作用,使得两个电极板并不是完全平行相对。原因①、②、③均难以通过理论等方式进行分析,下面主要针对重力对平面极板的平行情况进行分析,以验证猜想的正确性。

将附图 III.7 中的尼龙材料进行有限元建模和重力加载,如附图 III.8 所示。计算得到铜电极边缘部位由于重力因素造成的最大位移达到了2.7 μm，这使得对称式电极极板变得不再平行，而是互相倾斜，因而简化的电极板模型不再适用。在预实验用连接件刚度较大的情况下仍会发生如此大的重力致变形，说明该方法在实际操作中因重力的影响较大。除此之外，还说明在调节初始位置时，有可能导致铜电极平板的某些位置已经接触，而其他位置还具有较大间隙的情况。经调研和对比，仍利用光学测量+振动隔离的手段进行位移测量。如图6.17所示，实验系统分为电驱动单元、环境隔振单元、非接触式微小位移传感单元和信号处理单元四部分。电驱动单元中的信号源（Agilent TM 33210A）将控制信号送至高压功放（Trek TM 610E）中，并由高压功放将驱动电压送至固定于环境隔振单元（Newport Stabilizer TM S2000）中隔振台上的逆挠曲电试件上。环境隔振单元由气浮系统和固定平台构成，能够减弱环境振动和噪声对实验的干扰。非接触式微小位移光学测量单元（Polytec TM OFV－505）将测量得到的微小变形经过信号转换后送至信号处理单元（NI PXI 1050 TM），以便数据处理和存储。值得注意的是，该实验系统除了非接触式微小位移光学测量单元中的光学测量头置于固定平台之外，其余设备需全部放置于固定平台之外，以防设备开启后的机械振动或电磁干扰对实验造成干扰。由于待测材料是PVDF，具有一定的透明度，因此材料在受到激光照射时会产生散射，影响激光的反射和测量的可靠性。

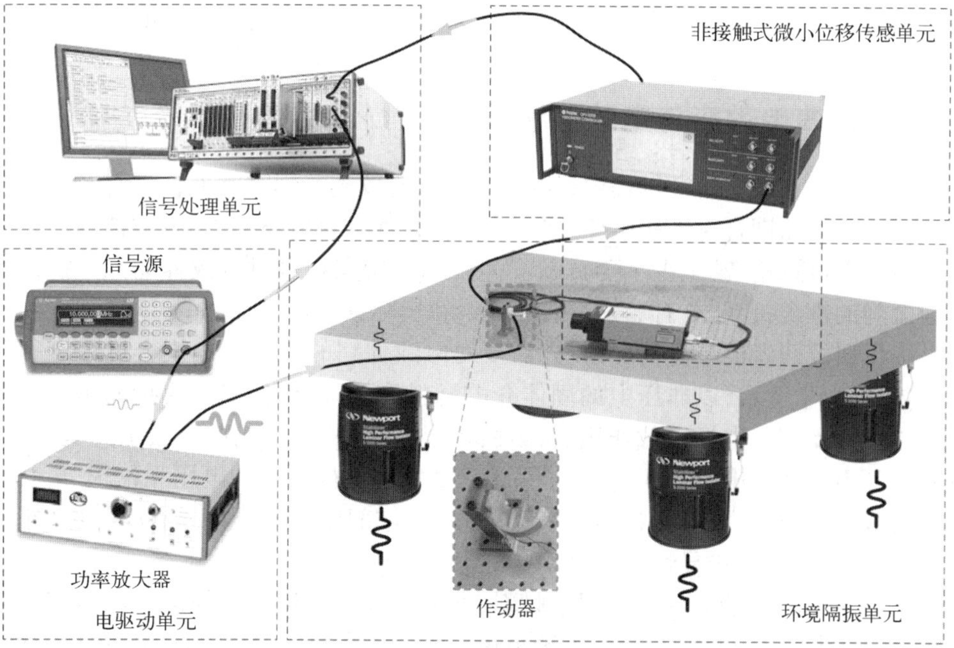

图6.17 逆挠曲电实验系统框图

在搭建完实验平台后，首先需要对待测材料的耐高压情况进行实验评判和分析，以防在实验过程中材料属性发生变化，产生压电效应，影响对逆挠曲电效应的研究。虽然已有实验结果验证本实验涉及的电场强度数量级完全不足以将 PVDF 极化，但仍有必要对该材料的压电特性进行实验验证，以保证实验结果的高可信度。将 PVDF 切成多个厚度为 1 mm、直径为 30 mm 的圆薄片，并率先对薄片进行 XRD 衍射测试其衍射峰的组成情况，从而证明材料的非压电性。对不同的圆薄片分别加不同形式的电压再对其进行 XRD 衍射测试，来观察材料在受到电压作用前后是否会发生相变，从而产生压电效应，影响对逆挠曲电效应的验证。考虑一般可能的实验时长，本实验的电压加载时长为 30 min，而考虑到实验可能既会用到直流电，也可能用到交流电，而交流电不会对材料造成极化效果，本实验以直流电的验证为主。根据实验可能达到的最大电场强度数量级预测，直流电电压分别为 10^3 V、2×10^3 V、3×10^3 V、4×10^3 V 及交流 4×10^3 V_{p-p}。在对元薄片分别进行如上所述极化实验后分别对各自表面进行 XRD 衍射测量。实验结果表明，不同电压下材料的扫描结果几乎一致，因此实验涉及的电场强度数量级确实不足以对材料属性产生变化。

将实验结果代入式(6.12)并考虑到不同逆挠曲电系数分量处于同一数量级，将高阶小量简化省略后，导致逆挠曲电系数分量 $\mu_{\phi\phi\rho\rho}$ 无法获取，从而只求得了 $\mu_{\rho\rho\rho\rho}$ 的值为 2.48×10^{-10} C/m。由于 2 向的理论预测与实验测得的结果有 12% 左右的误差，其原因可能是由于理论的简化，具体解释有待进一步研究和实验验证，但逆挠曲电系数 $\mu_{\rho\rho\rho\rho}$ 的获取有助于在应用中对作动器的位移输出进行有效预测。

6.4 逆挠曲电效应与电致伸缩效应

在力电耦合效应研究过程中，与压电-挠曲电效应的耦合类似，电致伸缩-逆挠曲电效应之间的耦合也无法避免，在一些实验条件和材料条件下，电致伸缩产生的变形贡献不可忽略，甚至占主要贡献[207]。因此，研究和探讨电致伸缩和逆挠曲电效应之间的耦合关系，具有非常重要的理论和实际意义。

为了研究两者的耦合情况，首先需要对电致伸缩的基本力电耦合过程进行分析。如图 6.18 所示，以非压电的固体介电材料为例，电致伸缩主要指的是材料两侧的电极在受到外电场加载作用后，表面积聚电荷，从而互相产生吸引的电场力，这种电场力加载在电极之间的介质上，由于加载在电极对上的电压无论正负，其都为互相吸引的作用力，对材料形成挤压，从而产生挤压变形；同时，材料内部本来重合的正、负电荷中心被异性电荷吸引导致分离及偶极子产生，从而形成材料膨胀；材料的挤压和膨胀趋势共同作用于材料，产生最终的变形。当外加电场强度为正弦波时，如图 6.18(a)上部所示，无论是在电压正负半周期，电场对材料的挤压均相同，且无论是等效电荷中心的正、负中心相对位置如何(上正下负或上负下正)排布，对材料产生的变形如图 6.18(a)下部所示，形成了沿高度方向的半正弦形状拼接状态。分别对加载电压和位移波形进行频谱分析便可得到图 6.18(b)所示的结果。可以发现，与逆挠曲电效应不同的是，电致伸缩过程会产生相对加载频率的偶次谐波，且幅值逐渐减小。从这个明显的特征便可对电致伸缩与逆挠曲电效应的耦合情况进行分析和解耦：对变形的实时波形进行幅值谱分析后，产生的偶次谐波贡献可认为是由电致伸缩构成的，且可通过偶次谐波中二次谐波的幅值大小对电致伸缩在总变形中的贡献程度进行定量计算和分析。

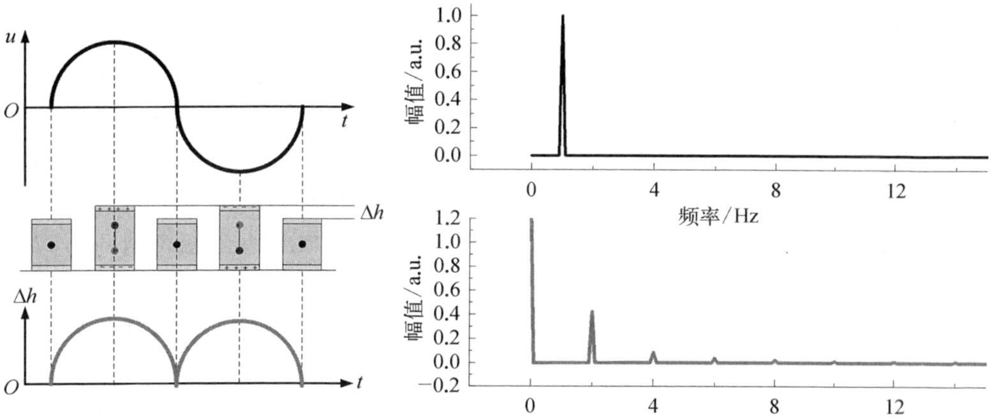

(a) 逆挠曲电效应和电致伸缩效应在力电耦合过程中高度变化与驱动电压之间的定性关系

(b) 实测结果的幅值谱

图 6.18　逆挠曲电效应和电致伸缩的力电耦合过程

值得一提的是，电致伸缩在宏观尺度的效应水平十分有限，而随着尺度减小，其贡献明显变大，这一点与逆挠曲电效应具有相似性。除此之外，由于电介质材料的击穿特性也具有尺寸相关性，电致伸缩效应在小尺度下，即便是等比例加载了更小的电压，也往往会更容易导致材料的击穿。

第 7 章

挠曲电效应的调控

挠曲电效应的力电耦合程度和能量转化效率仍处于较低水平。根据挠曲电效应的定义,挠曲电效应的增强方法主要考虑挠曲电系数值的提升和应变梯度水平的提高。目前,挠曲电系数的提升仍无明确的技术路线或方案,一般认为其与介电常数正相关。从明确的材料体系看,连续地实现介电常数的调控具有较大难度;从应变梯度的调控看,力学设计具有空前的优势;从材料角度看,具有巨大弹性变形能力的材料天然地具有产生巨大应变梯度的可能性,因而一类介电材料具有得天独厚的优势,即介电弹性体。介电弹性体因其可拉伸性和化学稳定性在上述应用中多作为基底材料或是功能材料。其大变形能力将更有利于应变梯度诱导的挠曲电效应的产生。

7.1 挠曲电系数调控的重要性

无论是从挠曲电效应类型,还是从材料角度看,挠曲电效应的力电耦合水平程度仍然处于较低水平,虽然物理含义不同,挠曲电效应无法与压电效应直接比较,但从能量转换效率角度进行粗略换算可以明确发现这个问题。如何大幅度提升该效应的力电耦合水平是领域内研究者关注的重点,也是研究工作的难点,更是基于挠曲电效应应用研究的前提。当前挠曲电效应的力电耦合过程表达公式是从其宏观物理定义角度出发开展的,导致挠曲电系数的物理内涵无法从公式得以表达,如果能从微观角度,如分子尺度的等效电荷中心随应变梯度产生而发生的变化进行研究,得出的应变梯度与某方向电极化程度之间的关系,便有望获得具有更多物理内涵的挠曲电系数表达式。从应变梯度角度看,只有产生巨大变形能力的材料才有可能具有巨大应变梯度。除此之外,对应变梯度的设计应向更小几何尺度进军,以发挥其尺度效应优势,另外从总体效应水平角度看,尺度越小,单位体积内的有效“单元”越多,力电耦合效应越明显。因此,介电弹性体作为一类满足大变形需求的材料得到了空前关注。

介电弹性体中挠曲电效应的研究和探索最早可以追溯到 1988 年,Marvan[208] 及其合作者进行了一项关于介电弹性体挠曲电效应机理研究,为介电弹性体挠曲电效应的研究打下基础。该研究中介电弹性体的挠曲电系数的理论预测与实验结果的数量级均在 10^{-11} C/m。介电弹性体是一种具有交联网络的高分子材料，在交联结点的作用下，高分子链的运动将会受到很大的限制，但 Marvan 当时提出的模型并未考虑交联结点的影响。

7.2　宏观尺度下的力学调控

7.2.1　预设应变梯度

为了兼顾研究的普遍适用性，本节没有采用高对称性晶体结构，而是以非压电 PVDF 为例，其分子结构及其排布具有一定的随机性[209-216]。PVDF 结晶相中主要含有 α、β、γ、δ 四种晶相，其中 α－PVDF 为非极化相，最为常见[145, 217-220]。β－PVDF 为极化相，α－PVDF 和 β－PVDF 的分子链模型如图 7.1 所示。可假设：当 PVDF 梁受到弯矩作用时，部分非极化相 PVDF 有可能因为受到局部的力学载荷转变为极化相 PVDF，这就为力学调控挠曲电效应提供了可能性。基于此假设，本节开展预应变梯度增强挠曲电效应的研究。

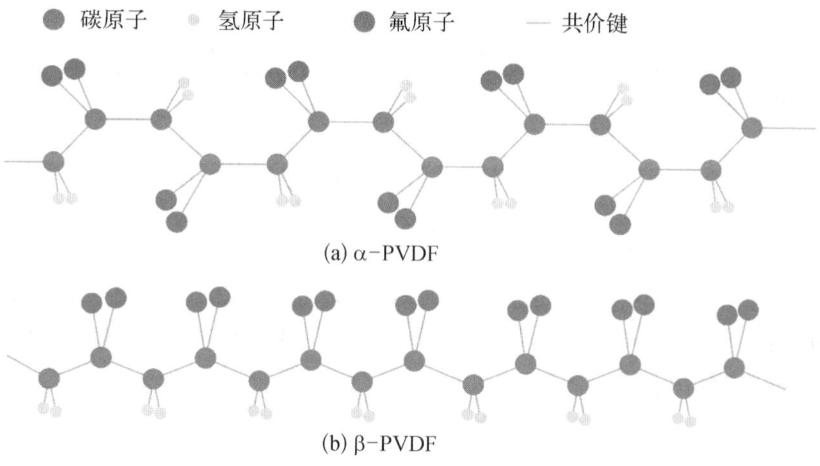

图 7.1　两种 PVDF 的分子链等效模型

采用图 7.1 所示的分子链模型进行分析，选取主链上含 4 个碳原子的模型为单体 A，将其沿碳链方向进行投影，如图 7.2 所示（标注碳原子、氟原子和氢原子为 C、F 和 H），碳链上下侧均分布着氟原子和氢原子，初始状态下单体 A 的偶极矩为零。

当预应变梯度施加时，一部分单体 A 会转变为另一种形式，即单体 B。将单体

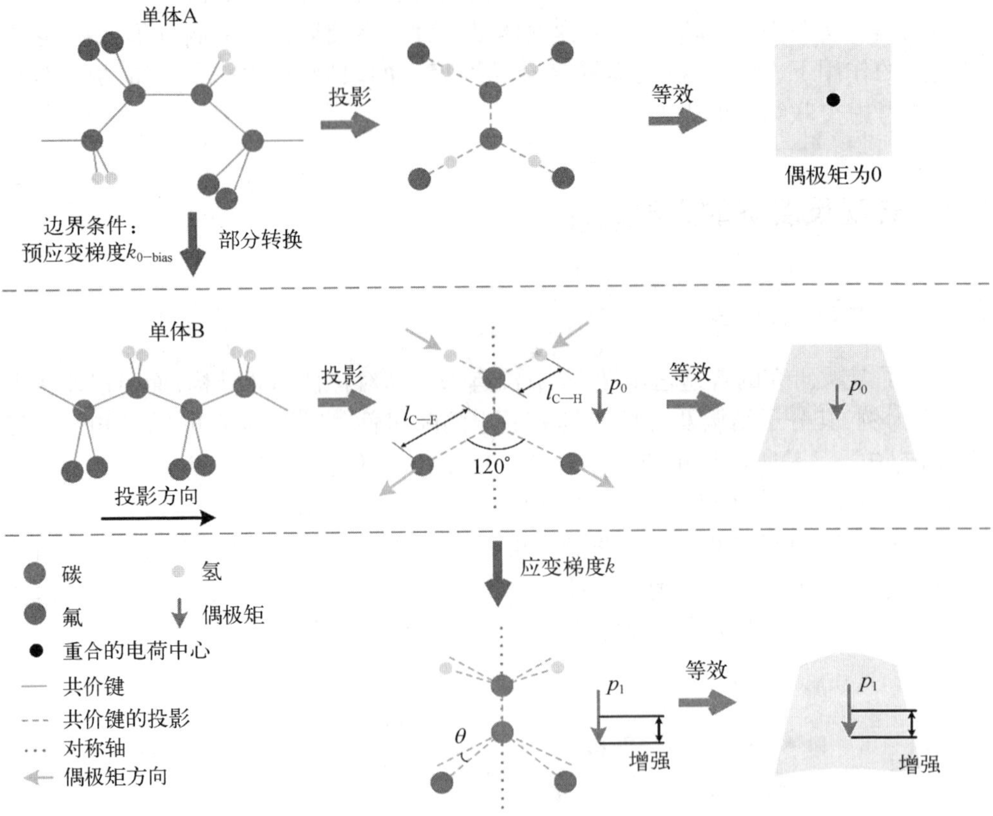

图 7.2　预应变梯度增强挠曲电效应的分析

B 沿碳链方向进行投影，碳链上侧分布有氢原子，下侧分布有氟原子。单体 B 沿纵向的对称轴对称，其偶极矩由 C—F 和 C—H 共同贡献。碳、氟、氢的电负性不同，C—F 偶极矩方向由碳原子指向氟原子，C—H 偶极矩方向由氢原子指向碳原子。单体 B 的偶极矩 p_0 为

$$p_0 = (4ql_{C—F} + 4ql_{C—H})\cos\frac{\pi}{3} = 2ql_{C—F} + 2ql_{C—H} \tag{7.1}$$

其中，q 为元电荷电量，其值为 1.60×10^{-19} C；$l_{C—F}$ 为碳原子和氟原子正负电荷中心的距离；$l_{C—H}$ 为碳原子和氢原子正负电荷中心的距离。

当施加弯矩 M，应变梯度 k 会使单体 B 发生变形，如图 7.2 所示，变形后的单体 B 的偶极矩 p_1 为

$$p_1 = 4ql_{C—F}\cos\left(\frac{\pi}{3} - \theta\right) + 4ql_{C—H}\cos\left(\frac{\pi}{3} + \theta\right) \tag{7.2}$$

其中，θ 为偶极矩分量 C—F 和 C—H 的偏转角。

角度 θ 与应变梯度 k 的关系为

$$\begin{cases} \cos\left(\dfrac{\pi}{3}-\theta\right)=\dfrac{\left(kl_{\mathrm{C—F}}\cos\dfrac{\pi}{3}l_{\mathrm{C—F}}\sin\dfrac{\pi}{3}\right)\tan\dfrac{\pi}{6}+l_{\mathrm{C—F}}\cos\dfrac{\pi}{3}}{l_{\mathrm{C—F}}} \\ \qquad\qquad\quad =\dfrac{kl_{\mathrm{C—F}}+2}{4} \\ \cos\left(\dfrac{\pi}{3}+\theta\right)=\dfrac{l_{\mathrm{C—H}}\cos\dfrac{\pi}{3}-\left(kl_{\mathrm{C—H}}\cos\dfrac{\pi}{3}l_{\mathrm{C—H}}\sin\dfrac{\pi}{3}\right)\tan\dfrac{\pi}{6}}{l_{\mathrm{C—H}}} \\ \qquad\qquad\quad =\dfrac{2-kl_{\mathrm{C—H}}}{4} \end{cases} \tag{7.3}$$

将式(7.3)代入式(7.2)中，可以得到简化后的偶极矩 p_1，即

$$p_1=(kl_{\mathrm{C—F}}+2)ql_{\mathrm{C—F}}+(2-kl_{\mathrm{C—H}})ql_{\mathrm{C—H}} \tag{7.4}$$

单体 B 增强的偶极矩值为

$$p_{\mathrm{enhance}}=p_1-p_0=kq(l_{\mathrm{C—F}}^2-l_{\mathrm{C—H}}^2) \tag{7.5}$$

假设预应变梯度导致单体 A 转变为单体 B 的数量为 N，认为 N 与预应变梯度 $k_{\text{0-bias}}$ 正相关。模型的体积为 V，定义 η 为 N 相对于应变梯度 $k_{\text{0-bias}}$ 的系数。由于预应变梯度增强的极化强度 P_{enhance} 为

$$P_{\mathrm{enhance}}=\frac{Np_{\mathrm{enhance}}}{V}=\frac{\eta k_{\text{0-bias}}kq(l_{\mathrm{C—F}}^2-l_{\mathrm{C—H}}^2)}{V} \tag{7.6}$$

测量得到的极化强度 P_{m} 由式(7.1)和式(7.6)共同贡献，其表达式为

$$P_{\mathrm{m}}=\frac{(1+2u)q}{8a}k+\frac{\eta k_{\text{0-bias}}kq(l_{\mathrm{C—F}}^2-l_{\mathrm{C—H}}^2)}{V} \tag{7.7}$$

当材料参数和应变梯度 k 确定且认为是常数时，增强的极化强度 P_{enhance} 与预应变梯度 $k_{\text{0-bias}}$ 的关系可以简化为

$$P_{\mathrm{enhance}}\sim k_{\text{0-bias}} \tag{7.8}$$

增强的极化强度 P_{enhance} 与忽略预应变梯度影响时的 P 在量级上相近。通过调整预

应变梯度，有希望增强 PVDF 的挠曲电效应。

本节选用四点弯实验方法进行梁式结构的加载，如图 7.3(a)所示。电极布置在 PVDF 梁上下表面的中部区域。首先使用固定预应变梯度(弯矩偏置)，多次测量试样在不同应变梯度(弯矩幅值)时的电荷输出，继而计算得到的极化强度 P_m。预应变梯度为 1.63 m^{-1}时的极化强度与应变梯度的关系如图 7.3(b)所示。挠曲电系数为$(1.42\pm0.08)\times10^{-9}$ C/m。

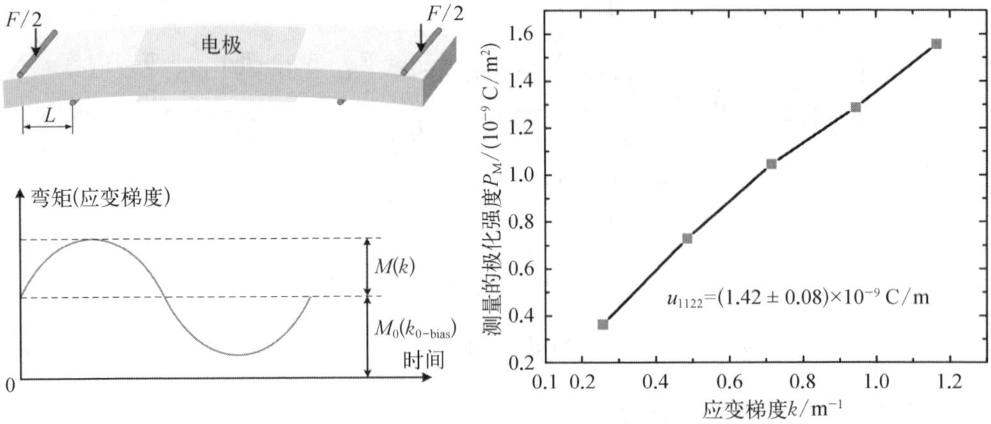

(a) 试样和四点弯实验方法

(b) 预应变梯度为1.63 m^{-1}时的极化强度与应变梯度的关系

图 7.3　四点弯实验方法

为了研究预应变梯度对挠曲电效应的增强效果，将不同预应变梯度(偏置)分别施加在 PVDF 梁上，其中 PVDF 梁试样的尺寸如表 7.1 所示。在不同预应变梯度下，非极化 PVDF 的极化强度与应变梯度的关系如图 7.4 所示。在应变梯度为 1.16 m^{-1}、预应变梯度由 1.16 m^{-1}增加至2.10 m^{-1}时，极化强度由 7.73×10^{-10} C/m^2增加至 2.15×10^{-9} C/m^2。通过调节预应变梯度(偏置)，PVDF 梁的极化强度增加至原来的 2.8 倍。

表 7.1　增强方法中的 PVDF 梁试样尺寸　　(单位：mm)

变　量	长	宽	厚
取　值	70	20	6

为了进一步分析预应变梯度与增强的极化强度的关系，本书计算了预应变梯度变化值 $\Delta k_{0\text{-bias}}$(即预应变梯度 $k_{0\text{-bias}}$与最小预应变梯度 1.16 m^{-1}的差)。图 7.5 为固定应变梯度(幅值)为 0.72 m^{-1}、0.94 m^{-1}及 1.16 m^{-1}时的增强极化强度 $P_{enhance}$与

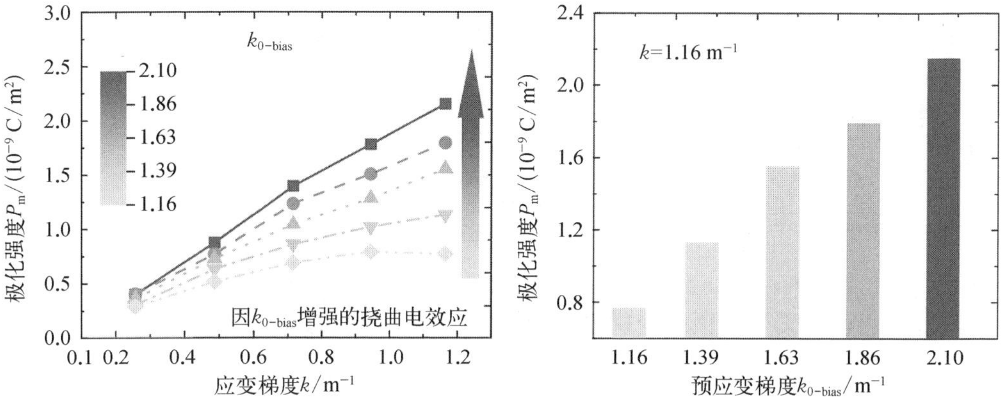

(a) 不同预应变梯度下非极化PVDF材料的极化强度与应变梯度的关系

(b) 在应变梯度为1.16 m^{-1}时测量的极化强度与预应变梯度的关系

图7.4　实验结果

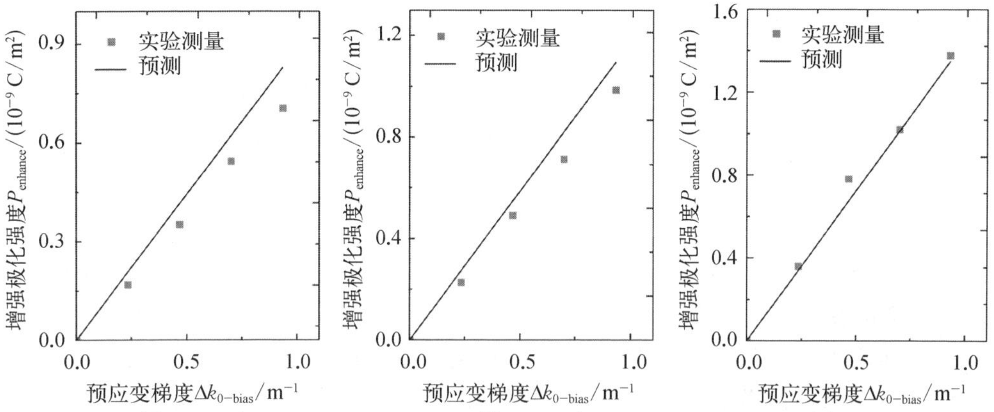

(a) 0.72 m^{-1}　(b) 0.94 m^{-1}　(c) 1.16 m^{-1}

图7.5　增强极化强度 $P_{enhance}$ 与预应变梯度变化值 Δk_{0-bias} 关系的预测和实验结果

预应变梯度变化值 Δk_{0-bias} 关系的预测和实验结果的对比。固定应变梯度(幅值)为0.72 m^{-1}、0.94 m^{-1}及1.16 m^{-1}时,预测与实验结果的最大相对误差分别为14.82%、9.87%和0.88%,这些误差产生的原因为试样内部存在缺陷,在理论分析中忽略了缺陷的影响、试样加工误差、实验测量误差等。

为了验证偏置项-预应变梯度会使PVDF发生相与相之间的转变,利用四点弯实验方法,测试不同静态弯矩作用下梁的电容值。由于平板电容模型在应变梯度作用时不再适用,应采用圆环电容模型。对于圆环电容器和平板电容器,电容值在几何尺寸不变的情况下是材料相对介电常数的体现,而介电常数是表征介质材料内部极化特性的参数之一,因此电容值的变化可以在一定程度上表示材料是否发生相变。

对于圆环形电容,假设其内径为 r,外径为 R,高度为 l,则电容为

$$C = \frac{2\pi\varepsilon_{\mathrm{r}} l}{\ln \frac{R}{r}} \tag{7.9}$$

静态力使四点弯梁产生预应变梯度时,如图 7.5(a)所示,其电容为

$$C = \frac{l_{\mathrm{e}} k_{0\text{-bias}}}{2\pi} \frac{2\pi\varepsilon_{\mathrm{r}} l_{\mathrm{b}}}{\ln \dfrac{\dfrac{1}{k_{0\text{-bias}}} + \dfrac{h}{2}}{\dfrac{1}{k_{0\text{-bias}}} - \dfrac{h}{2}}} = \frac{\varepsilon_{\mathrm{r}} l_{\mathrm{b}} l_{\mathrm{e}} k_{0\text{-bias}}}{\ln \dfrac{2 + k_{0\text{-bias}} h}{2 - k_{0\text{-bias}} h}} \tag{7.10}$$

其中,h 为梁的高度;当预应变梯度 k 为 0 时,梁式结构等效为平板电容器,其电容为

$$C = \frac{\varepsilon_{\mathrm{r}} l_{\mathrm{b}} l_{\mathrm{e}}}{h} \tag{7.11}$$

对四点弯梁受到静态力作用前后,选用阻抗测量仪进行电容测试。为了保证测试的准确性,每次均在静态力加载 2 min 后读取电容值,且在阻抗分析仪中设置有 200 次平均,测试结果如图 7.6(b)深色线所示。如果预应变梯度不能使材料内部发生相变且介电常数不变,其电容曲线应为图 7.6(b)浅色线所示。实验测试结果与理论解变化趋势不同,实验测试电容变化量(力学调控的贡献)约为 1.57%,假设介电常数不变时的电容理论解变化量小于 0.03%,且变化方向不同。

为了进一步观测预应变梯度对材料特性的影响,本节通过 X 射线衍射仪对不同预应变梯度下的 PVDF 进行了 XRD 分析,如图 7.6(c)所示。为了对比不同预应变梯度下 PVDF X 衍射曲线的变化,将 10°的强度定义为零。晶面初始调零后的 XRD 强度和其对角度的积分随着预应变梯度的增加而减小,如图 7.6(d)和(e)所示。因此,从电容变化的角度和 XRD 图谱验证了预应变梯度使 PVDF 内部有可能发生相与相之间的转换。

实验结果表明通过改变预应变梯度,α - PVDF 挠曲电效应增强至原来的 2.8 倍。结合本调控方法的假设,预测了预应变梯度对不同材料的增强效果。

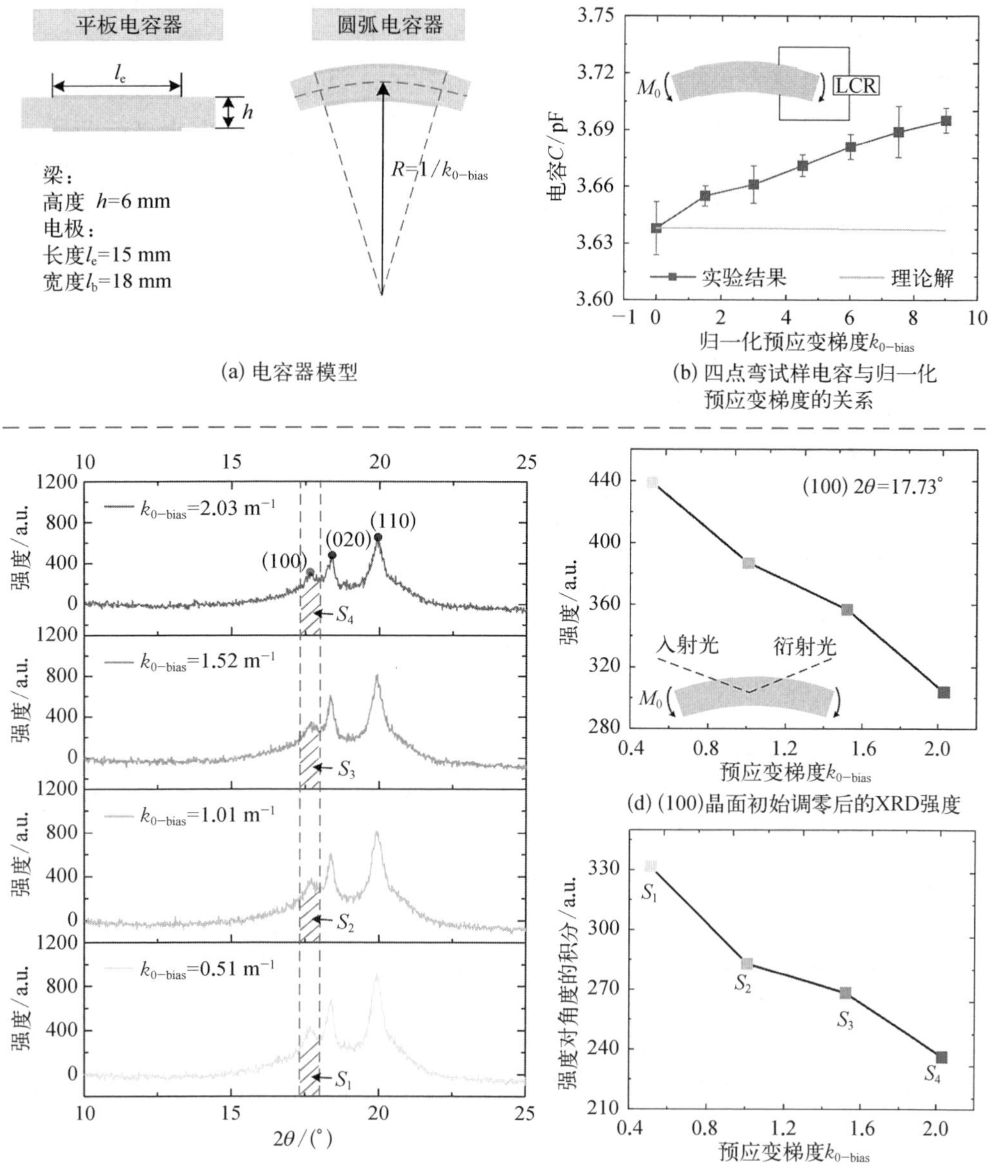

(a) 电容器模型

(b) 四点弯试样电容与归一化预应变梯度的关系

(c) 不同预应变梯度时PVDF材料初始调零后的XRD图谱

(d) (100)晶面初始调零后的XRD强度

(e) (100)晶面初始调零后强度的积分结果

图 7.6　PVDF 材料发生相与相之间的转变

7.2.2 介电弹性体交联密度与挠曲电效应间的关系

前面提到，介电弹性体是一类变形能力强、生物相容性好并具有交联密度和弹性模量可调控性的力电耦合材料[221, 222]，其具有交联网络，基底中的高分子链被交联结点通过化学键的方式连接以及固定，如图 7.7(a)中的三维模型所示，图7.7(b)是介电弹性体的二维简化模型，本书将交联网络简化成整齐排列的正方形网格，其中正方形网格的顶点为交联结点，四条边为高分子链。从三维的角度看，介电弹性体则可以看成均匀排列的立方体网络结构，其交联网络的尺寸大小可以由交联密度来控制。

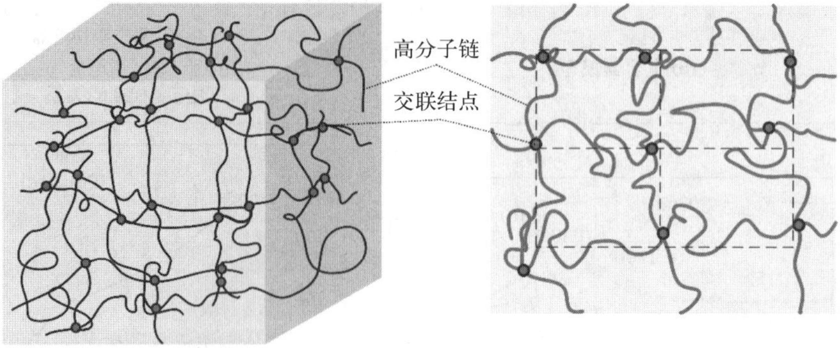

(a) 介电弹性体三维模型 (b) 介电弹性体的二维简化模型

图 7.7 介电弹性体三维模型及二维简化模型

介电弹性体的力学特性可以通过改变其交联密度来调控，含有更稠密交联网络的介电弹性体具有更高的弹性模量，而含有更稀疏交联网络的介电弹性体则具有更低的弹性模量。以 PDMS 这种成熟的商业介电弹性体材料为例，实验测量其在不同交联密度下的弹性模量。PDMS 的弹性模量可以通过改变其交联密度（基底和交联剂的质量比）来实现精确调控。图 7.8 是 PDMS 试件的材料制备流程，PDMS 的基底和交联剂以一定比例混合，经过充分搅拌后倒入定制的铝制圆柱模具，静置 4 h 使其内部的气泡排除。将含有混合液的模具随后放置在加热台并在 60 ℃下保温 24 h，使 PDMS 固化成型。用以上方法制备 10 种不同基底和交联剂质量比（5：1、8：1、10：1、12：1、14：1、16：1、18：1、20：1、25：1 和 30：1）的 PDMS 圆柱试件，尺寸为高 $h=10$ mm，半径 $r=15$ mm，并进行弹性模量的实验测量。

不同交联密度下 PDMS 试件的弹性模量 E 由材料试验机（Instron 5848）通过压缩测试获取。压缩测试的步骤为应变从 0 加载到 15%，通过压缩位移和压缩载荷之间的关系计算得到材料的弹性模量。另外，根据介电弹性体的交联网格尺寸 a 与弹性模量的关系，有

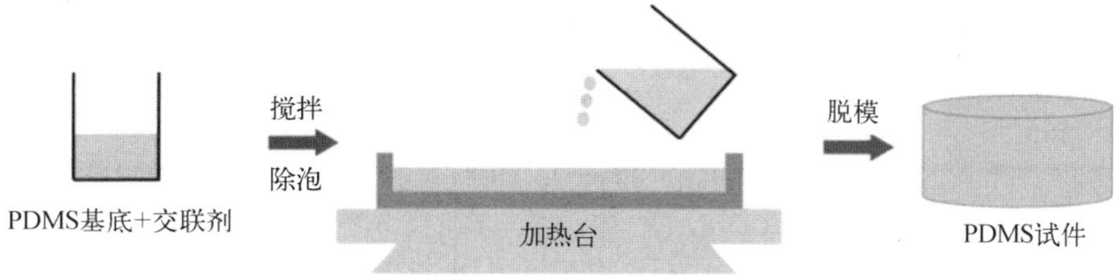

图 7.8　PDMS 试件制备流程

$$a = \left(\frac{kT}{E}\right)^{\frac{1}{3}} \tag{7.12}$$

其中，k 为玻尔兹曼常数；T 为材料温度（常温为 298 K，kT 则为 4.11×10^{-21} J）。可得到不同交联密度下 PDMS 的弹性模量和交联网格尺寸的关系如表 7.2 和图 7.9(a) 所示。

表 7.2　不同交联密度下 PDMS 的弹性模量和交联网络尺寸

交联密度	5∶1	8∶1	10∶1	12∶1	14∶1	16∶1	18∶1	20∶1	25∶1	30∶1
弹性模量 E/MPa	3.93	3.18	2.80	2.16	1.93	1.84	1.60	1.01	0.75	0.36
网络尺寸 a/nm	1.02	1.09	1.14	1.24	1.29	1.31	1.37	1.60	1.76	2.25

根据早期学者的预测，材料的挠曲电效应一般与其相对介电常数呈正相关关系，也就是说，介电常数越大，挠曲电系数越大。因此，对不同交联密度 PDMS 的相对介电常数进行了实验测量。相对介电常数 ε_r 可由测量平行电容板的电容并通过式(7.13)得到：

$$\varepsilon_r = \frac{4\pi kdC}{\varepsilon_0 S} \tag{7.13}$$

其中，C 为平行电容板电容；S 为电极面积；k 为静电力常量，8.85×10^{-12} F/m；d 为平行电容板的厚度。

如图 7.9(b) 所示，在 PDMS 圆柱形试件上下表面铺设电极，可通过 LCR 表（IM 3533－01）测量其在 1 kHz 下的电容值，计算得到不同交联密度下 PDMS 的相对介电常数。实验测得介电弹性体在 1 kHz 下的相对介电常数在 2.9 左右波动，并不随交联密度的变化呈明显变化，其波动的误差主要来源于测量过程中导线的位置变化、不同交联密度试件的尺寸偏差和电极面积的误差等。因此，交联密度不影响PDMS 的相对介电常数。

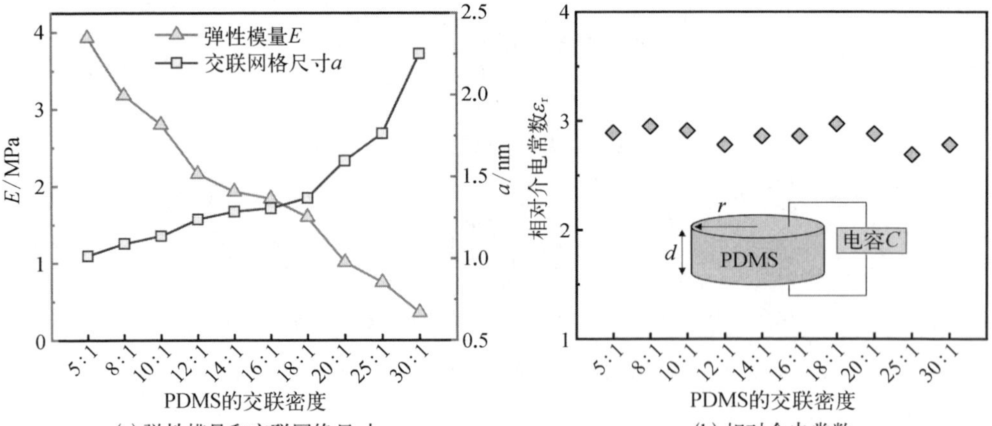

(a) 弹性模量和交联网络尺寸

(b) 相对介电常数

图 7.9　不同交联密度 PDMS 材料的特性

介电弹性体的力学特性(弹性模量等)由其交联密度决定。考虑交联密度的介电弹性体及其挠曲电效应产生机理如图 7.10 所示。以宏观的介电弹性体梁为例，取其中的一部分微元进行分析，介电弹性体中的高分子链被交联结点通过化学键的方式相互连接，高分子链在介电弹性体中被交联结点固定，假设交联结点在介电弹性体内均匀分布，构成了无数个重叠的理想立方体结构。其中，立方体结构的顶点和棱边分别是交联结点和高分子链。

当对介电弹性体梁施加宏观弯矩，梁在弯曲变形的作用下产生应变梯度，从而导致挠曲电效应的产生。从微观角度看，在力学载荷的作用下，介电弹性体内部的高分子链的长度和位置发生了变化，部分被拉伸，部分被压缩，部分被弯曲。这里假设介电弹性体中的高分子链没有压电性，因此高分子链的拉伸或者压缩(均匀变形)不会产生电极化现象。只有在弯曲变形(应变梯度)的作用下，位于交联结点之间的高分子链上的正负电荷的相对位置才会发生偏离，从而产生电偶极矩。这里，本书认为只有交联结点之间横向的高分子链才会随宏观应变梯度发生弯曲，从而产生相应的电偶极矩，如图 7.10 中黄色的高分子链所示，将其定义为极化梁。其他被拉伸或者压缩的高分子链因不产生应变梯度而被定义为普通梁。介电弹性体的交联网络密度越大，极化梁的密度就会越高，产生的电偶极矩密度也就越大。

宏观的挠曲电极化强度 P_1 即单位体积内电偶极矩的矢量和，为

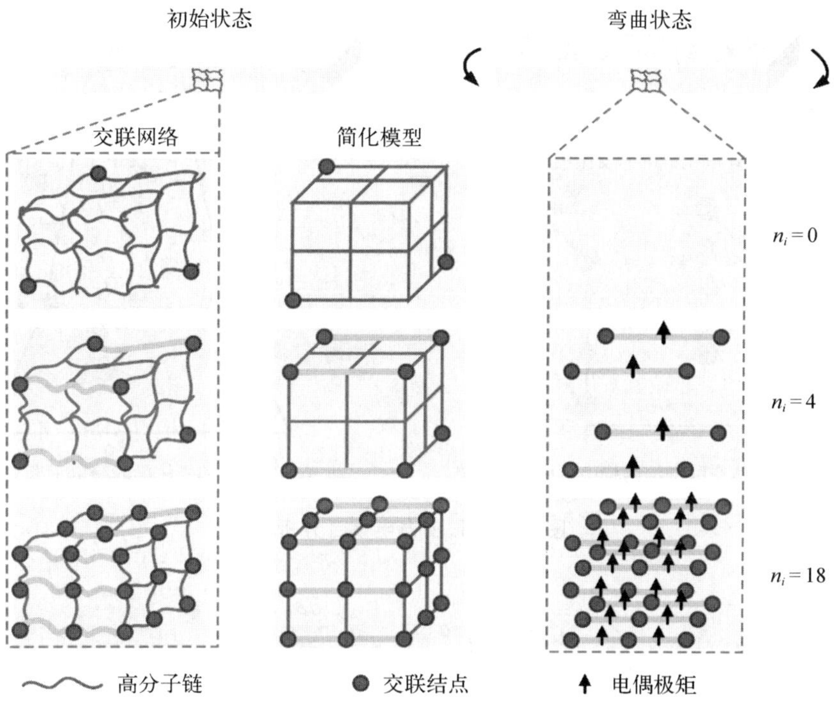

图 7.10　考虑交联网络特性的介电弹性体及其挠曲电效应原理图

$$P_l = n_i p_l = n_i q\Delta \tag{7.14}$$

其中，n_i为单位体积内电偶极矩的数量；p_l为电偶极矩的大小；q 为每个偶极子中包含的等效电荷；Δ 为偶极子的长度。

由图 7.10 的立方体几何结构可知

$$n_i = n(n+1)^2 = \left(\frac{a_0}{a}\right)^3 + 2\left(\frac{a_0}{a}\right)^2 + \frac{a_0}{a} \tag{7.15}$$

其中，n 为单位长度内极化梁的数量；a_0为单位长度；a 为极化梁的长度。

由于极化梁的两端被交联结点固定，其力学模型可以简化为两端简支梁，如图 7.11(a) 所示。在弯矩 M 的作用下，该简支梁因弯曲而产生的偶极子的长度 Δ 可表示为

$$\Delta = m\Delta_c \tag{7.16}$$

其中，m 为关于材料属性的常数；Δ_c为图 7.11(a) 中梁的中性面中点 c 点的位移，可以表示为

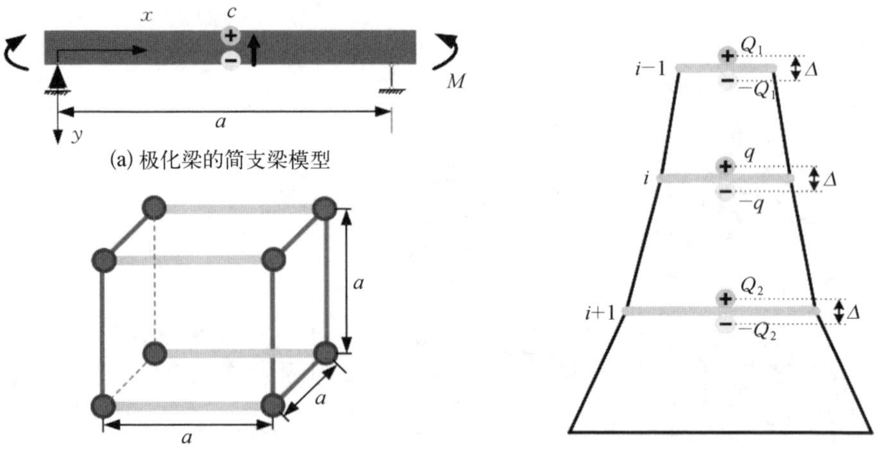

(a) 极化梁的简支梁模型

(b) 立方体交联网格结构中极化梁的分布

(c) 三根相邻极化梁的静电平衡分析

图 7.11 微观力电耦合分析

$$\Delta_c = \frac{M}{8EI_z}a^2 = \frac{1}{8}a^2\frac{\partial \varepsilon_{ij}}{\partial x_k} \tag{7.17}$$

其中，E 为材料的弹性模量；I_z 为矩形截面的惯性矩；a 为简支梁的长度。将式(7.17)代入式(7.16)可得

$$\Delta = \frac{m}{8}a^2\frac{\partial \varepsilon_{ij}}{\partial x_k} \tag{7.18}$$

单个立方体交联网格中的普通梁和极化梁分布如图 7.11(b)所示。将三根沿应变梯度方向分布的相邻的极化梁分别编号为 $i-1$、i 和 $i+1$，如图 7.11(c)所示。对第 i 号极化梁的负电荷 $-q$ 进行静电力平衡分析。假设与其相邻的第 $i-1$ 号和第 $i+1$ 号极化梁因挠曲电效应产生的偶极子的电荷量分别为 $\pm Q_1$ 和 $\pm Q_2$。于是，在忽略其他更远的极化梁对该极化梁的影响的情况下，对于第 i 号极化梁上产生的负电荷 $-q$ 的静电平衡方程可以写为

$$\frac{q}{4\pi\varepsilon_0\varepsilon_r}\left[\frac{Q_1}{(a+\Delta)^2} - \frac{Q_1}{a^2} + \frac{q}{\Delta^2} - \frac{Q_2}{(a-\Delta)^2} + \frac{Q_2}{a^2}\right] = 0 \tag{7.19}$$

将式(7.19)简化后可得

$$Q_1(a+\Delta)^{-2} + q\Delta^2 - Q_2(a-\Delta)^{-2} \approx 0 \tag{7.20}$$

分别将 $(a+\Delta)^{-2}$ 和 $(a+\Delta)^{-2}$ 做泰勒级数展开，化简后可得

$$q \approx (2Q_1 + 2Q_2)\frac{a}{\Delta} \tag{7.21}$$

因此,当材料属性和力学载荷保持不变(Δ 不变)时,根据式(7.18)中的关系 $\Delta \sim a^2$,可得 q 和 a 的关系为

$$q \sim a^{-1} \tag{7.22}$$

因此,可得到介电弹性体挠曲电系数与弹性模量的关系为

$$\mu_{ijkl} \sim E^{\frac{2}{3}} \tag{7.23}$$

介电弹性体的挠曲电系数与其交联网络中高分子链链长(交联网格尺寸)的关系为

$$\mu_{ijkl} \sim a^{-2} \tag{7.24}$$

为了验证前述考虑介电弹性体交联特性挠曲电效应模型,这里采用四点弯横向挠曲电效应测试系统对该模型进行实验验证。由于 PDMS 梁的弯曲刚度很小,实验中采用位移加载方式来实现应变梯度调控。加载点处的位移 $y(l_0)$ 和载荷 F 的关系为

$$y(l_0) = \frac{F(3l_0 - 4L)L^2}{12EI} \tag{7.25}$$

其中,l_0为力臂;L 为下跨距;EI 为弯曲刚度。

梁的上下表面分别布置 PVDF 圆棒来作为四点弯的支点,力学载荷由 MTS 加载设备(MTS - 858)以低频正弦交变的方式提供。在加载棒之间的应变梯度均匀区域铺设附加刚度较低的液态金属电极,并将其连接至电荷放大器(B&K2692)用来采集输出的电荷信号。不同试件在实验中的实际尺寸如附表 II.2 所示。

表 7.3 为不同交联密度 PDMS 横向挠曲电系数的实验测量结果。对于不同交联密度的 PDMS 实验试件,在多次重复实验测量到的电荷偏差均在 10%以内,数据较为可信。随着交联剂质量分数的提高,即弹性模量的升高,PDMS 的横向挠曲电系数也增大,如图 7.12(a)所示。不同弹性模量下(0.36~3.93 MPa)PDMS 的横向挠曲电系数的分布为$(5.8\pm0.1)\times10^{-11} \sim (5.3\pm0.6)\times10^{-10}$ C/m,横跨一个数量级。在不同的弹性模量和交联网格尺寸下,PDMS 的横向挠曲电系数的实验结果与理论预测的对比如图 7.12(b)和(c)所示。结果表明,实验结果与理论预测的趋势具有很好的一致性。这也证明了本节提出的基于介电弹性体交联特性的挠曲电效应模型的合理性。

表 7.3　不同交联密度 PDMS 的横向挠曲电效应实验测量结果

交联密度	5：1	8：1	10：1	12：1	14：1	16：1	18：1	20：1	25：1	30：1
加载位移/mm	0.5	0.5	0.5	0.5	0.5	1.2	0.5	1.2	1.2	1.2
应变梯度/m^{-1}	14.4	14.4	14.4	14.4	14.4	34.4	14.4	34.4	34.4	34.4
电荷量/pC	4.0	3.2	3.0	2.5	2.0	6.0	1.8	5.3	3.5	1.3
电荷量偏差/pC	0.4	0.3	0.3	0.25	0.2	0.2	0.2	0.5	0.2	0.2
挠曲电系数/(10^{-10} C/m)	5.31	4.69	3.82	4.27	3.18	3.10	3.03	2.27	1.52	0.58
误差/(10^{-10} C/m)	0.53	0.44	0.38	0.43	0.32	0.10	0.34	0.21	0.09	0.09

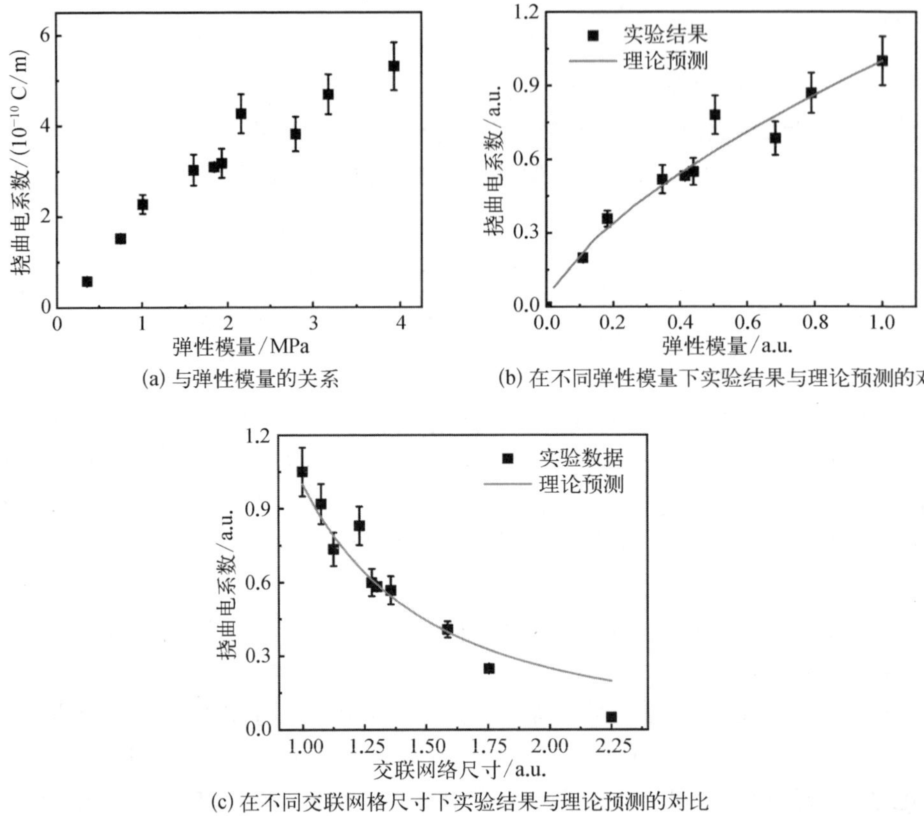

(a) 与弹性模量的关系

(b) 在不同弹性模量下实验结果与理论预测的对比

(c) 在不同交联网格尺寸下实验结果与理论预测的对比

图 7.12　PDMS 材料的横向挠曲电系数

基于以上实验结果和理论推导，明确了介电弹性体的挠曲电系数与其弹性模量之间的关系，可用如下经验公式表示：

$$\mu = \alpha E^{\frac{2}{3}} \tag{7.26}$$

其中，α 为根据实验数据拟合的系数，其大小为 2.38×10^{-14} C/($N^{2/3}\cdot m^{1/3}$)。

为了排除所采用 PDMS 的残余压电效应可能对本实验产生的影响，本书还对 PDMS 的压电性做了测试。结果表明，在不同交联密度下，PDMS 的等效压电系数均低于 0.15 pC/N，这对于挠曲电效应的影响可以忽略不计。而这种等效压电效应的产生原因主要来自介电弹性体理想立方体模型的假设、材料中的杂质及预存的净电荷的影响。

7.2.3　介电弹性体的单轴和双轴预拉伸

介电弹性体由于变形量大、化学性质稳定、密度小、生物相容性好等优点，在软机器人、可拉伸电子、可穿戴设备等方面有着广泛的应用。介电弹性体材料挠曲电系数的数量级在 10^{-10} C/m，约比陶瓷材料的挠曲电系数低 4~6 个数量级，比一些高分子聚合物材料（如 PVDF）低 1~2 个数量级。因此，介电弹性体的挠曲电效应应用在一定程度上受到了制约，有必要从力学和电学两个方面共同考虑提升其挠曲电效应的水平。

由于介电弹性体中的高分子链由交联结点通过化学键连接，因此考虑到微观尺度的均匀性和各向同性，可将介电弹性体中交联网络简化为规则排列的立方体网络结构，其中交联结点和高分子链分别为立方体网格的顶点和棱边，如图 7.13(a)所示。图 7.13(b)是单轴预拉伸下高分子链中电偶极矩在宏观应变梯度下的产生及变化过程。交联结点携带电荷量定义为 $-q$，位于交联结点之间的高分子链携带的等效电荷量为 $+q$，等效正电荷中心位于高分子链的中点处。由于交联结点和高分子链在横向方向重复排列，在初始条件下，正负电荷中心重合，初始电偶极矩 $p_0=0$。当对材料施加宏观尺度的弯曲变形（应变梯度），交联结点因其化学键的作用保持在相对稳定的位置，而位于交联结点之间的高分子链则会随之弯曲，此时正负

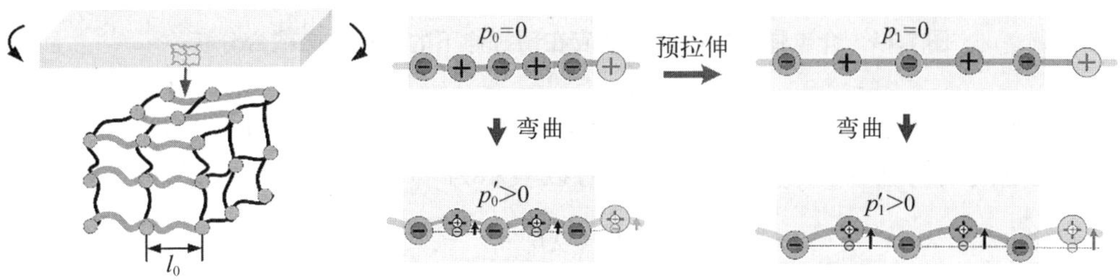

(a) 含交联网络的介电弹性体　　(b) 单轴预拉伸下交联结点之间的高分子在宏观应变梯度下电偶极矩的产生及变化过程

图 7.13　考虑单轴预拉伸的介电弹性体挠曲电效应原理图

电荷中心发生偏离，从而产生电偶极矩 $p_0' > 0$。当仅对材料进行单轴预拉伸时，交联结点之间的高分子链会被拉长，但其正负电荷的中心仍然重合，此时的电偶极矩 $p_1 = 0$。当在单轴预拉伸的基础上继续施加弯曲载荷，在预拉伸和弯曲的作用下，正负电荷的中心比未施加预拉伸时偏离得更远，因此也会产生更大的电偶极矩 $p_1' > p_0'$。

1. 单轴预拉伸

为了准确地描述单轴预拉伸对介电弹性体挠曲电效应的调控作用，可将高分子链假设为基于小变形假设的铁摩辛柯梁模型。当对一介电弹性体横梁在宏观尺度下施加弯矩时，基于连续性假设，介电弹性体交联网络中的每个微观立方体单元均受到该弯矩的作用。在厚度方向取一列规则排列的立方体单元结构进行分析，如图 7.14(a)所示。该立方体单元的每条棱简化成微型的梁结构。在宏观弯曲变形的作用下，各个位置上的微梁会受到不同的力学载荷，包括弯曲、拉伸和压缩。而只有横向的微梁(图 7.14(a)中标记为绿色的高分子链)会因弯曲而产生挠曲电效应，剩余的微梁仅会产生拉伸或者压缩的均匀变形，从而不会产生电极化效应。假设立方体单元结构按照梁厚度方向分布的数量为 $2n$，从上至下依次编号为 $1\sim2n$。对应一个面上的微梁结构的数量则为 $2n+1$ 个，依次编号为 $a_0\sim a_{2n}$。

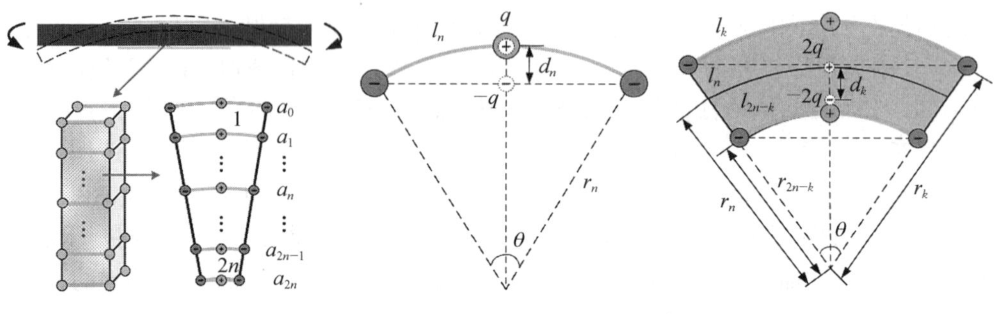

(a) 微观交联网络随宏观应变梯度的变形形式　(b) 位于中性层上的单根高分子链在弯曲下的力电耦合模型　(c) 关于中性层对称的两根高分子链在弯曲下的力电耦合模型

图 7.14　介电弹性体挠曲电效应在预拉伸下的微观力电耦合分析

当对一根介电弹性体梁施加宏观的单轴预拉伸时，对于图 7.14(a)所示的立方体单元重复结构，横向微梁 a_k 的长度 l_k 可以表示为

$$l_k = \lambda l_0 \tag{7.27}$$

其中，λ 为单轴预拉伸率；l_0 为微梁的原长。在此基础上对该梁再施加一个特定的弯矩，该梁的中性面产生的曲率可表示为 κ。对于处在中性面上的微梁 a_n，根据梁的中性面在弯曲过程中长度不变的假设，易知

$$\kappa = \frac{1}{r_n}, \quad l_n = r_n\theta \tag{7.28}$$

其中，r_n为梁 a_n的曲率半径；l_n为梁 a_n的长度；θ 为梁 a_n对应的弯曲角度。

如图 7.14(b)所示，在曲率 κ 的作用下，梁 a_n上正负电荷的中心产生偏离，其中偏离的距离 d_n可表示为

$$d_n = r_n - r_n\cos\frac{\theta}{2} = \frac{1}{\kappa}\left(1 - \cos\frac{\theta}{2}\right) \tag{7.29}$$

因此梁 a_n由于正负电荷中心偏离而产生的电偶极矩可以表示为

$$p_n = q \cdot d_n = \frac{q}{\kappa}\left(1 - \cos\frac{\theta}{2}\right) \tag{7.30}$$

其中，q 为微梁上正负电荷携带的等效电荷量。

因弯曲产生的电偶极矩 p_k和 p_{2n-k}之和可以表示为

$$p_k + p_{2n-k} = 2q \cdot d_k \tag{7.31}$$

其中，d_k为微梁 a_k和 a_{2n-k}中等效正负电荷中心的偏移量。根据几何关系，可知

$$\kappa = \frac{1}{r_n}, \quad l_n = r_n\theta, \quad l_k = r_k\theta, \quad l_{2n-k} = r_{2n-k}\theta \tag{7.32}$$

其中，l_k和 l_{2n-k}为微梁 a_k和 a_{2n-k}的长度；r_k和 r_{2n-k}为微梁 a_k和 2_{n-k}的曲率半径。

由于介电弹性体拥有不可压缩的性质，即在任意变形条件下，其体积保持不变，故忽略其在弯曲状态下沿宽度方向的变化，可知

$$\frac{\theta(r_k^2 - r_n^2)}{2} = \frac{\theta(r_n^2 - r_{2n-k}^2)}{2} = \frac{l_n h_k}{2} \tag{7.33}$$

其中，h_k为弯曲变形前微梁 a_k和 a_{2n-k}之间的距离。

式(7.32)可因此表示为

$$p_k + p_{2n-k} = q\,\frac{\sqrt{1 + \kappa h_k} + \sqrt{1 - \kappa h_k}}{\kappa}\left(1 - \cos\frac{\theta}{2}\right) \tag{7.34}$$

由于 $\kappa_{hk} \ll 1$，式(7.34)可以简化为

$$p_k + p_{2n-k} = \frac{2q}{\kappa}\left(1 - \cos\frac{\theta}{2}\right) \tag{7.35}$$

因此，在图 7.14(a)所示的单列立方体单元重复结构中，因弯曲变形而产生的电极化强度 P 是单位体积下电偶极矩的总和，即

$$P = \frac{2\sum_{k=0}^{2n} p_k}{2nl_0^3} = \frac{2n+1}{nl_0^3}\frac{q}{\kappa}\left(1-\cos\frac{\lambda l_0 \kappa}{2}\right) \tag{7.36}$$

利用泰勒级数展开,并忽略高阶项,有

$$P \approx \frac{\lambda^2 q\kappa}{8l_0}\frac{2n+1}{n} \tag{7.37}$$

挠曲电系数 μ 可以由电极化强度除以曲率得到,又考虑到介电弹性体的交联网络尺寸数量级处于纳米尺度,n 可以近似认为无穷大,即

$$\mu = \frac{P}{\kappa} = \frac{\lambda^2 q}{8l_0}\frac{2n+1}{n} \approx \frac{\lambda^2 q}{4l_0} \tag{7.38}$$

因此,对于介电弹性体材料,即在相同的 q 和 l_0 条件下,其挠曲电系数与施加的单轴预拉伸平方成正比。

可利用量纲分析预估式(7.38)中挠曲电系数的数量级:等效电荷量 q 的数量级约为 10^{-19} C;交联网络尺寸的数量级约为 10^{-9} m;单轴预拉伸率的数量级为 100 m/m。因此,介电弹性体挠曲电系数的数量级约为 10^{-10} C/m。该结果的数量级与文献中的介电弹性体挠曲电系数的理论预测值及实验测量值一致。

为了验证单轴预拉伸对介电弹性体挠曲电效应的调控作用,可采用三点弯的横向挠曲电效应实验手段测量在不同单轴预拉伸率下介电弹性体材料的横向挠曲电系数。这里继续选用商用 PDMS(SYLGARD 184)作为实验试件的材料。考虑到 PDMS 的拉伸极限,本实验中实际使用的预拉伸率 λ 分别为 1.0、1.1、1.2、1.3 和 1.4。实验装置如图 7.15 所示,兼具单轴和双轴预拉伸并固定功能,能够满足相应的实验条件。

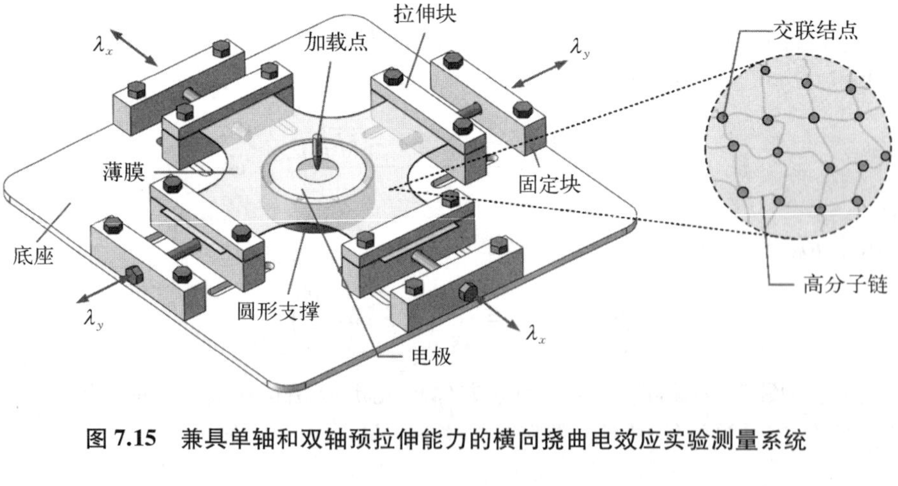

图 7.15　兼具单轴和双轴预拉伸能力的横向挠曲电效应实验测量系统

在不同的单轴预拉伸率下通过三点弯挠曲电实验测试方法得到的横向挠曲电系数的实验结果如图7.16所示。由图7.16(a)中的实时波形图可知，当加载位移为0.3 mm时，随着单轴预拉伸率的增大，实验试件中因三点弯而产生的挠曲电极化电荷量也增大。结合实测的实验试件尺寸及电极面积，由式(7.38)可计算出不同单轴预拉伸率下材料的横向挠曲电系数。交联密度为10∶1的PDMS横向挠曲电系数与单轴预拉伸率的关系如图7.16(b)所示，随着单轴预拉伸率从1.0提升到1.4，其横向挠曲电系数从2.73×10^{-10} C/m提高到了1.40×10^{-9} C/m。以上实验结果充分说明通过单轴预拉伸可实现介电弹性体材料挠曲电效应的调控。本实验中，施加单轴预拉伸情况下，该PDMS的横向挠曲电系数为2.73×10^{-10} C/m，与文献中PDMS横向挠曲电系数的实验测量值相符，印证了本实验结果的可信度。

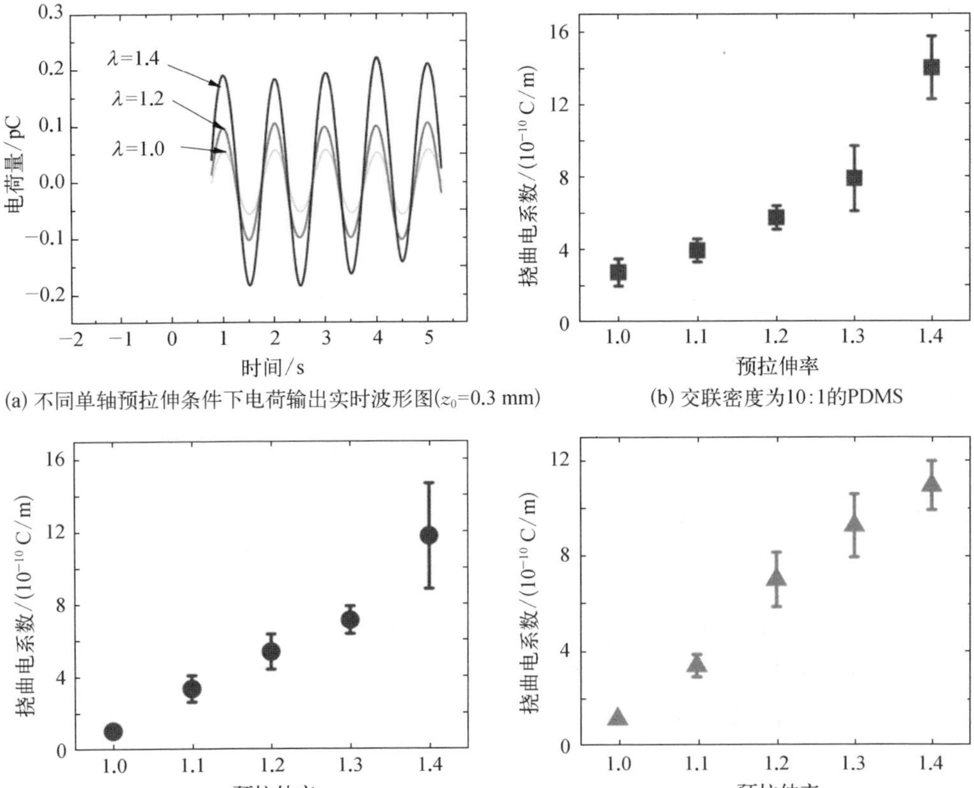

(a) 不同单轴预拉伸条件下电荷输出实时波形图(z_0=0.3 mm)　(b) 交联密度为10∶1的PDMS
(c) 交联密度为15∶1的PDMS　(d) 交联密度为20∶1的PDMS

图7.16　预拉伸下PDMS材料横向挠曲电系数测量的实验结果

为了进一步验证前述模型，实验还制备了交联密度为15∶1和20∶1的PDMS，并测量在不同单轴预拉伸率下材料的横向挠曲电系数。对于交联密度为

15∶1 的 PDMS 实验试件，随着单轴预拉伸率从 1.0 提升到 1.4，其横向挠曲电系数从 1.02×10^{-10} C/m 增长到 1.17×10^{-9} C/m，如图 7.16(c)所示。对于交联密度为 20∶1 的 PDMS 实验试件，随着单轴预拉伸率从 1.0 提升到 1.4，其横向挠曲电系数从 1.19×10^{-10} C/m 增长到 1.10×10^{-9} C/m，如图 7.16(d)所示。由此可见，对于三种不同交联密度的 PDMS，其横向挠曲电系数与单轴预拉伸率均呈正相关关系。并且在单轴预拉伸率 $\lambda=1.4$ 时，该材料的横向挠曲电系数可提高一个数量级。

材料的介电常数是影响其挠曲电效应的重要指标。本节对三种不同交联密度 PDMS 在不同拉伸率下的相对介电常数进行测量。由图 7.17(a)可知，PDMS 的相对介电常数与单轴预拉伸率并不存在确切关系，故可忽略因介电常数变化对挠曲电效应的影响。将三种交联密度 PDMS 的横向挠曲电系数的测量结果与理论预测进行对比后，可从图 7.17(b)中的归一化对比结果看出，理论和实验结果基本吻合。

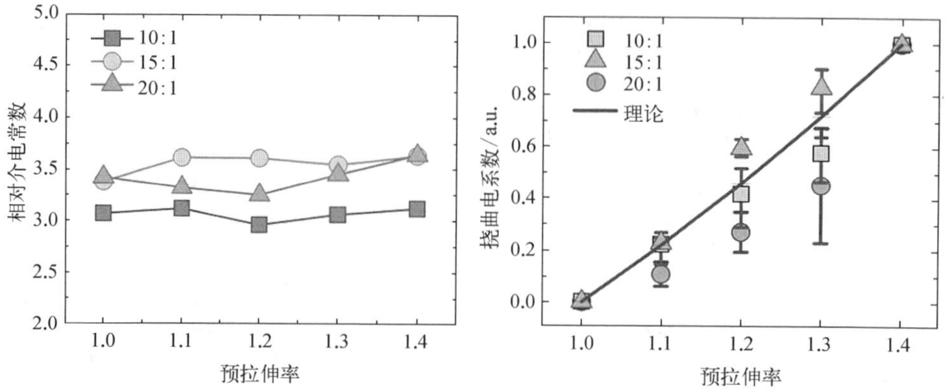

(a) 相对介电常数

(b) 挠曲电系数的实验与理论归一化结果的对比

图 7.17 不同交联密度的 PDMS 在不同单轴预拉伸率下的实验结果

2. 双轴预拉伸

在介电弹性体的力电耦合效应研究中，除了单轴预拉伸，本书作者还考虑了双轴同时进行预拉伸的影响。通常来说，预设双轴预拉伸可以使介电弹性体在电信号下提供更大的应变和更高的稳定性，极大地增强介电弹性体驱动器的性能。因此，在单轴预拉伸的基础上，本书还研究考虑双轴预拉伸条件下的介电弹性体挠曲电效应。

如图 7.18(a)所示，在初始状态下，介电弹性体交联网络单元内正负电荷中心重合，无宏观电极化现象产生。当对其施加如图 7.18(b)所示的曲率 k 时，其因挠曲电效应产生的极化强度 P 可以表示为

$$P=\frac{\sum p}{V}=\mu_0 k \tag{7.39}$$

其中,V 为总体积；$\sum p$ 为所有交联网络单元产生的电偶极矩之和;μ_0为介电弹性体的横向挠曲电系数。式 7.38 描述了介电弹性体横向挠曲电系数与单轴预拉伸率的关系为 $\mu_0 \sim \lambda^2$。易知,在如图 7.18(c)所示双轴预拉伸的作用下,介电弹性体横向挠曲电系数与等双轴预拉伸率的关系为

$$\mu_0 \sim \lambda_x^2 + \lambda_y^2 \tag{7.40}$$

其中,λ_x为沿 x 方向的预拉伸率;λ_y为沿 y 方向的预拉伸率。

为了验证双轴预拉伸对介电弹性体挠曲电效应的调控作用,可采用如图 7.15 所示集成了双轴预拉伸的横向挠曲电效应实验测试系统进行实验验证。将 PDMS 薄膜固定在四个拉伸块上,四个拉伸块固定在单向导轨之中。固定块上的螺钉可以精确控制拉伸块在导轨上的移动距离,从而实现对介电弹性体薄膜进行双轴预拉伸的精确调控。

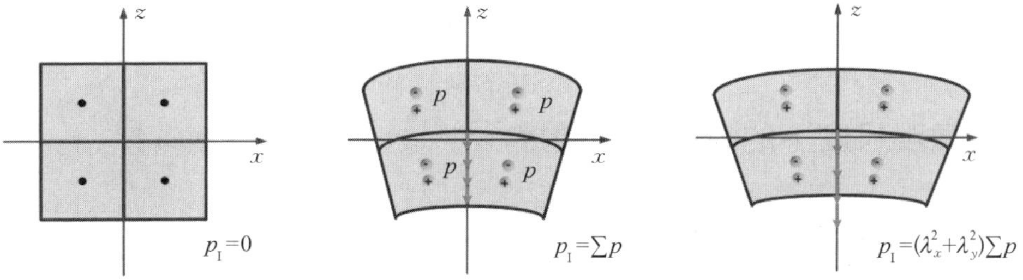

(a) 初始状态　(b) 弯曲状态　(c) 双轴预拉伸下的弯曲状态

图 7.18　双轴预拉伸下交联网络内偶极矩在应变梯度下的产生及变化过程

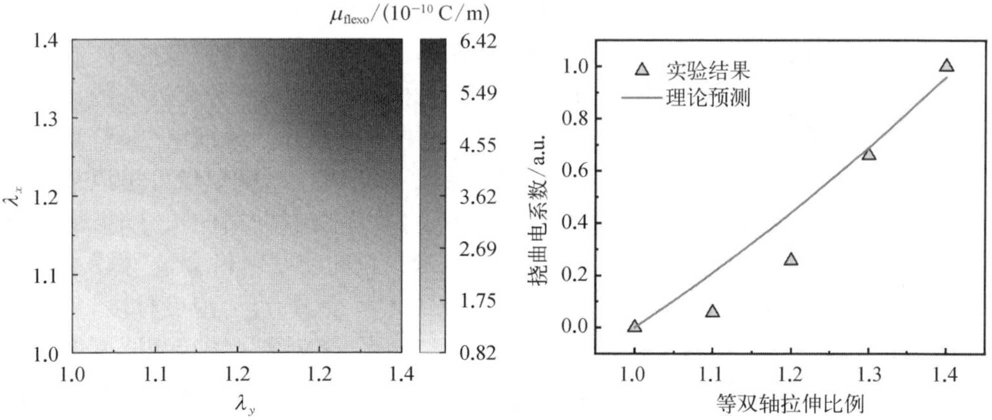

(a) 挠曲电系数与等双轴预拉伸率的关系　(b) 等双轴预拉伸下挠曲电系数的实验结果与理论预测对比

图 7.19　双轴预拉伸下的 PDMS 的横向挠曲电系数

经过不同双轴预拉伸下 PDMS 薄膜横向挠曲电系数的测量实验，从图 7.19(a) 中可以看出，随着双轴预拉伸的增大，PDMS 的挠曲电系数也增大。当等双轴预拉伸率达到 1.4×1.4 时，PDMS 的横向挠曲电系数从 0.82×10^{-10} C/m 增大到 6.51×10^{-10} C/m，实现跨量级的提升。在等双轴预拉伸下，PDMS 的横向挠曲电系数如表 7.4 所示。将该实验测量值的归一化结果与式(7.40)进行对比，可知理论预测与实验结果基本吻合，如图 7.19(b) 所示。其中产生偏差的原因主要是实际施加双轴预拉伸时的误差、PDMS 制备过程中的缺陷等。

表 7.4 等双轴预拉伸下 PDMS 的横向挠曲电系数

等双轴预拉伸率	1.0×1.0	1.1×1.1	1.2×1.2	1.3×1.3	1.4×1.4
挠曲电系数/(10^{-10} C/m)	0.86	1.2	2.3	4.5	6.4

7.3 微观尺度下的力电耦合调控

7.3.1 微观局部应变梯度的设计

具有交联网络结构的介电弹性体中的挠曲电效应如图 7.20(a) 所示，由弯曲产生的应变梯度使介电弹性体交联结构单元内产生电偶极矩，挠曲电体极化强度则为单位体积内的电偶极矩的总和。已知预拉伸对介电弹性体挠曲电效应的调控作用，然而材料的拉伸性能总归是有限的，为了进一步提升介电弹性体的力电转换效率，还可以通过在介电弹性体中掺杂纳米颗粒的方式提升其挠曲电效应。

介电弹性体交联网络的尺寸可以通过改变材料制备时基底和交联剂的比例来精确控制。当在介电弹性体中掺杂特定尺寸的纳米颗粒并制成网络-颗粒复合材料时，即球形纳米颗粒的粒径尺寸与交联网格尺寸匹配，纳米颗粒恰好可以被交联网格捕获并锁止在该网格内。当纳米颗粒的尺寸大于交联网格的尺寸时，由于交联网格中的高分子链具有可拉伸性，捕获了纳米颗粒的交联网格会被“撑”大。因此，该被撑大的交联网格与其相邻的网格之间因尺寸之差而产生应变梯度，从而在局部诱导各向异性的电偶极矩的产生。这里仅考虑了掺杂纳米颗粒交联网格与其相邻交联网格之间的局部应变梯度，忽略了其与距离更远的交联网格之间应变梯度的影响。如图 7.20(b) 所示，在初始条件下，网络-颗粒复合材料中因纳米颗粒掺杂产生的局部电偶极矩相对于纳米颗粒对称分布，其矢量和为零，不会产生电极化现象。如果对其施加均匀变形，初始局部电偶极矩的对称性也不会被打破，因此,可以排除压电效应的影响。当对网络-颗粒复合材料施加一个非均匀变形(如弯曲),由纳米颗粒掺杂产生的局部电偶极矩的对称性将会被打破,从而在介电弹性体基底材料的挠曲电效应的基础上额外增加由预设微观应变梯度的对称性被打破而产生的电极化效应,实现了对挠曲电效应的增强作用。

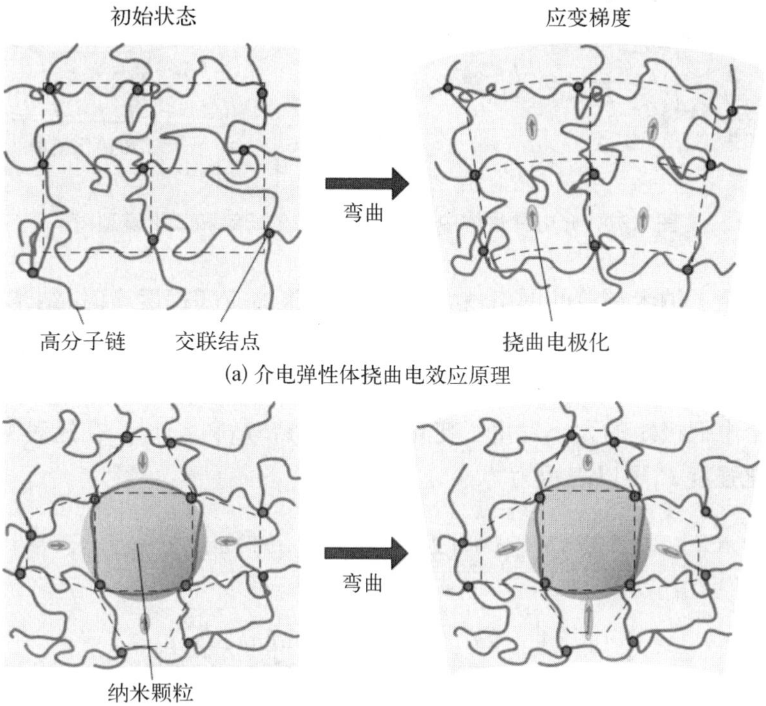

(a) 介电弹性体挠曲电效应原理

(b) 通过网络-颗粒复合材料中预设应变梯度原理

图 7.20　微观局部应变梯度设计

图 7.21 是纳米颗粒被锁止在介电弹性体交联网络中的模型。在简化的 2D 模型中,初始状态为正方形的交联网格在纳米颗粒的支撑作用下变形导致尺寸变大,与周围保持原尺寸的网格之间产生局部应变梯度。

因挠曲电效应产生的极化强度 P 是单位体积内电偶极矩的总和,即

$$P = \frac{\sum qd}{V} \tag{7.41}$$

其中,V 为总的体积。此时,材料的挠曲电系数 μ_0 可以表示为

$$\mu_0 = \frac{1}{k}\frac{\sum qd}{V} \tag{7.42}$$

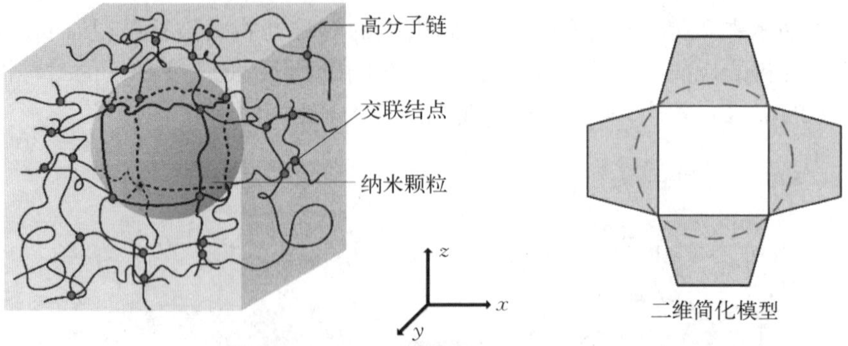

图 7.21　介电弹性体中植入纳米颗粒的三维和二维模型

当对掺杂了纳米颗粒的网络-颗粒复合材料施加应变梯度 k 时，纳米颗粒周围的初始电偶极矩产生了如图 7.22 所示的变化，即在 x 和 y 向上的四个电偶极矩的方向产生了偏转，其偏转角度可以由 a_k 表示，其中 a 为交联网络单元的边长。在 z 向上的 2 个电偶极矩的大小发生了变化，分别为 $p-p_0$ 和 $p+p_0$。在这种情况下，产生的总极化强度 P_1 可以表示为

$$
\begin{aligned}
P_1 &= \frac{\sum [p + (2p + 4p_0\sin(ak))w]}{V} \\
&= \frac{(1+2w)\sum p}{V} + \frac{4w\sin(ak)\sum p_0}{V}
\end{aligned}
\tag{7.43}
$$

其中，w 为纳米颗粒的掺杂比例。式(7.43)可以简化为

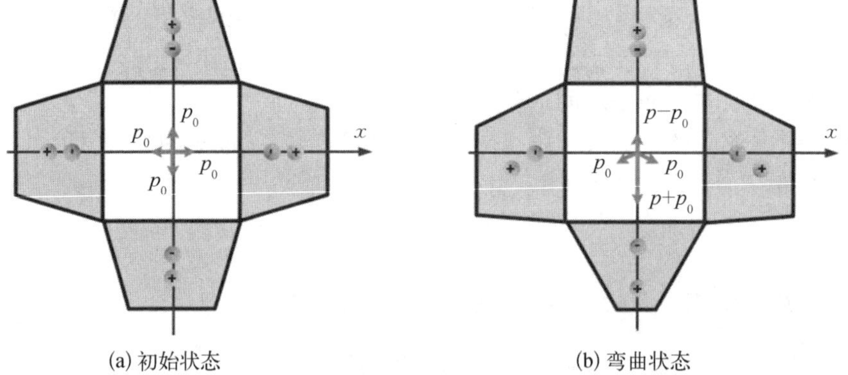

图 7.22　预设应变梯度产生局部电偶极矩的原理图

$$P_1 = (1 + 2w)\mu_0 k + 4w\sin(ak)\mu_0 k_0 \tag{7.44}$$

材料的等效挠曲电系数可以表示为

$$\mu_1 = \frac{P_1}{k} = (1 + 2w)\mu_0 + 4w\sin(ak)\mu_0 \frac{k_0}{k} \tag{7.45}$$

由于 $a \sim 10^{-9}$ m，即 $a_k \sim 0$，可知 $\sin a_k \approx a_k$。于是，式(7.45)可以简化为

$$\mu_1 = \frac{P_1}{k} \approx (1 + 2w + 4wak_0)\mu_0 \tag{7.46}$$

另外，通过双轴预拉伸可以实现对局部应变梯度大小的调控，可知：

$$\mu_1 \sim (1 + 2w + 4wak_0)(\lambda_x^2 + \lambda_y^2)\mu_0 \tag{7.47}$$

由式(7.47)可知，网络-颗粒复合材料的挠曲电系数由 w、a、k_0、λ_x和 λ_y这五个参数决定。其中 w 表示纳米颗粒的掺杂比例，a 为介电弹性体交联网络的尺寸，k_1为初始应变梯度的大小（初始应变梯度的大小由纳米颗粒和交联网络的尺寸决定），λ_x和 λ_y为在 x 和 y 向施加的等双轴预拉伸率。

为了验证上述猜想，可利用材料的宏观横向挠曲电系数来衡量网络-颗粒复合材料中预设微观应变梯度对挠曲电效应的增强作用。可通过实验对不同条件下网络-颗粒复合材料的横向挠曲电系数进行实验验证。介电弹性体基底材料仍选用商用 SYLGARD 184 PDMS 材料。由于 SYLGARD 184 材料中会预存少量二氧化硅纳米颗粒，本实验中首先选用二氧化硅纳米颗粒。掺杂二氧化硅纳米颗粒的 PDMS 复合材料（PDMS – NP 复合材料）的制备方式如图 7.23 所示。首先，将 PDMS 的基底和交联剂以一定质量比例混合制成 PDMS 基底液；将二氧化硅纳米颗粒以 0.1%的质量分数混合于无水乙醇中并用超声搅拌 20 min，使纳米颗粒充分

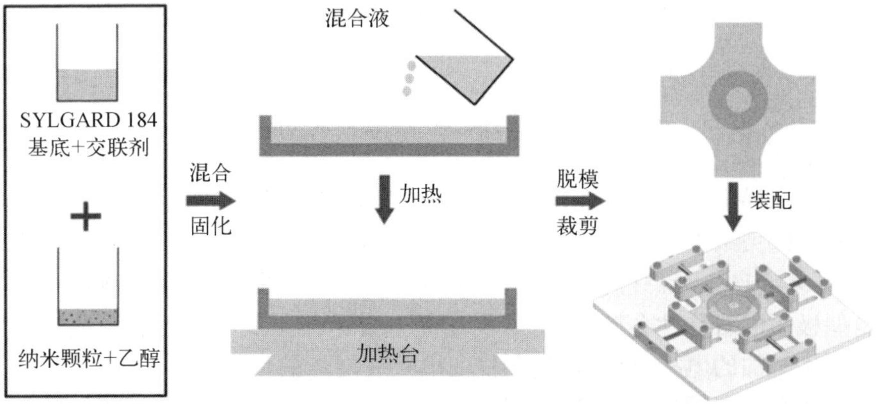

图 7.23　PDMS – NP 复合材料薄膜制备方法

分散在乙醇中；将二氧化硅和乙醇的混合物和 PDMS 基底液以一定比例混合，保证二氧化硅在 PDMS 中的质量分数为 0.2%；将 PDMS－NP 混合物充分搅拌，使二氧化硅纳米颗粒均匀分布在 PDMS 溶液中；将质量为 10 g 混合液倒入定制的铝制模具(凹槽内径为 14 cm 的圆盘)中；静置 24 h，待乙醇挥发后，将模具放在加热台上在 60 ℃的条件下保温 24 h，使液态混合物充分固化；由此得到实验所需的厚度约为 0.6 mm 的 PDMS－NP 薄膜试件。将 PDMS－NP 薄膜经过脱模、裁剪并安装到如图 7.15 所示的集成了双轴拉伸功能的横向挠曲电效应实验测试装置上，即可进行圆形薄膜弯曲下的横向挠曲电系数测量实验。

图 7.24 是 PDMS 和 PDMS－NP 复合材料在不同等双轴预拉伸率下横向挠曲电系数的分布图，可以清楚看到纳米颗粒掺杂对介电弹性体挠曲电效应的增强作用。初始状态时，纯 PDMS 材料的初始横向挠曲电系数为 0.86×10^{-10} C/m，PDMS－NP 复合材料的横向挠曲电系数为 3.33×10^{-10} C/m，材料的挠曲电系数因纳米颗粒的掺杂的作用提高了 3.87 倍；随着双轴预拉伸的施加，PDMS－NP 的横向挠曲电系数也增大；等双轴预拉伸率为 1.4×1.4 时，其横向挠曲电系数达到了 3.72×10^{-9} C/m，比未拉伸时的横向挠曲电系数提高了一个数量级。

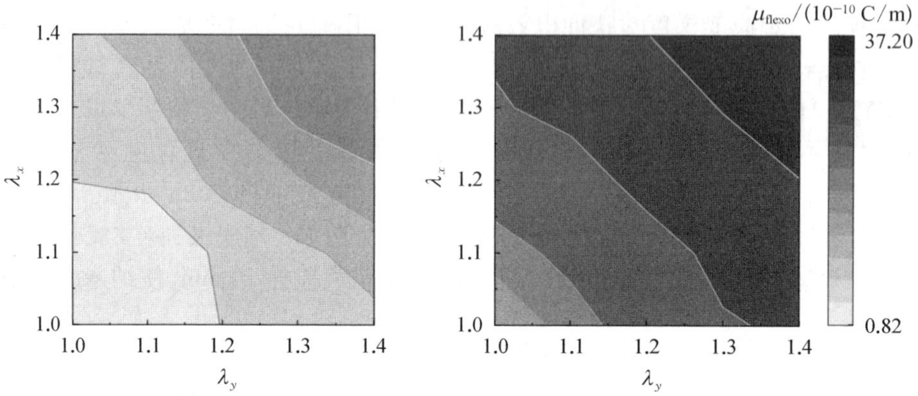

(a) 纯PDMS　　(b) PDMS-NP复合材料

图 7.24　双轴预拉伸率下的横向挠曲电系数

预设应变梯度的假设首先建立在介电弹性体交联网络尺寸和球形纳米颗粒的粒径尺寸匹配关系上。只有当纳米颗粒的尺寸大于交联网络的尺寸且被固定在交联网络时，才会产生局部应变梯度。当结构受到非均匀变形时，因局部应变梯度产生的电偶极矩的对称性会被打破，从而在介电弹性体基底材料原有挠曲电效应的基础上产生叠加的电极化效应，达到挠曲电效应增强的目的。

实验研究中所用到的二氧化硅纳米颗粒经采购所得，球形纳米颗粒的粒径为 10 nm。为了验证纳米颗粒的实际尺寸，透射电子显微镜(TEM，Talos L120C，

Thermo Fisher Scientific)被用来对纳米颗粒的尺寸进行实验测量。如图 7.25 所示，首先将二氧化硅纳米颗粒以 0.05%的质量分数混合于乙醇中，将混合液用超声搅拌 1 h 使二氧化硅纳米颗粒充分分散。用滴管将混合液滴到覆盖了碳膜的铜网上，静置 1 h 待乙醇完全挥发后，即制成可在 TEM 中直接观测的碳膜样品。

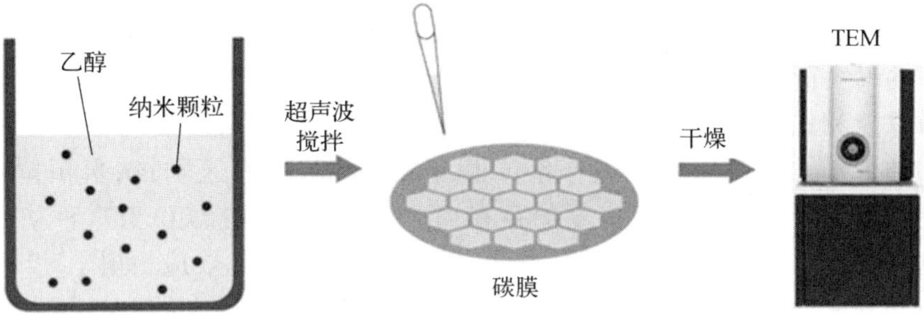

图 7.25　二氧化硅纳米颗粒粒径尺寸的实验测量方法

TEM 中观测到的纳米颗粒形貌如图 7.26(a)所示，比例尺分别为 50 nm 和 100 nm。从图中可以清晰地看到纳米颗粒的形状基本呈球形，且较为分散地分布在碳膜之上。图 7.26 四张 TEM 照片中所示的二氧化硅纳米颗粒的总数量为 35。经测量发现，二氧化硅纳米颗粒的粒径主要分布在 10~15 nm，如图 7.26(b)所示。这些纳米颗粒的平均粒径大约为 12.9 nm，基本与标称规格相符。当二氧化硅纳米颗粒的粒径尺寸恒定时，为了研究不同尺寸交联网络对纳米颗粒的捕获能力，可改变 PDMS 的交联网格尺寸来研究二者的匹配机制。

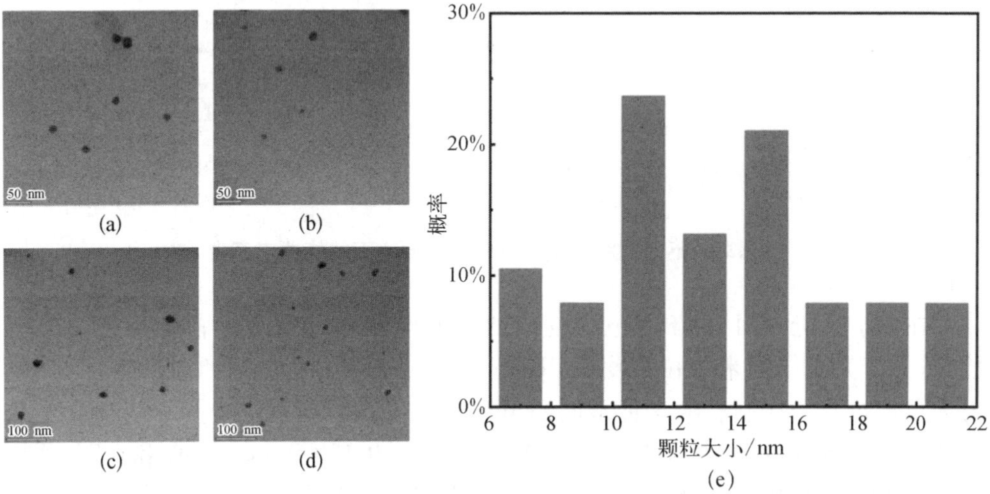

图 7.26　TEM 下二氧化硅纳米颗粒形貌表征

从图 7.27(a)中可以看到,交联密度为 18∶1 和 20∶1 的 PDMS－NP 复合材料的横向挠曲电系数数值较低,并与等双轴预拉伸率无明显关系。这说明18∶1和 20∶1 交联密度下的 PDMS 的交联网络尺寸过大,无法与纳米颗粒尺寸匹配从而产生初始的局部应变梯度,因此该复合材料的挠曲电系数并没有明显的增强。而交联密度为 12∶1 和 15∶1 的 PDMS－NP 复合材料的横向挠曲电系数要比交联密度为 18∶1 和 20∶1 的 PDMS－NP 复合材料高,而且会随着等双轴预拉伸率的增大而增大。这说明在 12∶1 和 15∶1 交联密度下 PDMS 的交联网络尺寸恰好能和二氧化硅纳米颗粒的粒径尺寸相匹配,起到预设局部应变梯度的作用。纳米颗粒被锁止在交联网络中,由于两者的尺寸有区别,纳米颗粒所在的交联网络附近会因局部应变梯度的存在而产生初始电偶极矩,当这种初始电偶极矩的对称性被打破时,会在材料内部产生额外的电极化效应,如图 7.27(b)所示。与交联密度为12∶1的复合材料相比,交联密度为 15∶1 的 PDMS－NP 复合材料的挠曲电系数更高,并且可拉伸性也更好,同时展现了更强的力电耦合效率水平和可拉伸性能。

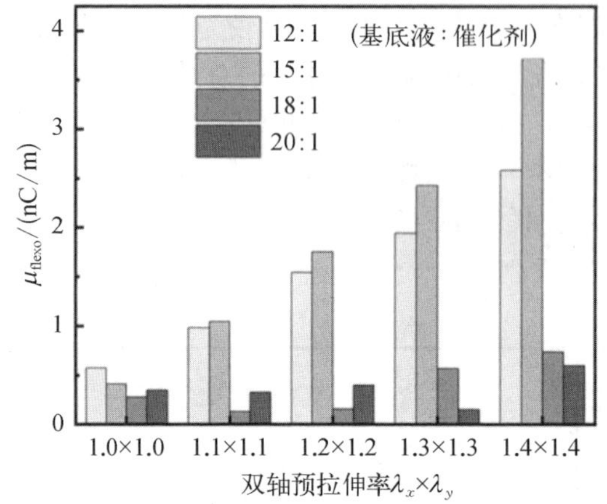

(a) 不同交联密度的PDMS-NP复合材料薄膜的挠曲电系数与等双轴预拉伸率的关系

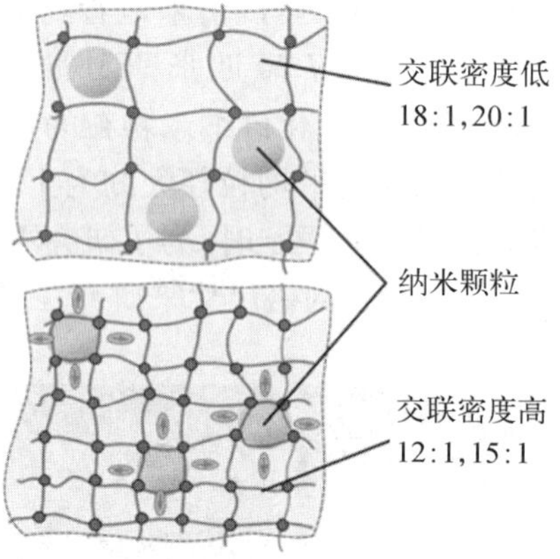

(b) 不同交联密度的PDMS-NP复合材料与纳米颗粒的匹配/失配关系

图 7.27 不同交联密度和双轴预拉伸率下的挠曲电系数

在力学性能方面,由于介电弹性体的挠曲电效应可通过预拉伸进行力学调控,首先研究不同纳米颗粒浓度下 PDMS－NP 复合材料的拉伸性能,包括拉伸应力和拉伸极限。在制备的 8 种不同质量比的 PDMS－NP 复合材料薄膜中,二氧化硅的掺杂浓度分别为 0.0%、0.1%、0.2%、0.3%、0.4%、0.5%、0.6%和 0.7%。将这些含不同二氧化硅掺杂浓度的薄膜加工成如图 7.28 所示的拉伸试件,尺寸为长 60 mm,宽 15 mm,厚 0.6 mm。将试件用高精度材料试验机(Instron 5848)进行单轴拉伸实验,拉伸速率设为 3 mm/s,直到试件断裂。含不同纳米颗粒掺杂浓度的 PDMS - NP 复合材料试件的拉伸载荷与单轴拉伸率的关系如图 7.28 所示,在相同拉伸率下,纳米颗粒掺杂浓度高的 PDMS - NP 薄膜试件的拉伸载荷更大,也更容易断裂。

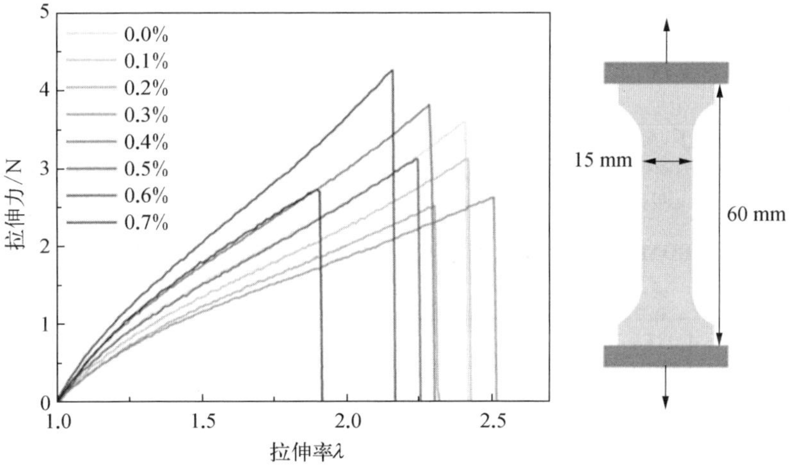

图 7.28　含不同掺杂浓度二氧化硅纳米颗粒的 PDMS - NP 复合材料薄膜单轴拉伸力学实验曲线

图 7.29 中详细描述了 PDMS - NP 薄膜试件的拉伸应力及拉伸极限与不同二氧化硅纳米颗粒掺杂浓度 w 的关系。从拉伸应力角度看,当 $w \leqslant 0.4\%$ 时,试件的拉伸应力基本维持在 0.4 MPa;当 $w > 0.4\%$ 时,试件的拉伸应力开始随着纳米颗粒掺杂浓度的增加而提升。从拉伸极限的角度看,当 $w \leqslant 0.4\%$ 时,试件的拉伸极限基本保持在 2.4 左右;当 $w > 0.4\%$ 时,试件的拉伸极限开始随着纳米颗粒掺杂浓度的增加而减小。由此可以得出以下结论:当 PDMS - NP 薄膜中二氧化硅纳米颗粒掺杂浓度超过 0.4%时,拉伸试件的刚度明显提高,拉伸性能下降。考虑到预拉伸是该复合材料挠曲电效应力学调控方法中的关键因素,在尽可能保持材料可拉伸性的条件下,纳米颗粒的掺杂浓度不应超过 0.4%。

从材料的力电耦合性能角度来看,挠曲电系数是衡量含不同纳米颗粒掺杂浓度的 PDMS - NP 薄膜的力电耦合效率水平的重要指标。如图 7.30 的实验结果所示,当二氧化硅纳米颗粒的掺杂浓度 $w \leqslant 0.2\%$ 时,PDMS - NP 复合材料的挠曲电系数随着 w 的增大而增大,同时随着等双轴预拉伸率的增大而增大;当 $w > 0.2\%$ 时,网络-颗粒复合材料的挠曲电系数在拉伸率超过 1.2 倍时,并无明显增大趋势,其原因可能是纳米颗粒浓度达到临界值。在相同纳米颗粒掺杂浓度下,等双轴预拉伸率越大,PDMS - NP 复合材料的横向挠曲电系数也越大。

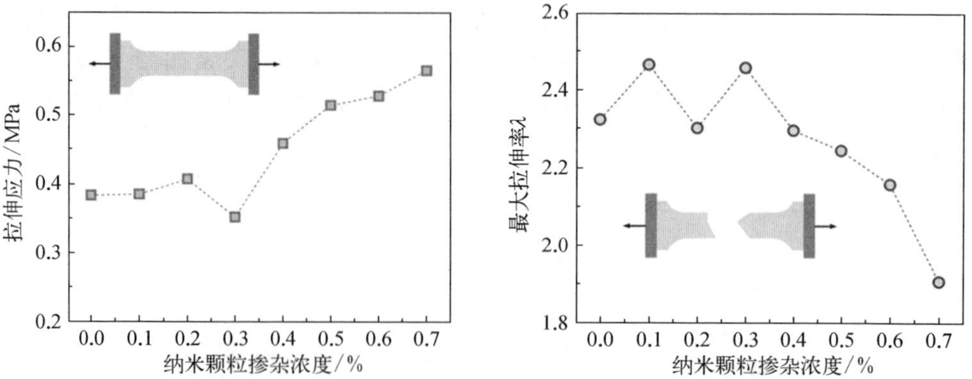

(a) 拉伸应力　　(b) 拉伸极限

图 7.29　PDMS－NP 薄膜的可拉伸性与二氧化硅纳米颗粒掺杂浓度的关系

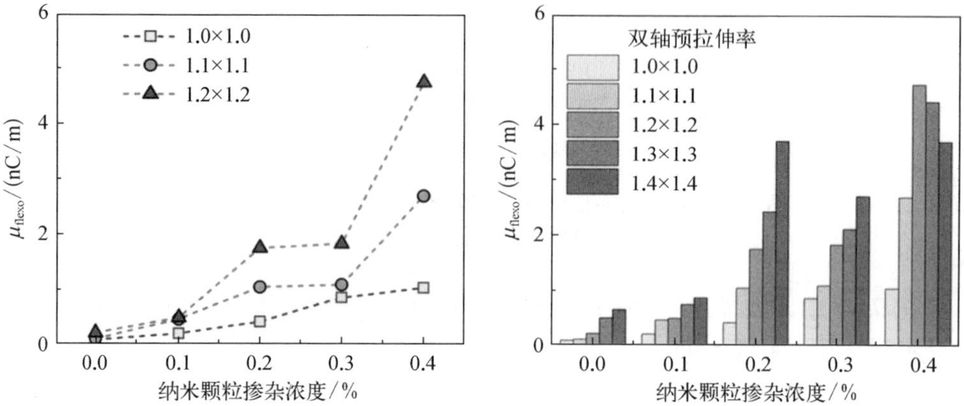

(a) 等双轴预拉伸率在1.0、1.1、1.2下纳米颗粒掺杂浓度与挠曲电系数的关系　　(b) 等双轴预拉伸率为1.0~1.4条件下纳米颗粒掺杂浓度与挠曲电系数的关系

图 7.30　不同等双轴预拉伸率下 PDMS－NP 复合材料横向挠曲电系数和纳米颗粒掺杂浓度的关系

7.3.2　挠曲电偶极子的等效电荷中心重构

介电弹性体与带电纳米颗粒的复合材料在挠曲电效应的研究中拥有两个独特的优势：① 纳米颗粒可捕获电荷为更高力电转换效率提供可能性；② 介电弹性体的可拉伸性为挠曲电效应的力学调控提供条件。因此，这种兼具优良力电耦合性能的可拉伸驻极体为挠曲电器件的研究提供了新的思路。将介电弹性体基底中的纳米颗粒在一定条件下电极化，使其携带负电荷 q_e。如图 7.31 所示，由于 q_e 的存在，PDMS－NP 复合材料中携带纳米颗粒的交联网格与其周围网格之间产生的局部电偶极矩 p_0' 变为

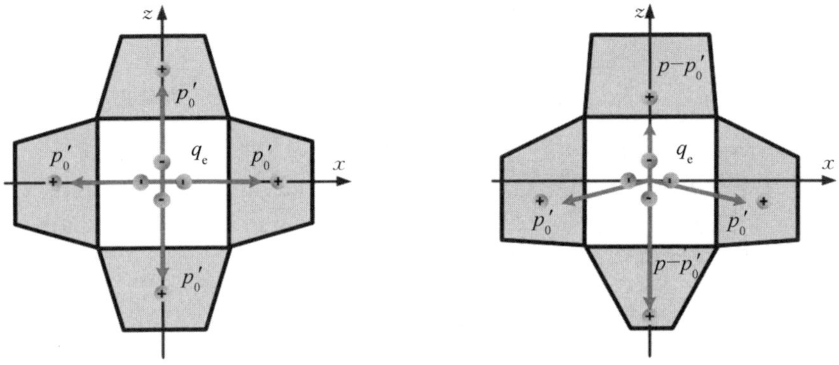

图 7.31　纳米颗粒极化增强局部电偶极矩的原理图

$$p_0' = (q + q_e)d_0 \tag{7.48}$$

与单轴预拉伸类似,在考虑双轴预拉伸的情况下,式(7.48)可以写为

$$\mu_1' \sim \left[4wak_0\left(1 + \frac{q_e}{q}\right) + 2w + 1\right](\lambda_x^2 + \lambda_y^2)\mu_0 \tag{7.49}$$

由式(7.49)可知,当纳米颗粒被电极化而携带净电荷时,PDMS - NP 材料的挠曲电系数与纳米颗粒携带的等效电荷量 q_e 相关,即 q_e 越大,挠曲电系数也越大。

表面电荷密度的指标可衡量 PDMS - NP 薄膜在电极化处理之后携带净电荷水平,而不同极化场强下的横向挠曲电系数可以表征预设锁止净电荷对复合材料挠曲电效应的调控作用。电极化过程如图 7.32 所示。在铝制模具中制成 PDMS - NP 薄膜后,在薄膜上方铺设金属电极作为电极化的正极,位于薄膜下方的铝制模具作为电极化的负极。将高压直流电源接到正负电极。极化方式为直流极化,极化场强 E_c = 3 MV/m。通电之后,将加热台从室温 T_r 加热到 T_c(150 ℃),并保持 T_c 的温度 20 min,然后自然冷却至室温 T_r。整个过程中一直保持通电极化状态,直到降温至室温条件后断电。

极化场强的大小是影响纳米颗粒携带净电荷能力的因素之一。在保持纳米颗粒掺杂浓度 0.2%不变的条件下,不同的极化场强下(1 MV/m、2 MV/m、3 MV/m 和 4 MV/m)极化的 PDMS - NP 薄膜的横向挠曲电系数的实验测量数据如图 7.33(a)所示。当在极化场强小于 3 MV/m 时,净电荷难以被有效地“灌”入纳米颗粒,PDMS - NP 的挠曲电系数并未出现明显提升;当极化场强超过 3 MV/m 时,PDMS - NP 材料的挠曲电系数获得了一个台阶式的提升,证明净电荷已被成功“灌”入纳

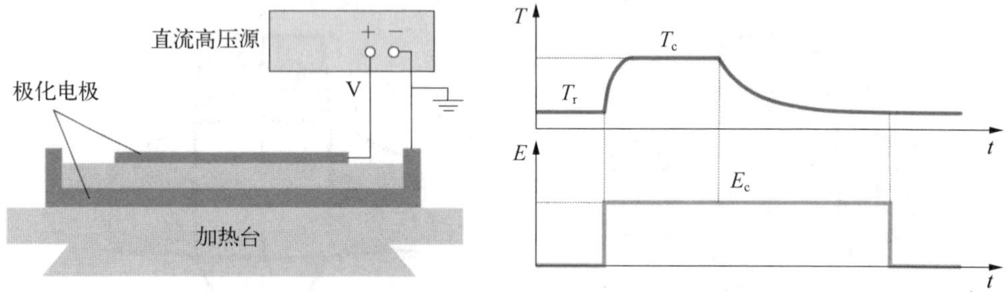

图 7.32　电极化过程

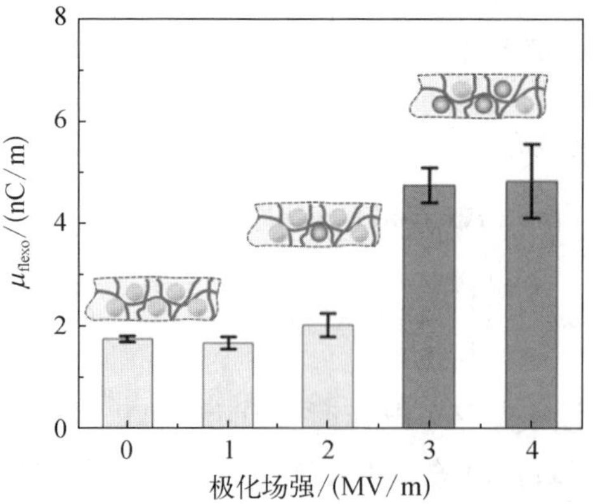

(a) 不同极化场强下PDMS-NP薄膜的挠曲电系数

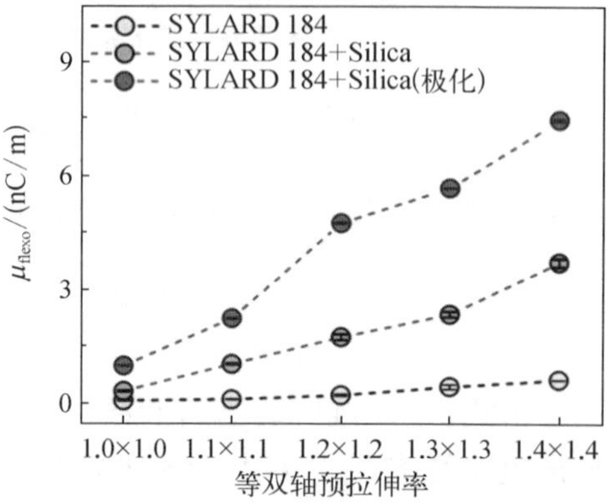

(b) 纳米颗粒掺杂和电极化在等双轴预拉伸下对介电弹性体挠曲电效应的增强作用

图 7.33　极化场强、纳米颗粒掺杂和电极化与否对挠曲电效应的影响

米颗粒。然而,即使在 3 MV/m 的基础上再进一步提高电极化场强,所测得的挠曲电系数也不再有明显的增长。因此,在后续研究中,纳米颗粒的极化场强被定为 3 MV/m。图 7.33(b)是纯 PDMS 薄膜、未极化的 PDMS - NP 复合材料薄膜及极化后的 PDMS - NP 复合材料薄膜在等双轴预拉伸下的横向挠曲电系数对比图。实验结果表明双轴预拉伸、纳米颗粒掺杂和电极化是三个提高介电弹性体挠曲电效应的重要因素。

下面通过测量 PDMS - NP 薄膜在电极化后的表面电荷密度 D_s 衡量纳米颗粒携带净电荷的水平。表面电荷密度可以通过一种间接测量薄膜表面电势 V_s 的方式获得,即

$$D_s = \frac{\varepsilon_r \varepsilon_0 V_s}{t} \tag{7.50}$$

其中，ε_r为材料的相对介电常数；ε_0为真空的介电常数；t 为薄膜的厚度。PDMS－NP 薄膜的相对介电常数可以通过测量电容 C 的方式获得，即

$$\varepsilon_r = \frac{Ct}{\varepsilon_0 A} \tag{7.51}$$

其中，A 为测量电容时的电极面积。薄膜的电容通过 LCR 表（HIOKI，IM 3533－01）测量，表面电位通过静电计（Trek MODEL P0865）测量。

针对含不同纳米颗粒掺杂浓度的 PDMS－NP 薄膜，其表面电荷密度随二氧化硅纳米颗粒掺杂浓度的关系如图 7.34 所示。纯 PDMS 在电极化前的初始表面电荷密度为 1.86 μC/m^2，电极化后其表面电荷密度增大到 5.36 μC/m^2。通过电极化，纯 PDMS 的表面电荷密度增大了近 2 倍，原因主要是实验中所使用的 PDMS 是商用的 SYLGARD 184 硅橡胶，SYLGARD 184 中本身就含有一定量的二氧化硅纳米颗粒。这部分二氧化硅纳米颗粒在电极化的过程中携带了净电荷，从而提升了材料的表面电荷密度。从图 7.34 中还能看出随着二氧化硅纳米颗粒掺杂浓度的增大，极化后 PDMS－NP 薄膜的表面电荷密度也增大。当二氧化硅纳米颗粒的掺杂浓度超过 0.2%时，薄膜的表面电荷密度保持在 14 μC/m^{2}上下而不再有明显的增大趋势。这个临界值存在的原因为 PDMS 的电击穿场强要比空气大得多。当图 7.33 中所示的电极化过程结束时，材料上方接正电的金属电极被移除，而 PDMS－NP 复合材料薄膜的表面电荷密度将被空气的电击穿场强所限制。空气的电击穿场强 EB 的数量级为 10^6 V/m，其介电常数的数量级为 10^{-11} F/m，因此 PDMS－NP 薄膜表面电荷密度数量级的上限为 $D_s \sim \varepsilon_{EB} \sim 10^{-5}$ C/m，这也与图 7.34 中通过实验所得薄膜的表面电荷密度上限的数量级一致。

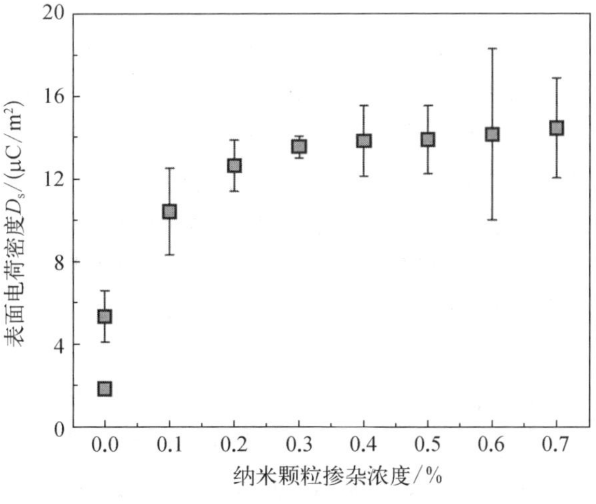

图 7.34　极化后表面电荷密度与纳米颗粒掺杂浓度的关系

因此，二氧化硅纳米颗粒掺杂浓度在0.2%时，PDMS－NP 薄膜的表面电荷密度达到上限，更多的纳米颗粒掺杂浓度也不会再提升该混合物的表面电荷密度。综合考虑，在利用预设锁止净电荷的挠曲电效应力电调控方法研究中，纳米颗粒的优选掺杂浓度为0.2%。

为了进一步验证电极化对PDMS－NP薄膜表面电荷密度的增强效果，将未极化和经过极化的PDMS－NP薄膜分别放在一个交变电场中，交变电场为正弦信号，电压的峰峰值为600 V。由图7.35(a)可以看出极化过的薄膜在电场中的最大偏转角度明显要高于未极化的薄膜。图7.35(a)中的薄膜在电场中受电场力的作用发生偏转的现象可以简化为图7.35(b)中所示的悬臂梁模型。由于薄膜中表面电荷密度D_s的存在，悬臂梁所受到的均布载荷p可以描述为

$$p = \frac{D_s bV}{h + t} \tag{7.52}$$

其中，h为电场的宽度；t为悬臂梁的厚度；b为悬臂梁的宽度。因此，悬臂梁自由端在该均布载荷作用下的最大挠度为

$$v_{\max} = \frac{-pl^4}{8EI} = \frac{-3D_s VL^4}{2E(h+t)t^3} \tag{7.53}$$

其中，L为悬臂梁的长度；E为材料的弹性模量；$I = bt^3/12$为悬臂梁的弯曲刚度。

于是，PDMS－NP薄膜的表面电荷密度与悬臂梁自由端在电场中最大位移的关系为

$$D_s = -\frac{2E(h+t)t^3 v_{\max}}{3VL^4} \tag{7.54}$$

图7.35(a)中极化过和未极化的PDMS－NP薄膜自由端的最大位移分别为8 mm和2.5 mm，其他参数为$t = 0.6$ mm，$h = 30$ mm，$b = 15$ mm，$L = 55$ mm，$E = 2.8$ MPa，$V = 600$ V。根据式(7.54)，可以计算出极化后薄膜的表面电荷密度为17.6 μC/m²，未极化薄膜的表面电荷密度为5.5 μC/m²。得到的表面电荷密度数据与图7.34中所示的结果一致，其中的偏差主要来源于测量中的误差及悬臂梁模型的简化。

除了二氧化硅纳米颗粒，本节还研究了其他类型纳米颗粒和介电弹性体复合材料的挠曲电效应，包括四氮化三硅、二氧化锡、四氧化三铁、二氧化钛和氧化铝。从图7.36中的实验结果可以看到，在1.2倍的等双轴预拉伸条件下，只有四氧化三铁和二氧化硅分别在纳米颗粒掺杂以及纳米颗粒电极化情况下，PDMS－NP薄膜的挠曲电系数出现了明显的增长，但是二氧化硅纳米颗粒对介电弹性体挠曲电效应的增强作用要比四氧化三铁更加显著。因此，二氧化硅纳米颗粒是介电弹性体挠曲电效应调控方法研究中的优选纳米颗粒种类。

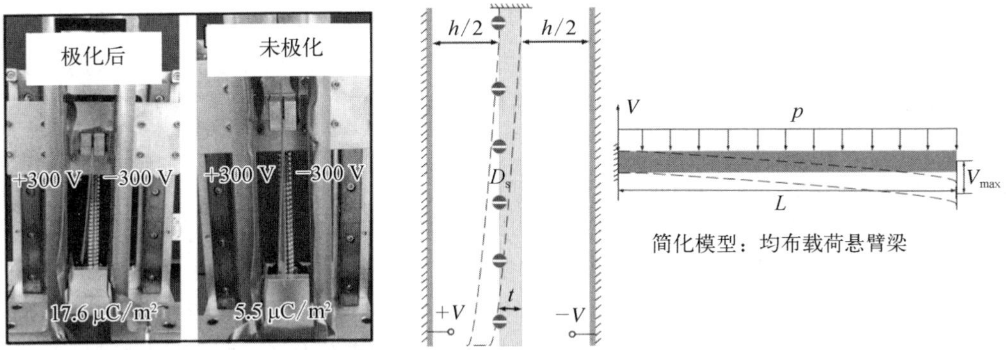

(a) 左图为极化后，右图为未极化，可明显看出在实验条件相同的情况下极化后的薄膜在交变电场作用下有更大摆角

(b) 简化的悬臂梁弯曲模型

图 7.35　电极化效果

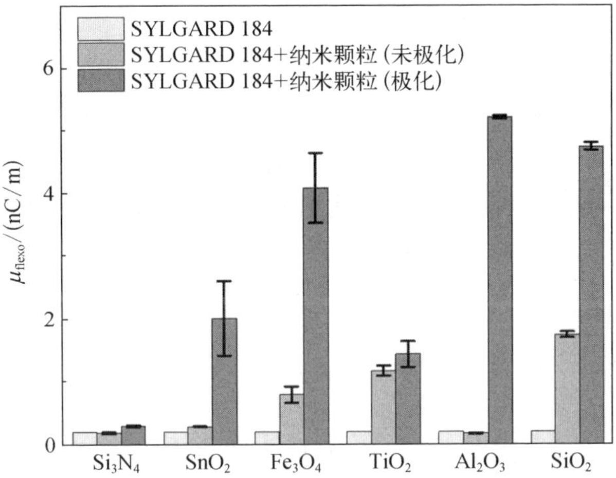

图 7.36　各类纳米颗粒对介电弹性体挠曲电效应影响的对比

7.4　跨尺度的力学和材料融合设计

经过实验手段得到的介电弹性体的挠曲电系数的数量级一般在 10^{-10} C/m，该数值要比高分子聚合物材料低 1～2 个数量级。如何提升介电弹性体的力电耦合水平是介电弹性体挠曲电效应及其应用研究的关键。挠曲电效应中产生的电极化强度与应变梯度成正比，也就是说，对于由相同材料组成的结构，产生的应变梯度越大，其挠曲电电极化水平也就越高。在挠曲电效应的研究中，通常的应变梯度产

生方式主要来源于非均匀结构的设计，包括梯台压载、悬臂梁弯曲和柱体扭转等。介电弹性体材料具有产生巨大变形的能力，这种巨大的变形能力往往可以提供大的应变梯度。然而，由于材料性能以及结构模型的限制，基于非均匀结构设计的应变梯度诱导方式过于单一且产生的应变梯度始终有限，不仅决定了挠曲电效应的上限，也大大限制了基于挠曲电效应的力电耦合器件的发展。

梯度材料有着连续渐变式的特性，如果在结构中设计与应变相关的梯度，从而使其在相应的载荷条件下产生额外的应变梯度，即可诱导产生挠曲电效应。已知通过改变介电弹性体的交联密度，可以实现弹性模量的调控。下面基于介电弹性体弹性模量的可调控性，发展一种具有弹性模量分布变化的介电弹性体材料，并结合非均匀结构的设计，增强其挠曲电效应。

对于一个如图 7.37 所示的具有弹性模量分布变化的圆台结构，如果沿纵向 z 对其施加压载 F，则产生的应变梯度可以表示为

$$\frac{\partial \varepsilon_{zz}}{\partial z}=\frac{\partial\left(\dfrac{F}{E(z)\pi r^2(z)}\right)}{\partial z}=-\frac{F}{\pi}\left(\frac{E'(z)}{E^2(z)r^2(z)}+\frac{2r'(z)}{E(z)r^3(z)}\right) \tag{7.55}$$

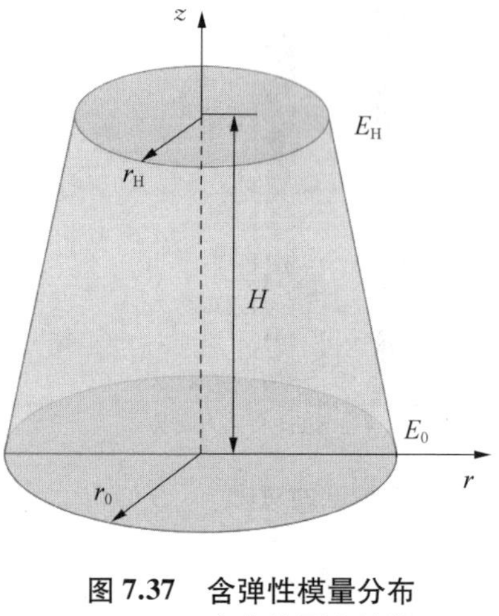

图 7.37　含弹性模量分布变化的圆台结构

其中，$E(z)$ 为沿纵向变化的弹性模量；$r(z)$ 为沿纵向变化的圆形横截面半径。假设弹性模量和结构横截面的半径沿 z 向线性变化，即

$$\begin{cases} E(z)=E_0-mz, & m=\dfrac{E_0-E_H}{H} \\ r(z)=r_0-kz, & k=\dfrac{r_0-r_H}{H} \end{cases} \tag{7.56}$$

其中，E_0 为圆台底面的弹性模量；E_H 为圆台上表面的弹性模量；r_0 为圆台底面半径；r_H 为圆台上表面的半径；m 为弹性模量分布变化系数；k 为截面半径的变化系数；H 为圆台的高度。

当对一个如图 7.37 所示的圆台结构在 z 向施加压载 F 时，产生的应变梯度可以由式(7.55)表示。本书将理想的介电弹性体圆台模型看成由无数个交联网络结构单层重叠而成，圆台在高度 $z=h$ 的交联结构单层中产生的挠曲电极化强度可以表示为

$$P_h=-\frac{\mu_h F}{\pi}\left(\frac{E'(h)}{E^2(h)r^2(h)}+\frac{2r'(h)}{E(h)r^3(h)}\right) \tag{7.57}$$

其中，$E(h)$为圆台在 $z=h$ 处对应材料的弹性模量；μ_h为弹性模量 $E(h)$对应材料的挠曲电系数；$r(h)$为圆台结构在 $z=h$ 处的截面半径。

因此，圆台在 $z=h$ 处的交联网格单元因挠曲电效应产生的极化电荷 q_h可以表示为

$$q_h = \int P_h \mathrm{d}S_h = P_h a_h^2 \tag{7.58}$$

其中，S_h为圆台 $z=h$ 处截面面积；a_h为圆台 $z=h$ 处交联网格尺寸。故在圆台高度 $z=h$ 处因应变梯度的存在产生的总挠曲电极化电荷量 Q_h可以表示为

$$Q_h = n_h q_h = \frac{\pi r^2(h)}{a_h^2} P_h a_h^2 = -\mu_h F\left(\frac{E'(h)}{E^2(h)} + \frac{2r'(h)}{E(h)r(h)}\right) \tag{7.59}$$

其中，n_h为圆台在 $z=h$ 处的交联结构单层中交联网格单元的数量。

圆台因挠曲电效应产生的极化电荷的大小则反映在圆台上下表面的电极上。圆台上表面电极上产生的感应电荷主要来源于最上层交联结构单元中电偶极矩的贡献总和，而圆台下表面电极上产生的感应电荷主要来源于最下层交联结构单元中电偶极矩的贡献总和。实际测得的感应电荷则是上下电极之间的感应电荷之差。

圆台结构中因挠曲电效应产生的电荷量为上下表面电极上的感应电荷之差，即

$$\Delta Q = Q_{\mathrm{H}} - Q_0 = \alpha F\left[m\left(\frac{1}{E_{\mathrm{H}}^{\frac{4}{3}}} - \frac{1}{E_0^{\frac{4}{3}}}\right) + 2k\left(\frac{1}{E_{\mathrm{H}}^{\frac{1}{3}} r_{\mathrm{H}}} - \frac{1}{E_0^{\frac{1}{3}} r_0}\right)\right] \tag{7.60}$$

对于没有弹性模量分布变化的圆柱结构 $\mathrm{M}_0(m=0,k=0)$，其内部的交联结构单元大小一致且均匀分布。在压载 F 的作用下，M_0沿 z 向均匀变形，不会产生应变梯度。在微观尺度下，M_0中的交联结构单元均匀变形，没有电偶极矩产生。因此可得

$$\Delta Q_{\mathrm{M}_0} = 0 \tag{7.61}$$

如图 7.38 所示，对于仅存在非均匀几何形状的圆台结构 $\mathrm{M}_1(m=0,\ k\neq 0)$，其内部的交联结构单元大小一致且均匀分布。在压载 F 的作用下，M_1沿 z 向发生非均匀变形，会产生沿 z 向的应变梯度。在微观尺度下，M_1中的交联结构单元发生非均匀变形，产生大小相同且均匀分布的电偶极矩，由于圆台上下表面的面积不一致，下表面产生的电偶极矩数量比上表面多。这种上下表面电极上感应的电荷量之差为挠曲电极化电荷量，可以表示为

$$\Delta Q_{\mathrm{M}_1} = \frac{2\alpha k F}{E_{\mathrm{u}}^{\frac{1}{3}}}\left(\frac{1}{r_{\mathrm{H}}} - \frac{1}{r_0}\right) \tag{7.62}$$

其中，E_{u}为 M_1中材料的弹性模量。

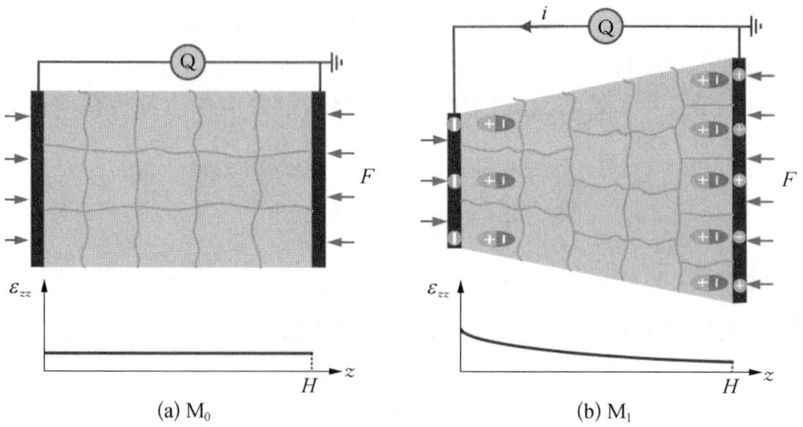

图 7.38　挠曲电效应产生原理

对于仅存在弹性模量分布变化的圆柱结构 $M_2(k=0,\ m\neq 0)$，如图 7.39(a)所示，其内部的交联结构单元大小随弹性模量非均匀分布，即弹性模量越大，交联结构单元尺寸越小。在压载 F 的作用下，M_2沿 z 向有弹性模量分布变化，会产生沿 z 向的应变梯度。在微观尺度下，M_2中的交联结构单元发生非均匀变形而产生电偶极矩，弹性模量高的下表面比弹性模量低的上表面存在更高的电偶极矩密度。由于 M_2不存在几何结构的非均匀性，下表面的电偶极矩数量要多于上表面，这种上下表面的电荷量之差即为挠曲电效应极化电荷量，可以表示为

$$\Delta Q_{M_2} = \alpha mF\left(\frac{1}{E_H^{\frac{4}{3}}} - \frac{1}{E_0^{\frac{4}{3}}}\right) \tag{7.63}$$

对于一个既存在弹性模量分布变化也存在非均匀几何形状的圆台结构 M_3 $(k\neq 0,\ m\neq 0)$，如图 7.39(b)所示，其内部交联结构的大小随弹性模量非均匀分布。在压载 F 的作用下，M_3存在沿 z 向非均匀的弹性模量和截面半径，会产生沿 z 向的应变梯度。在微观尺度下，M_3中的交联结构单元发生非均匀变形而产生电偶极矩，弹性模量高的下表面比弹性模量低的上表面存在更高的电偶极矩密度。由于 M_3还存在非均匀的几何形状，下表面的面积大于上表面，因此 M_3的上下表面的电荷量之差可以表示为

$$\Delta Q_{M_3} = \alpha F\left[m\left(\frac{1}{E_H^{\frac{4}{3}}} - \frac{1}{E_0^{\frac{4}{3}}}\right) + 2k\left(\frac{1}{E_H^{\frac{1}{3}} r_H} - \frac{1}{E_0^{\frac{1}{3}} r_0}\right)\right] \tag{7.64}$$

可知在 M_1、M_2和 M_3三种情况下挠曲电极化电荷量 ΔQ 与载荷 F、弹性模量分布变化系数 m 和截面半径变化系数 k 的关系。当给定一个载荷 F = 30 N，在 M_1

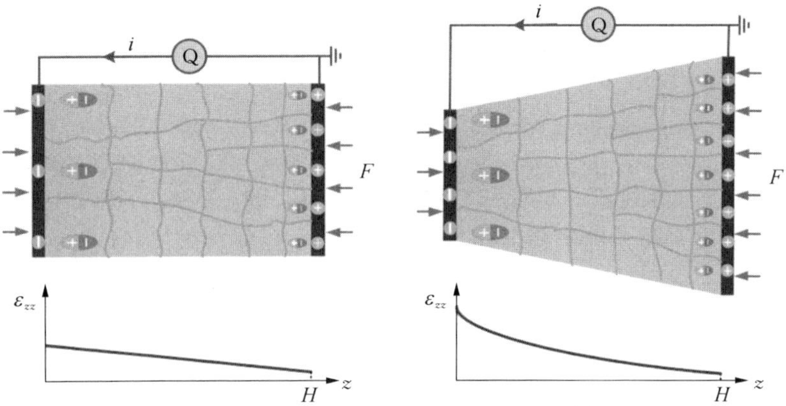

(a) M_2　　(b) M_3

图 7.39　挠曲电效应产生原理

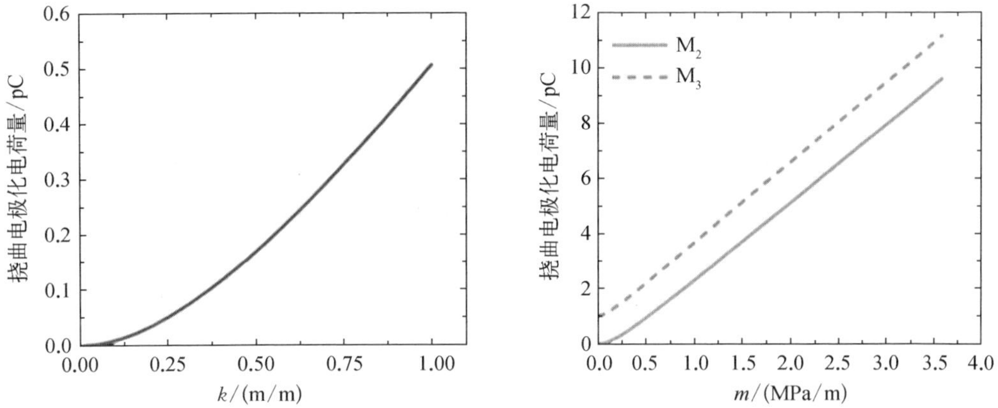

(a) M_1的挠曲电极化电荷量与k的关系　　(b) M_2和M_3的挠曲电极化电荷量与m的关系

图 7.40　在一定压载作用下(F=30 N)挠曲电极化电荷量与 k 和 m 的关系

中,挠曲电极化电荷量的输出随着 k 的增长而增长,如图 7.40(a)所示。在 M_2和 M_3中,挠曲电极化电荷量的输出也随着 m 的增长而增长。在相同载荷下,M_3中输出的电荷量比 M_2大,原因是除了弹性模量分布变化导致的应变梯度贡献的挠曲电效应,M_3中还耦合了非均匀几何结构产生的应变梯度贡献的挠曲电效应,如图 7.40(b)所示。非均匀几何形状和弹性模量分布变化都是应变梯度产生的重要原因,而二者的耦合将极大地提升挠曲电效应的力电耦合水平。

除了在相同的力载荷下研究不同模型的挠曲电输出,还研究了在相同变形(即位移载荷)条件下的挠曲电输出。z 向的变形量 Δh 和应变 ε_{zz}的关系为

$$\Delta H = \int_0^H \varepsilon_{zz} \mathrm{d}z \tag{7.65}$$

因此,在圆台压载模型中,力和位移的关系为

$$F = \frac{\Delta H}{\int_0^H \frac{1}{E(z)\pi r^2(z)}\mathrm{d}z} \tag{7.66}$$

因此,可分别得到在一定位移载荷条件下 M_1、M_2和 M_3的挠曲电输出与结构半径的变化系数 k 及弹性模量分布变化系数 m 的关系,如图 7.41 所示。

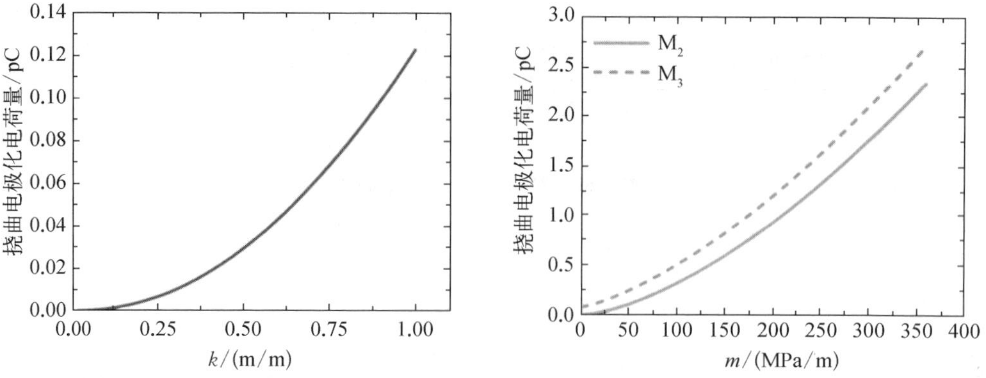

(a) M_1的挠曲电极化电荷量与k的关系　(b) M_2和M_3的挠曲电极化电荷量与m的关系

图 7.41　在一定变形量作用下(Δh=0.1 mm)挠曲电极化电荷量与 k 和 m 的关系

采用经典的纵向挠曲电效应实验方法来测量各个模型在压载作用下的挠曲电效应。频率为 1 Hz 的准静态正弦位移压载由加载设备(MTS－858)提供。试件的上下表面铺设 50 μm 厚的铜片作为电极,电荷放大器(B&K 2692)用来测量感应电荷量,电荷放大器的灵敏度被设置为 100 mV/pC。M_1、M_2和 M_3在不同位移载荷下输出的挠曲电极化电荷量如图 7.42(a)所示,随着载荷的增大,试件因挠曲电效应产生的极化电荷也随之增大。根据 M_1试件的输入载荷和输出电荷量的关系,计算得到交联密度为 10∶1 的 PDMS 的纵向挠曲电系数为 1.79×10^{-10} C/m,与文献中 PDMS 挠曲电系数的实测值保持一致。这也增强了实验数据的可信度。

另外,为了验证弹性模量分布变化和非均匀几何形状的耦合对挠曲电效应的增强作用,还对比了不同试件在相同载荷(F = 30 N 和 Δh = 0.2 mm)下的挠曲电极化电荷输出,如图 7.42(b)所示。当弹性模量分布变化和非均匀几何形状耦合在一起时,因挠曲电效应产生的极化电荷比弹性模量分布变化或非均匀几何结构单独存在时产生的极化电荷量之和还要高,达到了“1+1>2”的效果。并且,在相同的载荷下,具有弹性模量分布变化圆台 M_3的挠曲电输出比 M_1和 M_2均要高一个数量级。因此,这种在非均匀结构中构造弹性模量分布变化的应变梯度跨尺度调控方法可以极大地提高 PDMS 中挠曲电效应的力电耦合水平。

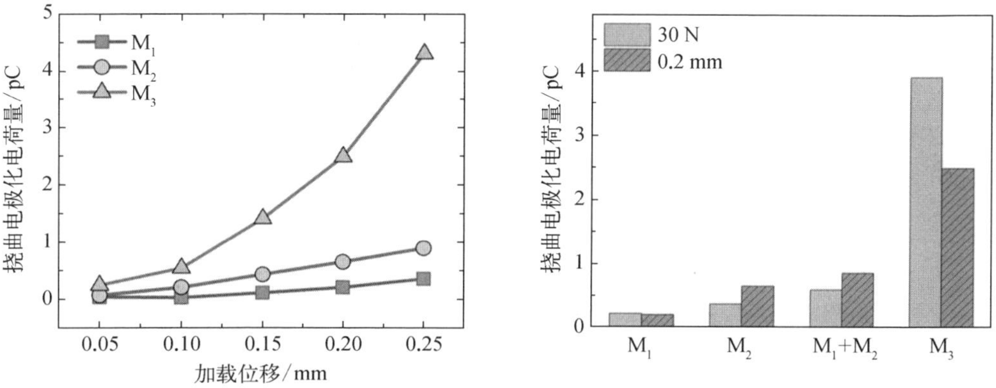

(a) 挠曲电极化电荷量随加载位移的变化

(b) 不同模型在相同载荷下产生挠曲电极化电荷量的对比

图 7.42　M_1、M_2 和 M_3 的挠曲电效应实验测量结果和对比

7.5　力电耦合复合手段调控下的巨大类压电效应

本章研究挠曲电效应的力电调控方法。如图 7.43 所示，通过单轴预拉伸、双轴预拉伸、纳米颗粒掺杂预设应变梯度和电极化下重构电荷中心等多种方式的协调作用，将介电弹性体的挠曲电系数提升 2 个数量级。

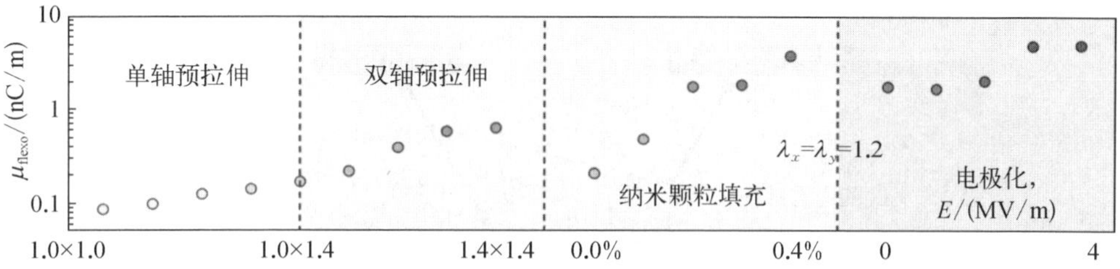

图 7.43　基于多种调控机制的挠曲电效应力电调控方法

这种挠曲电增强的复合材料除了更高的力电转换效率，另一个优点是能同时实现巨大的变形量。在宏观尺度下，传统固体电介质材料的变形量一般很小，如陶瓷材料的变形量普遍在 0.1%上下，高分子聚合物材料的变形量也不超过 10%。本节还采用等效压电系数来描述本研究中提出的 PDMS－NP 复合材料薄膜的力电耦合性能。图 7.44 是该材料的力电耦合性能与其他常见材料的对比，包括高分子聚合物、压电陶瓷、高分子聚合物基混合物和驻极体材料等。通过挠曲电效应的力电调控，PDMS－NP 复合材料兼具极高的等效压电系数和极大的弹性变形范围，这为基于大行程、大变形的高性能力电耦合器件的研发提供了新的可能。

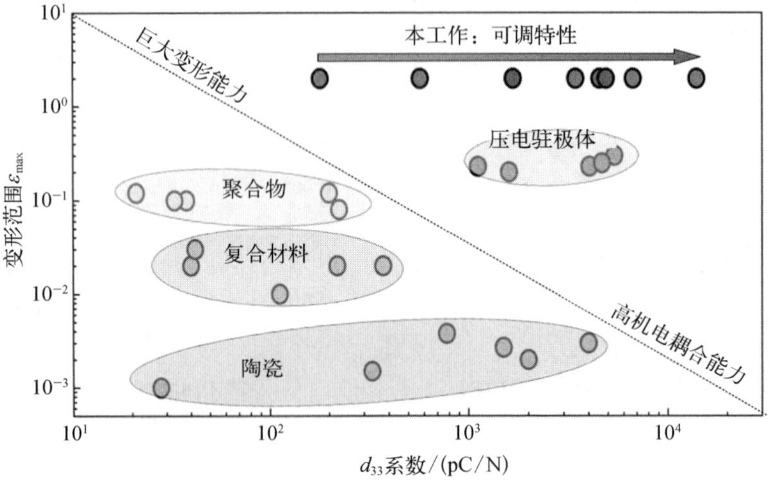

图 7.44　PDMS－NP 复合材料的力电耦合性能与常见材料的对比

由于挠曲电材料具有材料选择面广、温度适应性高和力学可设计性强等独特的优势,可以在相关力电耦合器件的研究中弥补其他材料的不足。本节基于力电调控方法将 PDMS－NP 复合材料的挠曲电系数提升 2 个数量级,与其他材料相比,该挠曲电材料可同时实现较为可观的性能指标,包括挠曲电系数、类压电系数、工作温度范围、等效内阻、弹性模量范围和变形范围,具有很好的应用前景,如图 7.45 所示。

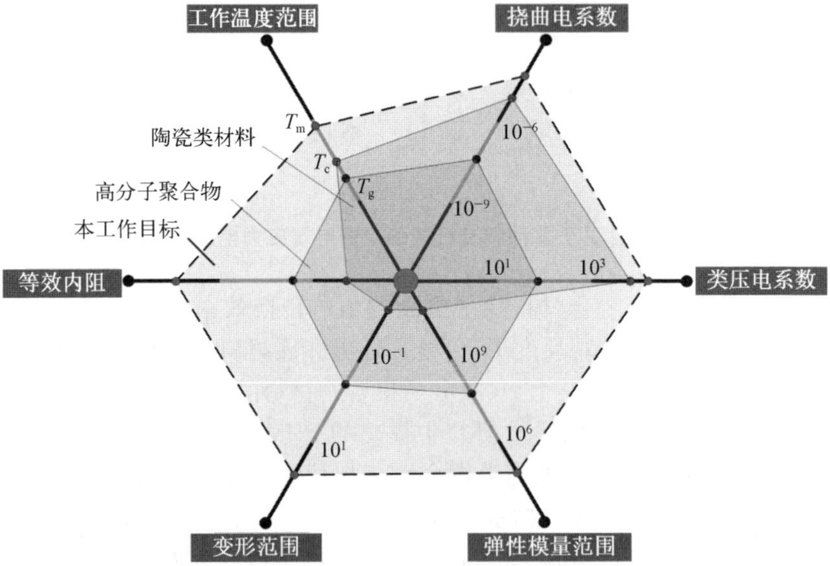

图 7.45　力电耦合材料的性能指标

第 8 章

挠曲电效应与压电效应

本章针对挠曲电效应及其过程中产生的残余压电效应开展讨论和研究。挠曲电效应最初是在研究压电效应时发现的，根据其定义和物理过程，挠曲电效应的产生与调控不可避免地与相应产生的等效压电效应共存，即便是非压电材料，也可能会因材料内部杂质、缺陷等导致残余压电效应，从而影响挠曲电效应的实验研究结果。因此，厘清挠曲电效应与压电效应之间的关系，具有非常重要的科学研究意义，同时对基于上述两类力电耦合效应的应用也具有指导作用。

8.1　压电效应定义的扩展

在介电材料中，晶体根据其对称性，共有 32 种点群，而有 20 种点群具有压电效应，其他点群的晶体没有压电效应。对于非晶体介电材料，其压电效应的材料种类和成因均较为复杂[25]。

随着复合材料的不断发展和压电驻极体模式的兴起，更加广义的“压电”效应，即对介电材料施加力学载荷后其表面感应电荷产生相应变化的力电耦合过程逐渐为人们所认识和接受，力学载荷产生电位移变化的来源也不再限于电偶极子的变化，而往往是由净电荷和偶极子共同作用，甚至由净电荷单独作用产生。值得一提的是，对于力学上各向同性且只有体净电荷存在的驻极体材料，并没有压电效应。而近年来纳米摩擦发电技术的兴起使得其通过力学上的摩擦和因此导致的相对位置变化产生相应的感应电势差，也能够产生类似“压电”的效果，并有望克服居里温度的限制[80, 223, 224]。

实验表明，非压电材料并非完全没有压电效应，即由于材料内部初始净电荷、局部杂质、气孔、缺陷等原因，也会在受到力学载荷时在其外表面感应出相应的电荷变化。这种效应往往称为“残余压电效应”。

8.2 挠曲电效应研究中的残余压电效应

8.2.1 纵向挠曲电效应研究中的残余压电效应

已有文献表明,可通过一种简单的等效实验的方法来排除或减弱残余压电效应对总极化的影响。具体实验方法如图 8.1 所示:变截面结构用于测量总极化电荷,包括由挠曲电和压电共同贡献极化电荷,再用等截面结构来测量等效的压电极化电荷。其中,等截面结构的直径(面积)与变截面结构(此处讨论基于该结构腰线为直线的变截面结构)0.5H 处的直径(面积)相同,其中 H 为变截面材料的高度。该方法同样可用于压电材料的挠曲电效应研究。由于变截面结构受压时沿高度方向的等效应力并不均匀,如何进一步等效地测量和评估材料的残余压电效应,以及该不均匀性会对实验结果带来何种影响,目前尚无具有说服力的报道。

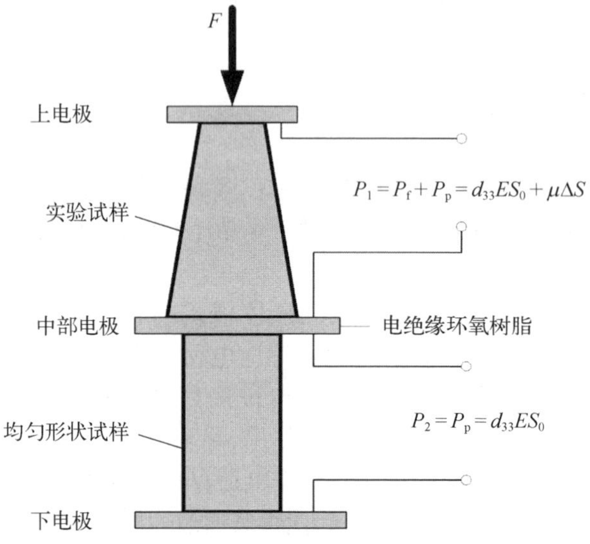

图 8.1 残余压电效应的测量和排除方法

关于材料本身不具有压电效应情况的验证,采用 XRD 扫描的方法对 PVDF 的相构成进行测量,获得非压电相的结果:材料本身基本不具备压电效应,在衍射角较大时衍射峰模糊的情况说明了该材料的结晶度不高。

对于几何结构的非均匀设计及优化,学术界已经进行了多方面的研究。其中,Abdollahi 等通过三维的数值模拟方法对金字塔形结构尺寸进行了详细而充分的研究,并得到了最有利于挠曲电效应研究的优化尺寸模型。Shen 等通过将金字塔形结构优化为圆台结构，很大程度上减弱了应力集中现象对挠曲电效应的影响。本书在第 2 章也通过边界条件的强制施加实现了应变梯度的定向设计，提出了纵向挠曲电效应中挠曲电系数分量的解耦方法。

本书通过调控 PDMS 的交联密度，设计了分别含五种不同弹性模量分布变化的圆柱和圆台结构。圆柱试件的实际测量尺寸和弹性模量设计参数如附表 II.3 所示，圆台试件的实际测量尺寸和弹性模量设计参数如附表 II.5 所示。经过实验测量，在相同的变形量下，圆柱结构的挠曲电极化电荷量随着弹性模量分布变化的增大而增大，实验测得的因挠曲电效应产生电荷量与理论解的对比如图 8.2(a) 所示，二者的趋势具有较好的一致性。在相同的变形量下，圆台结构的挠曲电极化电荷量也随着弹性模量分布变化的增大而增大，实验测得的因挠曲电效应产生电荷量理论解的对比如图 8.2(b) 所示，二者的趋势也具有较好的一致性。以上数据显示，在相同的变形量下，更大的弹性模量分布变化将在相应结构内部产生更大的应变梯度，从而产生更大的挠曲电效应。

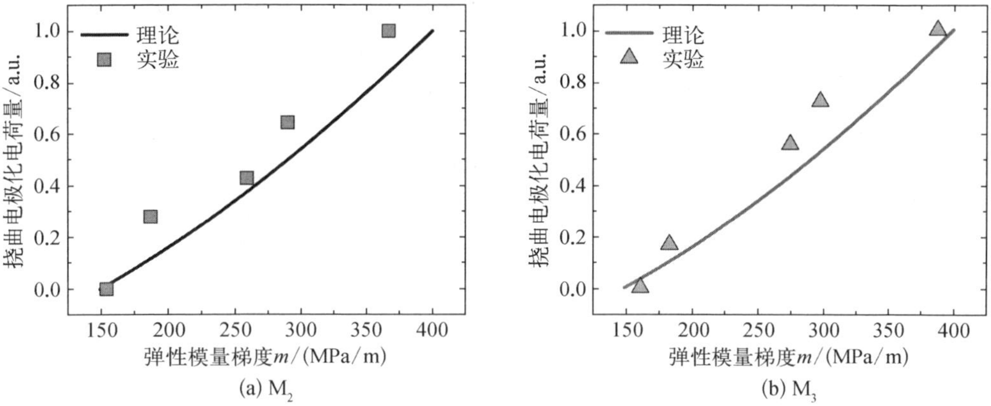

图 8.2　挠曲电极化电荷量实测值的归一化结果中与理论解的对比

等效压电系数是评价介电材料力电耦合性能的参数。如表 8.1 所示，M_3 的等效压电系数 d_{33} 约为 0.13 pC/N，分别是 M_1 和 M_2 的 17.3 倍和 10 倍，并且是 M_1 与 M_2 之和的 6.34 倍，也比常见的 PVDF 高 2 个数量级。跨尺度的材料和结构设计可成功地将由 PDMS 的等效压电系数 d_{33} 提高了一个数量级。虽然这类材料的等效压电系数 d_{33} 比 PVDF 等商用压电材料仍然低得多，但是纵向挠曲电效应与等效压电系数 d_{33} 有如下关系：

$$d_{33} = \frac{\mu_{11}}{tc_{11}} \frac{a_2 - a_1}{a_1} \tag{8.1}$$

其中，μ_{11} 为纵向挠曲电系数；a_1 为上表面正方形边长；a_2 为下表面正方形边长；t 为材料厚度；c_{11}为沿纵向的弹性模量。可知，在结构上下表面尺寸之比不变的情况下，等效压电系数 d_{33}与材料的厚度及弹性模量成反比。因此，为了达到和商用压电材料匹配的程度，PDMS 的等效压电系数 d_{33}还能够通过减小材料厚度和降低弹性模量的方法进一步放大。

表 8.1 等效压电系数 d_{33}的对比

指　标	M_1	M_2	M_3	Ji 等	Lu 等
等效压电系数 d_{33}/(pC/N)	7.5×10^{-3}	1.3×10^{-2}	1.3×10^{-1}	2.7×10^{-3}	2.5×10^{-3}

8.2.2 切向挠曲电效应研究中的残余压电效应

在第 4 章中，电极的面积采取的是平均法进行计算。挠曲电效应相关实验研究中面临的一个问题就是如何计算等效电极面积。如第 2 章变截面结构的上、下电极面积并不相同；第 3 章横向挠曲电效应研究中的一些文献中采取的上下电极面积不相等的做法；第 4 章径向挠曲电效应研究中的内、外壁电极面积不相等，以及本章的实验中也涉及电极面积不等的情况。以上情况在实验过程中有时采用平均的方法进行计算的方式进行，而该方法是否正确，以及相应的原理一直没能进行较为细致的讨论。首先需要对极化的定义和单位进行分析。电介质的极化程度是用单位体积电介质沿电场方向的电偶极矩总和，即极化强度矢量来度量的，即

$$P = \frac{\sum \mu_i}{\Delta V} \tag{8.2}$$

其中，$\sum \mu_i$ 为小体积微元 ΔV 内沿电场方向感应偶极矩之和。由于 P 是介质内极化程度表征的平均值，因而属于宏观量，其大小与外加电场有关。根据电磁场基本理论，电极化强度与宏观电场强度 E 成正比。设在均匀介质中，有一长度为 L、底面积为 ΔS、体积为 ΔV 的小圆柱体，其轴线与电场方向平行，而底面法线与电场方向呈 θ 角。该长条形的圆柱可以看成一个偶极子，其体内部的偶极子正负抵消，而仅剩表面的极化电荷，因而可以写为

$$P\Delta V = \sigma'\Delta SL \tag{8.3}$$

其中，σ' 为电荷面密度。

由于 $\Delta V = \Delta SL\cos\theta$，因而有

$$\sigma' = P\cos\theta = P_{\mathrm{n}} \tag{8.4}$$

下面以柱坐标下剪切向挠曲电效应的两种极端情况进行讨论：内外径比很小

和内外径几乎相同。当试件内外径差别巨大，如图 8.3(a)所示时，假设材料内部具有微观程度上电偶极子的排列各向同性，且每个等效的电偶极矩之间距离都基本相等，分别在内、外壁施加电极并对材料进行扭矩加载。则在内电极附近测得 8 个(示意，下同)偶极子贡献的极化电荷，而在外电极附近测得 30 个偶极子贡献的极化电荷，在该情况下如何计算电极化程度是值得考虑的问题。而如图 8.3(b)所示的内外径几乎一致时，内外电极附近偶极子贡献的电荷值几乎相等。

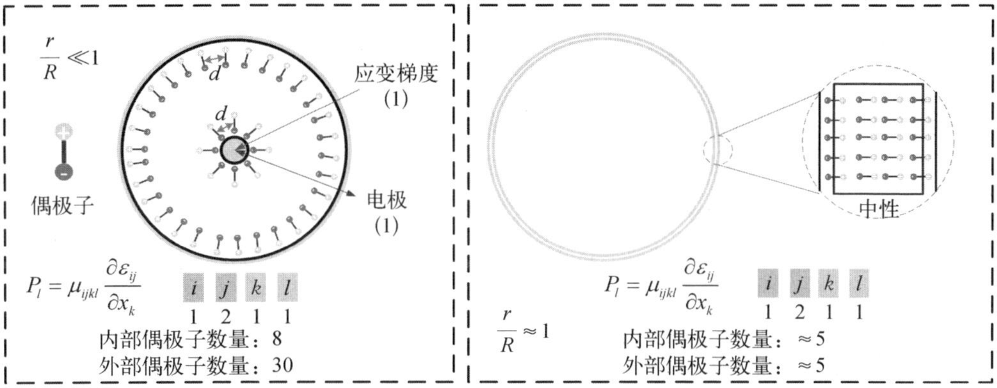

(a) 内外径比很小时的极化原理　　(b) 内外径比几乎相等时的极化原理

图 8.3　内外径比不同时的极化原理

本书认为在应变梯度方向存在着与应变梯度类似的极化梯度问题，即如图 8.4 所示，在内电极附近应变较小，应变导致的偶极矩也相应较小，即偶极子数量不变但偶极矩值变小；而随着应变的增大，应变导致的极化程度也随之增强，在应变梯度方向产生了极化梯度。该极化梯度使得原本就难以等效的电极面积确定问题变得更为复杂，除此之外，该极化梯度还会产生逆挠曲电效应，即由电场梯度产生的等效应力，从而产生附加应变的问题。逆挠曲电效应的应用将会在第 9 章详述。该正、逆效应的耦合问题与电场及磁场的关系类似，即互感互生，但从数量级上讲，宏观尺度下的极化梯度对结构的再变形贡献是极其微小的。以径向挠曲电效应的研究为例，当给第 4 章所述的试件施加 1 N · m 数量级的扭矩时，产生的最大应力为 10^7 Pa，而由电极化导致的极化梯度为 10^{-10} C/m^3(考虑到厚度 1 mm 量级，电场梯度为10^{-7} V/m^2)，以挠曲电系数 10^{-8} C/m 为例，由该极化梯度导致的应力数量级为10^{-15} Pa，远远小于由机械

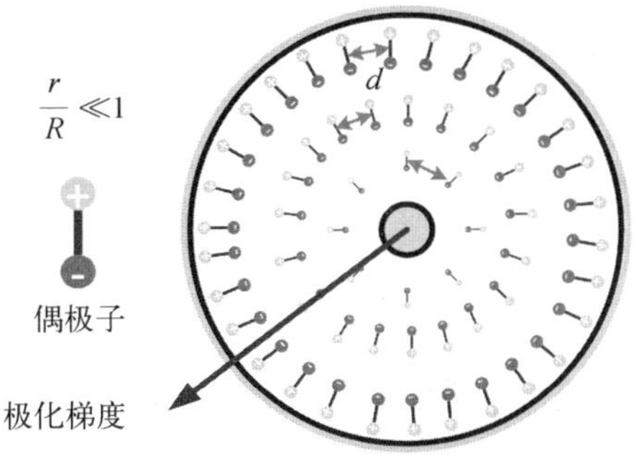

图 8.4　改进的极化梯度分析原理图

加载导致的应力，因此有足够理由忽略该附加效应。然而，该问题在微观尺度下是否能够忽略，完全取决于几何尺度和受载情况。

基于以上困难和不确定性，本书认为在实验中应尽量采用如图 8.3(b) 所示的电极面积基本相同的设计原则，当遇到本章求解部分挠曲电本征系数需要电极面积不同的情况时，应采取平均法，即在几何平均点处进行等效面积的计算，以概括地表征该情况下的极化程度和相应的挠曲电系数。本节对不同内外径比的径向挠曲电效应进行再研究，研究结果概括地证明了平均法的正确性。

8.2.3 挠曲耦合系数的提出和意义

为了进一步研究挠曲电系数与挠曲耦合系数的定性关系，本节对 PVDF 的介电常数进行测量，并对从第 2 章至本章的挠曲电系数相对应的挠曲耦合系数进行总结，如图 8.5 所示。由图 8.5 可以看出，第 2 章使用前人常用的实验方法，其测得的挠曲耦合系数在 10^2 量级，而第 3 章和第 4 章为本节原创性研究方法，其求得的挠曲电系数更小，相应的挠曲耦合系数也在 10 左右，这些值与无机氧化物的挠曲耦合系数相当，而比传统方法测得的值小一个量级。根据相应的研究方法，包括应变梯度的产生及均匀性、电信号测量手段的优化及挠曲电系数的本征化等进展，本节有理由认为通过新方法获取的挠曲电系数及相应的挠曲耦合系数具有更高的可信度，即非极化的高分子聚合物挠曲电系数在 10^{-10} C/m 数量级，相应的挠曲耦合系数在 10 左右。已有研究在不同实验方法下测得的挠曲电系数数量级分布见表 8.2。

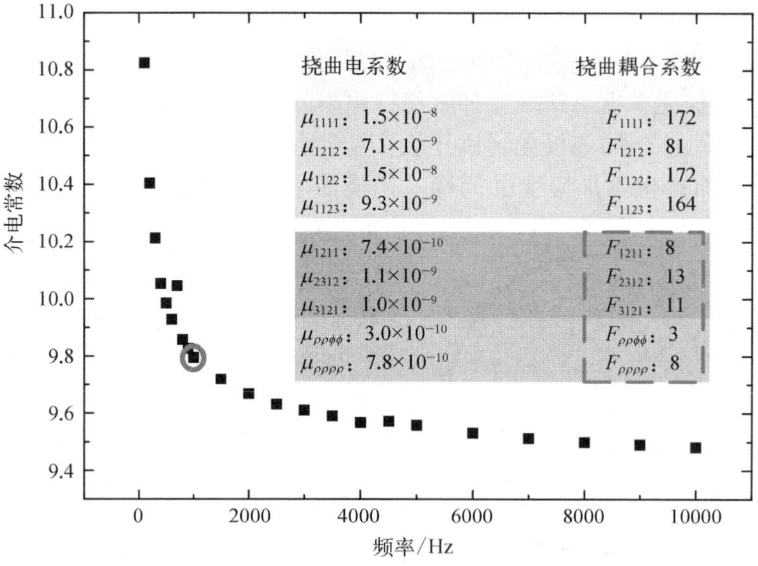

图 8.5　正挠曲电系数与相应的挠曲耦合系数对比

表 8.2　不同实验方法下的挠曲电系数数量级分布

研究者	Baskaran 等	Poddar 和 Ducharme	Zhou 等	Lu 等	本节工作
挠曲电系数/(nC/m)	$(3.25\sim9.15)\times10^4$	17~208	5.39~6.25	0.955	0.2~15

8.3　基于压电材料的挠曲电效应增强设计

在本研究中,使用的 PVDF 压电薄膜的厚度为 28 μm,其标称压电系数 d_{33} 和 d_{31} 分别为 33 pC/N 和 23 pC/N,薄膜自带银电极,定制尺寸为 20 mm×20 mm。

为得到 PVDF 压电薄膜如何加载才能实现预应变梯度的施加,本节设计如图 8.6所示的凹凸型压台,可实现压电薄膜的预应变梯度的加载,以及在预应变梯度加载后对薄膜施加正压力。将 PVDF 压电薄膜置于凹凸型压台中间,凹凸型压台采用铜加工而成,PVDF 压电薄膜的正负极分别与上下压台接触,上下压台通过导线与电荷放大器连接。当将 PVDF 压电薄膜置于半径 R 的凹凸型压台中间时,其预应变梯度为 $1/R$,通过改变凹凸型压台的半径实现预应变梯度的变化。有限元计算中采用弹性材料,使用线性六面体网格,单元类型为 C3D8R,带孔圆台单元数量为 8 400,在预应变梯度不变,上压台受到幅值为 F 的均布力作用时,PVDF 压电薄膜产生压缩变形,图 8.7 为其应变云图,沿 ρ 向正应变的范围为 $4.972\times10^{-2}\sim5.028\times10^{-2}$,最大应变和最小应变的相对误差为 1.1%,因此可认为其沿 ρ 向的正应变是均匀分布的。

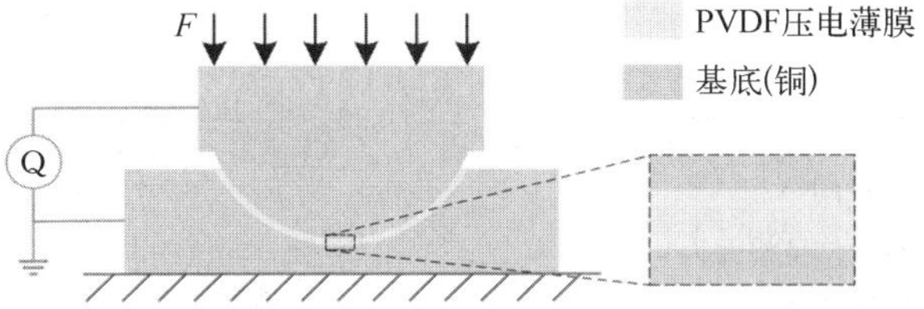

图 8.6　对压电 PVDF 施加预应变梯度的凹凸型压台

应用此压台进行实验,当上下压台压缩 PVDF 压电薄膜时,电荷信号出现突跳,信号不连续,波形与加载波形不一致。分析其原因:PVDF 薄膜内部缺陷和压台粗糙度的问题使得 PVDF 薄膜在受载时正负极短路,造成电荷信号的波动。同时此凹凸型压台适宜均匀应变的施加,当上下凹凸型压台的半径比增加时,才会导致应变梯度的产生。

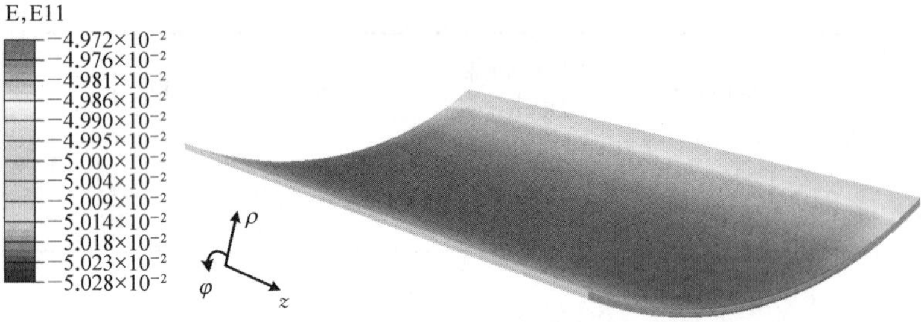

图 8.7　凹凸型压台压缩 PVDF 压电薄膜时压电薄膜的应变云图

当不同的预应变梯度施加在试样上时，通过加载固定的载荷幅值和测量 PVDF 压电薄膜产生的电荷可获得相应的挠曲电效应。偏置项-预应变梯度的变化范围为 1.08~5.39 m^{-1}，应变梯度幅值为 1.08 m^{-1}，测量得到的电荷信号幅值由 4.033 nC 增加至 6.013 nC，如图 8.8(a)所示。固定应变梯度幅值 k 为 1.08 m^{-1}，极化强度随着偏置项-预应变梯度的增加而增加。通过调节偏置项-预应变梯度，挠曲电效应输出提升了 49%，由图 8.8(b)可知，极化强度随偏置项-预应变梯度的增加速度越来越小，由此可以预测对于单晶材料，调节偏置项-预应变梯度将不会有增强效果。

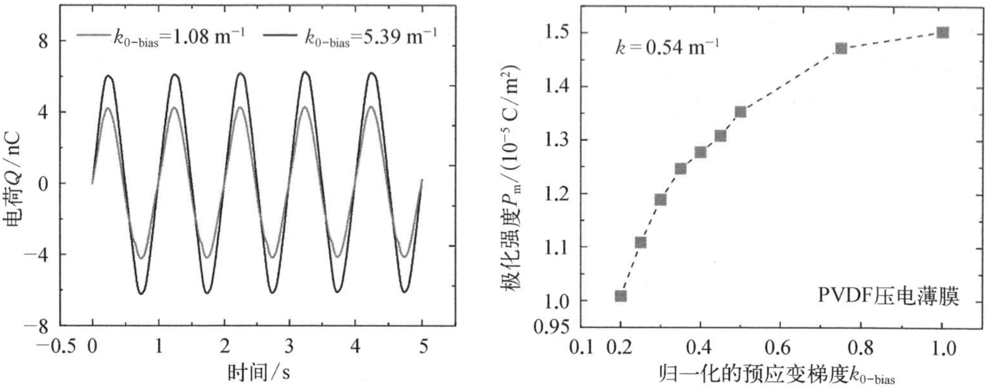

(a) 偏置项-预应变梯度幅值为1.08 m^{-1}和5.39 m^{-1}时的电荷实时曲线

(b) 载荷幅值相同时极化强度与偏置项-预应变梯度的关系

图 8.8　预应变梯度对 PVDF 压电薄膜增强效果

第 9 章

基于挠曲电效应的应用探索

基于挠曲电效应的研究,本章汇总作者基于挠曲电效应的应用探索成果。以挠曲电效应为基础的应用具有非常广泛的发展前景,如在力致电子逻辑器件的开发、信息存储、无源式扭矩传感、无铅材料的作动器技术、微纳尺度俘能技术等领域已经开展了研究。本节以第 3 章和第 5 章的研究结果为基础,主要开展基于挠曲电原理的扭矩传感器和基于逆挠曲电原理的微小/极微小位移作动器研究。

9.1 基于挠曲电效应应用的重要意义

在科学技术方面,基于压电材料的纳米尺度加载和控制技术已趋于成熟,但如何向更小尺度、更恶劣和极端环境进军,如进一步提高现有显微镜分辨率,如何能在外太空等宽温度范围实现压电材料的服役、如何在数十万公里的外太空环境距离实现高精度定位和追踪,以实现引力波的可靠测量等,一直是困扰相关研究人员的问题。若能解决上述问题,则可极大程度提高生命科学中各类实验仪器的精度,并因此发展出革命性的科研成果。在超远距离飞行器(如火星-地球)与控制中枢的激光通信技术研究中,对反射镜面的调节和控制精度要求更是达到甚至超过了纳(10^{-9})弧度甚至更小,这是现有压电作动技术所无法实现的。除此之外,由于压电材料大多含有重金属,对环境保护造成了巨大的潜在压力,开发一种不含重金属的应用原理及其材料迫在眉睫。由于理论体系尚不完善、实验研究难度大和学科交叉程度高等原因,逆挠曲电效应目前为止研究很少,基于逆挠曲电原理的应用研究更是尚未见报道。

现有工程技术中对力学量,尤其是力学载荷的测量大多采用的是应变计粘贴的方式,通过测量变形(电阻的变化量)来实现,或是通过电磁等方式实现测量。但无论是应变式还是电磁式,都需要对传感单元进行供电,而对该电源质量的要求使得其在工业应用的发展受到了一定的限制。而兼具高精度大量程,甚至宽频带范围和温度范围的作动材料及其方法需求迫切,但现有技术的应用受到各方条件限制。

基于正、逆挠曲电效应及其调控方法,结合现有应用需求,作者开展了系列应用探讨,本章正是上述内容的展示。根据应用探索的特点,本章将应用探索的内容主要分为力学量传感、作动器件、俘能研究以及基于挠曲电效应的表面粗糙度测量。为了方便描述，每一种具体的应用研究成果均以“优势与特点”、“原理和应用性分析”、“设计过程”和“应用效果”四部分分别进行展示。

9.2 力学量传感器

与压电效应类似，挠曲电效应因其力电耦合相关性，可用于包括力学量、声压、人机交互等领域在内的各类传感器研制工作[225-232]。

9.2.1 无源扭矩传感器

1. 优势与特点

现有扭矩/扭角测量技术大多为应变式、光测等原理，具有较高的精度和一致性，被广泛采纳和使用。然而，由于测量元件往往需要有电源进行供电，且对电源质量要求很高，因此如果能发展一种无源式的扭矩/扭角传感器则会一定程度上减少测量误差的来源，保障测量精度。因此，基于对径向挠曲电效应的研究结果，本节进行无源式的扭矩/扭角传感器研究。图 9.1 是无源式扭矩/扭角传感器的基本原理设计图，呈管状结构，包括两端的夹持端和中间的传感部分，以及传感部分内外表面的电极。

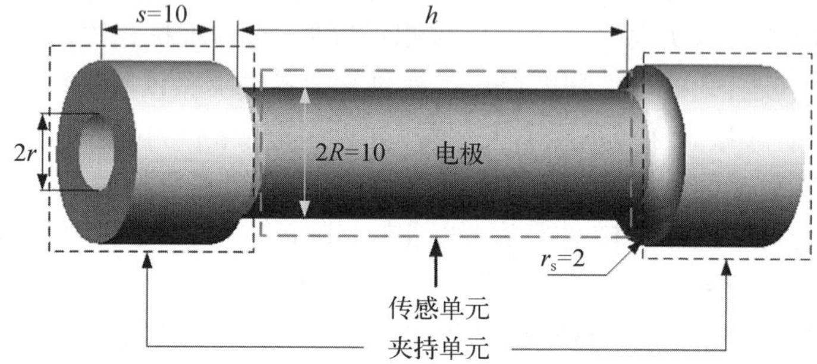

图 9.1 无源扭矩/扭角传感器原理图

2. 原理和应用性分析

根据第 3 章内容，本节部分力学公式省略，图 9.1 涉及的结构极惯性矩可以表达为

$$J = \int_A \rho^2 dA = \int_r^R \rho^2 2\pi\rho d\rho = \frac{\pi}{2}(R^4 - r^4) \tag{9.1}$$

其中，R 为外径；r 为内径。基于胡克定律，有

$$\gamma_{\rho\varphi} = \frac{\tau}{G} = \frac{M_{\mathrm{n}}\rho}{JG} \tag{9.2}$$

其中，$\gamma_{\rho\varphi}$为在 ρ 点的剪切应变；G 为剪切模量；τ 为剪切应力；M_{n} 为施加的扭矩；J 为试件的极惯性矩；ρ 为半径。在弹性范围内，扭角可写为

$$\varphi = \frac{M_{\mathrm{n}}l}{GJ} \tag{9.3}$$

其中，l 为圆柱/圆筒结构的长度。扭矩与极化电荷之间的关系为

$$M_{\mathrm{n}} = \frac{P_{\rho}JG}{\mu_{1211}} = \frac{JG}{A_{\mathrm{s}}\mu_{1211}}Q_{\mathrm{s}} \tag{9.4}$$

其中，Q_{s}和 A_{s}分别为极化电荷值和相应的电极面积。

3. 设计过程

首先对传感单元的结构进行优化和设计。将外径固定后讨论内径大小与最大载荷以及相应应变梯度之间的关系。图 9.2 是在外径为 5 mm 时内外径比与最大许用载荷、内外径比与应变梯度的关系。由图 9.2 可以看到，随着内径的增加，最大许用扭矩不断减少，同时在一定的内径范围内，相对应的最大应变梯度几乎不变。因此，图 9.2 有助于不同载荷需求下的传感器量程和灵敏度设计及选择。基于以上优化计算结果，本节对扭矩传感器的具体尺寸进行优化设计。图 9.3 是该传感器扭矩与扭角、扭矩与应变梯度之间的关系，可以看出在量程范围内该传感器具有良好的载荷-变形线性度。

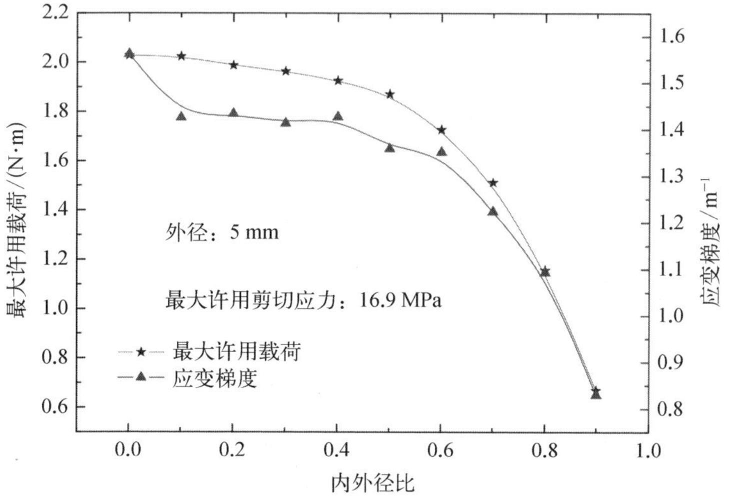

图 9.2　外径确定时内径值与最大许用载荷及应变梯度的关系

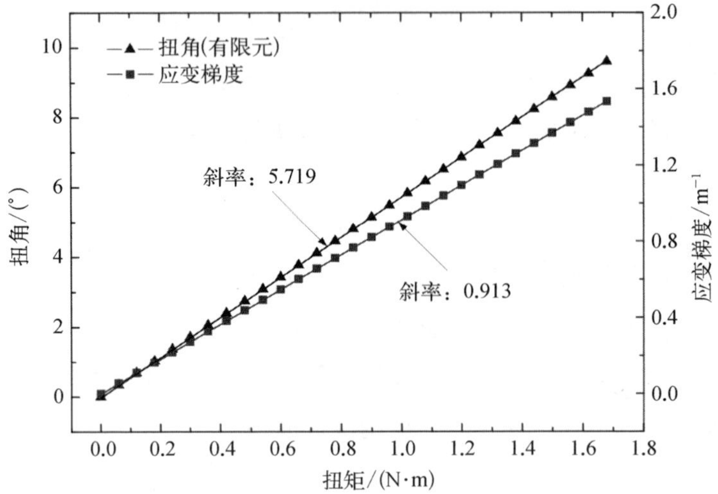

图 9.3　传感器扭矩与扭角、扭矩与应变梯度的关系

4. 应用效果

对该传感器进行如第 4 章所述的小频率范围内、室温下的实验测量，得到如图 9.4 的实验输出波形图。图 9.4 是在加载频率为 2 Hz 时，输入载荷与相应输出电极化信号的波形图，可观察其具有良好的力电一致性。该传感器的理论和实验测量灵敏度如图 9.5 所示。理论计算和实验测量的灵敏度误差由加工精度、测量波形的信噪比、载荷加载精度等因素造成。

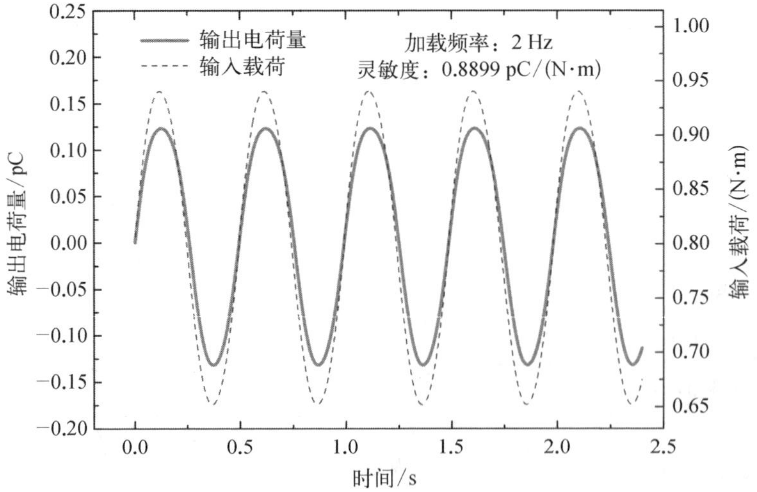

图 9.4　加载频率为 2 Hz 时输入载荷与相应输出电极化信号的波形图

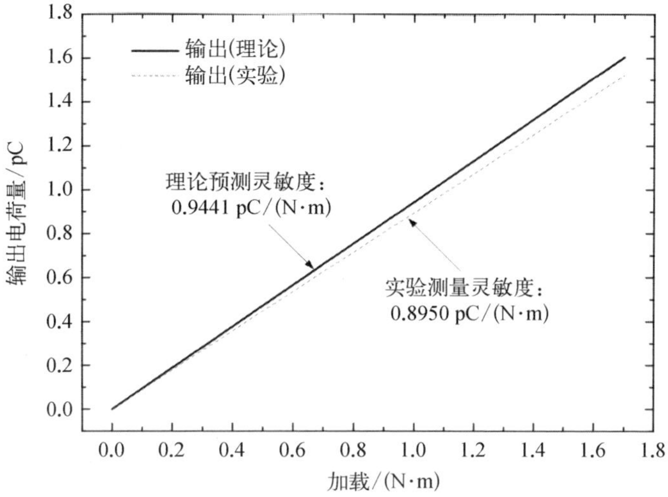

图 9.5　实验和理论灵敏度对比

9.2.2　高精度载荷传感器

1. 优势与特点

挠曲电效应的应用研究为力电耦合器件的发展提供了更广泛的方向和自由度。基于挠曲电效应的力电调控增强的 PDMS－NP 复合材料兼具高力电转换效率和大变形量的优点,本节结合力学设计和重复结构的阵列设计,研制一种可以感知多种力学信号的载荷传感薄膜。PDMS－NP 复合材料的载荷传感基于圆形薄膜在弯曲情况下产生的力电耦合效应。首先,当载荷以集中载荷的形式作用在四周固支的圆形薄膜中心时,圆形薄膜将产生非均匀的弯曲变形,产生应变梯度,如图 9.6 所示。由应变梯度产生的挠曲电极化电荷就是传感单元的输出信号。为了增强薄膜的力电耦合输出特性,还可采用多个集中载荷双向交叉加载的方式,如图 9.6 右端所示。在每个集中载荷的附近铺设采集感应电荷的电极,并将每个传感单元的电极以并联的方式连接,这样就可将多个传感单元组成阵列式结构产生的感应电荷进行叠加。

2. 原理和应用性分析

将两端固支中心受载的圆形薄膜定义为一个传感单元。第 2 章中已经详细推导了传感单元在弯曲变形时,在厚度方向产生的平均应变梯度(半径从 r_1 到 r_2 的区域)可以表示为

$$\frac{\partial \varepsilon_{\mathrm{r}}}{\partial z_{\text{average}}} = \frac{\int_{r_1}^{r_2} \frac{4w_0}{a^2(1-\nu^2)}\left[(1+\nu)\ln\frac{a}{r}-1\right]\mathrm{d}r}{r_2-r_1} \tag{9.5}$$

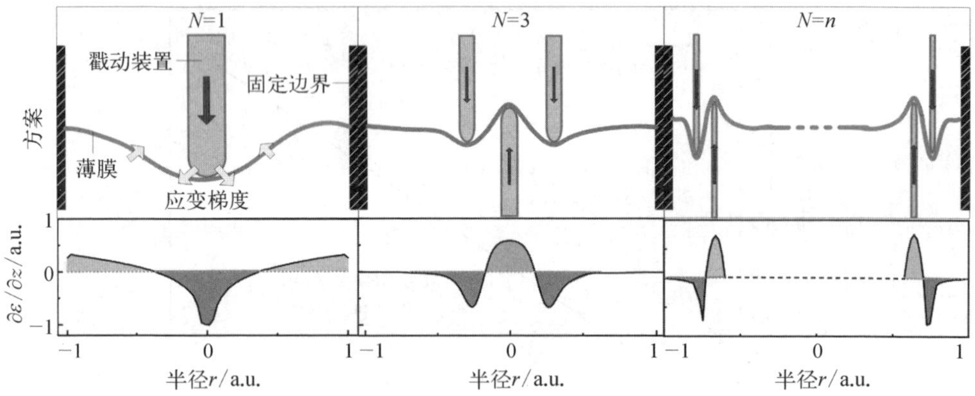

图 9.6　重复单元设计及其应变梯度分布

其中,a 为传感单元的半径;w_0为传感单元中心点的位移;ν 为材料的泊松比;r 为半径。

由式(9.5)可知,应变梯度的分布与传感单元的厚度无关。传感单元在弯曲变形时产生的应变梯度可采用有限元仿真的方法得到。有限元仿真的参数为传感单元的半径 $r=20$ mm,厚度 d 分别设为 0.2 mm、0.4 mm 和 0.6 mm,边界条件为四周固定约束,薄膜的中心施加位移载荷 0.5 mm。应变梯度的有限元仿真结果随半径变化的结果如图 9.7(a)所示,可以清楚地看到,不同厚度的传感单元在相同的边界条件下产生的应变梯度随半径的分布基本一致,其中产生的偏差主要是由仿真过程中对不同厚度传感单元模型网格划分的不一致性造成的。除此之外,传感单元中心的力载荷 P 和位移 w_0的关系为

$$\frac{P}{w_0}=\frac{4\pi Ed^3}{3a^2(1-\nu^2)} \tag{9.6}$$

其中,E 为材料的弹性模量。可根据式(9.6)测得传感单元的弯曲刚度。在相同的载荷条件下,传感单元的厚度越小,刚度也越小,即薄膜越薄,使其变形需要的力就越小,如图 9.7(a)所示。传感单元的厚度越小,其弯曲刚度越小。对于一个指定厚度和半径的传感单元($r=20$ mm,$d=0.3$ mm),可通过力传感器(HBM,S2M/5N)实验测量其在不同位移载荷下受到的力。即使在 0.5 mm 的中心位移下,最终测得的力的数量级也只有 10^{-4} N,如图 9.7(b)所示。由于该结果仅为力传感器量程的万分之一,理论计算值和有限元仿真结果被用来对其进行了验证。如图 9.7(c)所示,理论、有限元和实验的结果具有良好的一致性,该传感单元力和位移保持线性关系,在 10^{-4} N 量级的载荷下就能使薄膜产生较大的变形。

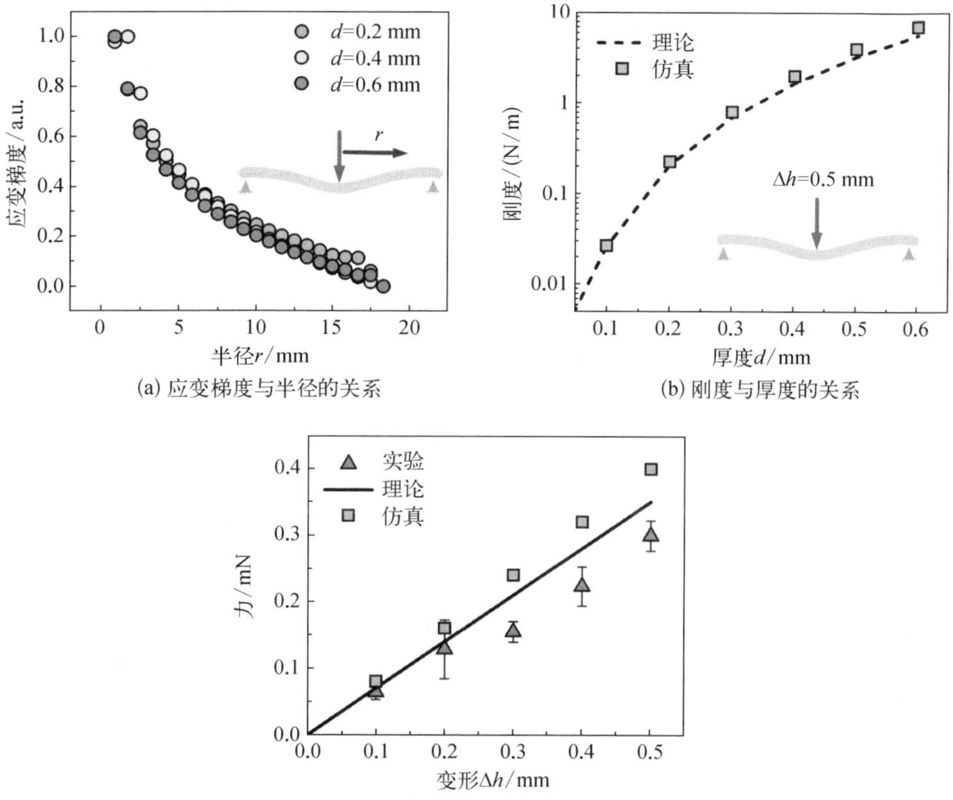

(a) 应变梯度与半径的关系

(b) 刚度与厚度的关系

(c) 力与变形的关系

图 9.7　传感单元的力学性质

3. 设计过程

材料的力电耦合性能一般可以由等效压电系数来衡量，即

$$d_{33,\ \mathrm{equivalent}} = \frac{\mathrm{d}Q_{\mathrm{flexo}}}{\mathrm{d}F} \tag{9.7}$$

其中，Q_{flexo}为因挠曲电效应而产生的电荷量。

通过分析可知，传感单元的厚度越小，变形时产生的刚度就越小，即厚度越小，传感单元的可变形能力就越强。载荷传感薄膜的传感单元仅需要很小的力，就可以输出高水平的电荷量。从等效压电系数方面考虑，薄膜的刚度越小，就可以在相同的力载荷下产生越大的弯曲变形（应变梯度），从而诱导更高的挠曲电极化电荷量的产生。本实验制备薄膜的最小厚度为 0.25 mm。单个传感单元的力电耦合效应可通过实验测量获取。传感单元的材料分别使用 PDMS、PDMS - NP 复合材料和极化后的 PDMS - NP 复合材料。在不同比例的双轴预拉伸条件下,由以上三种材料构成的传感单元的等效压电系数分别为 325 pC/N、1 840 pC/N 和4 905 pC/N,如图 9.8(a)所示。通过纳米颗粒掺杂和电极化的方法,可将传感单元的等效压电系数提高 15 倍。

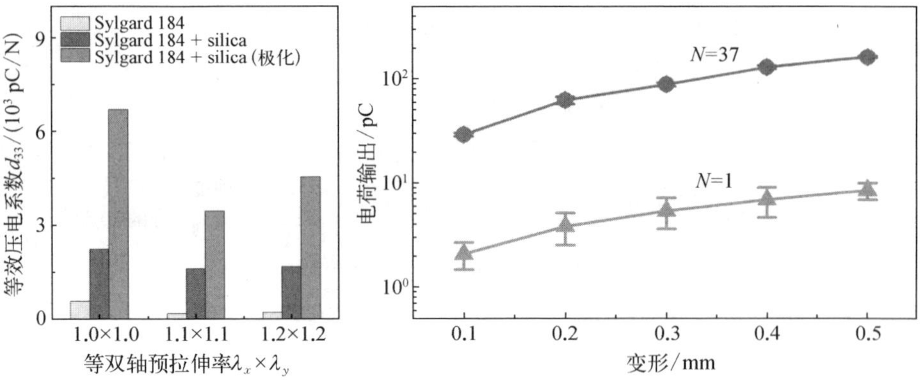

(a) 传感单元的等效压电系数　　(b) 传感单元阵列力电耦合性能的增强效果

图 9.8　传感单元力电耦合性能

为了进一步增强载荷传感薄膜的输出,可将多个传感单元集成为一个阵列,并通过并联的方式将每个传感单元中采集到的电荷量进行叠加。如图 9.9 所示,薄膜的厚度为 0.25 mm,每个传感单元之间相距 15 mm,每个传感单元的电极为半径为 6.5 mm 的圆,相邻的传感单元之间集中载荷的方向相反,应变梯度同号的电极相连,所有的传感单元信号并联。通过传感单元阵列(N = 37)的集成,相比于单个传感单元(N = 1),电荷输出被放大了约 20 倍,如图 9.8(b)所示。

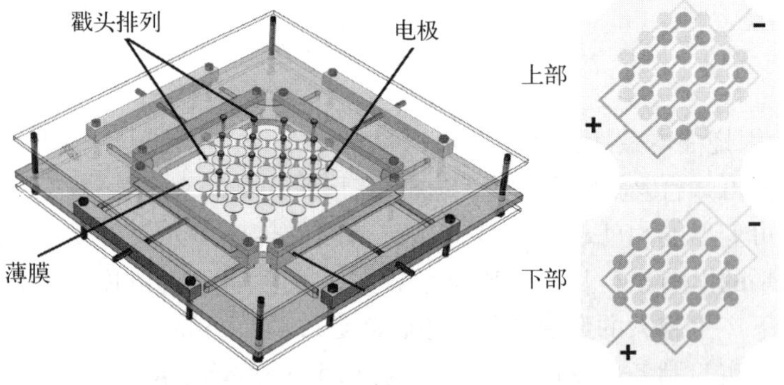

图 9.9　传感单元阵列的设计及所产生的电极化强度的叠加测量

4. 应用效果

图 9.10(a)是 0.25 mm 厚的薄膜在不同位移载荷下的等效压电系数分布，可以看到，在不同的变形条件下，该传感阵列的等效压电系数保持在同一水准，其平均值为 4 230 pC/N。同时，薄膜在最大位移为 3 mm 时仍然保持良好的力电耦合性能，其变形量相当于薄膜厚度的 12 倍。图 9.10(b)是传感阵列在相同力学量输入的条件下从 1 Hz 到 10 Hz 的频率响应，可以看到该传感阵列的电荷输出基本保持一致，其传感性能在该频率段具有较强的稳定性。

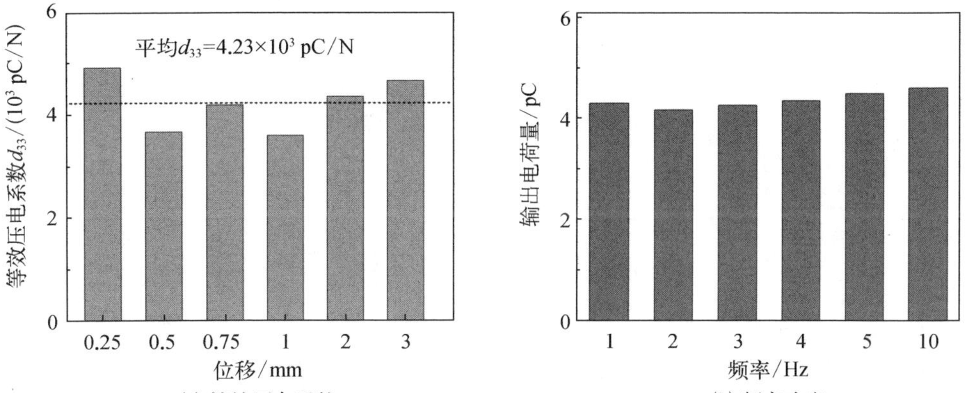

(a) 等效压电系数　(b) 频率响应

图 9.10　传感阵列的性能

具有超高等效压电系数的载荷传感薄膜可以对多种力学量进行有效传感。如图 9.11 所示，将一个乒乓球从 15 cm 高的地方自由落体到集成的载荷传感薄膜，在乒乓球与该载荷传感阵列的第一次接触时产生的电荷量为 2.68×10^3 pC。通过力传感器测量到的冲击力载荷估算，乒乓球从 15 cm 自由落体掉落产生的冲击力约为 0.25 N。因此，可以计算出在这种情况下传感薄膜的等效压电系数最大可达 1.42×10^4 pC/N，该值大大超过了图 9.10(a)所示的传感薄膜的平均等效压电系数 4.23×10^3 pC/N。主要原因是前述实验是准静态加载，而乒乓球掉落是自由落体运动，冲击载荷与准静态加载的不同导致了所得等效压电系数的偏差。

将该载荷薄膜与常见的商用压电材料(如 PVDF 薄膜和 PZT 薄片)进行对比后发现：同样将乒乓球从 15 cm 的高度自由落体，乒乓球在 PVDF 薄膜和 PZT 薄片上首次弹起时产生的电荷量分别为 25.6 pC 和 36.5 pC，如图 9.12(a)所示，比薄膜传感阵列上的电荷输出要低 2 个数量级。正常来讲，PZT 的压电系数要比 PVDF 高 1 个数量级，然而二者与乒乓球接触时产生的电荷输出仅相差了 30%左右，原因主要是 PZT 和 PVDF 的弹性模量不同，当乒乓球的冲击载荷作用在材料上时，材料的变形状态也会不同。另外，通过比较三种材料在准静态 1 Hz 力学载荷下的电荷

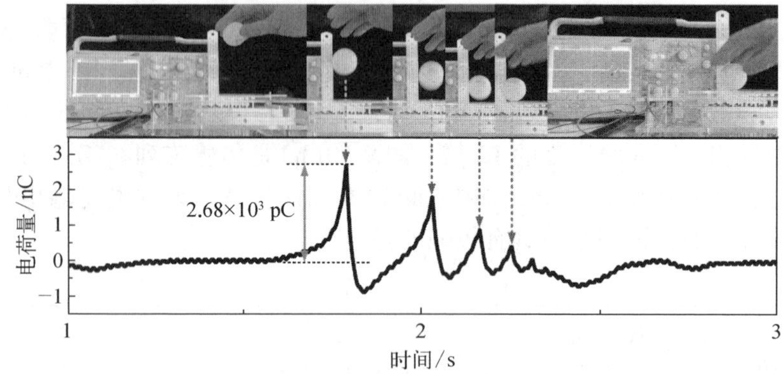

图 9.11 超高类压电效应输出

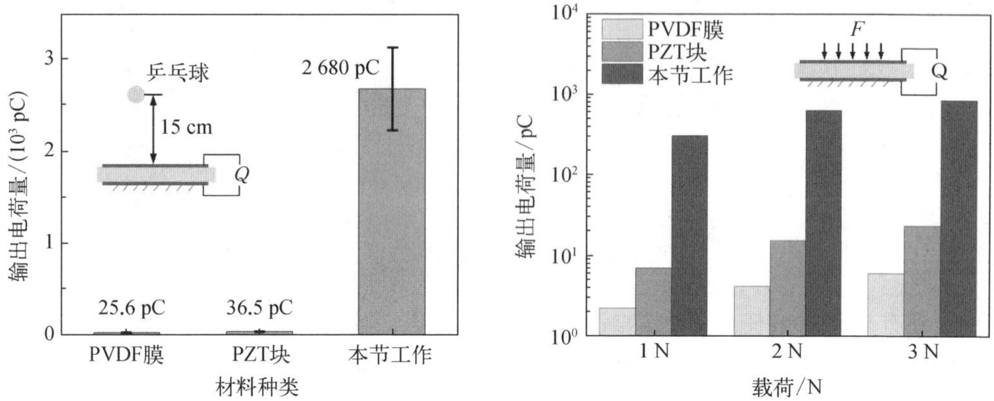

(a) 乒乓球自由落体的电荷输出

(b) 力学量传感性能

图 9.12 载荷传感薄膜的力电耦合性能与常见压电材料的对比

输出(图 9.12(b))可知,载荷传感薄膜在不同压载下(1 N、2 N 和 3 N)的电荷输出比 PZT 高 1 个数量级,比 PVDF 高 2 个数量级。这也与三种材料的等效压电系数的比例相当,PVDF 的压电系数在 20~30 pC/N,PZT 的压电系数在 200~500 pC/N,本节载荷传感薄膜的等效压电系数约为 4.23×10^3 pC/N。

9.2.3 准零刚度位移传感器

1. 优势与特点

近年来,研究人员利用各种方法来提高传感器的性能,包括探索新的传感材料、应用微纳米制造技术及使用准零刚度(QZS)结构等。采用 QZS 的结构具有接近于零的刚度值,这样可以减少附加刚度并隔离振动,提高测量精度。例如,在

MEMS 加速度计中嵌入 QZS 结构可显著提高灵敏度并降低噪声；将具有 QZS 的结构实现在力传感器中，以优化机器人的柔性机构；通过准零刚度位移传感系统减少时间延迟和误差积累，有利于振动体的绝对位移测量。传统的 QZS 结构可以通过在线性正刚度弹性单元上并联几何非线性负刚度单元来实现。这里的负刚度是指载荷与变形呈反比关系的一种特殊力学性能。负刚度的实现通常采用弹簧和电-磁-力控制，或者是利用特定形状结构的受力与变形之间的非线性关系，如弹性弯曲梁等。后者具有较高的可设计性，便于小型化和集成到传感器中。值得注意的是，与目标物体相连的 QZS 结构将引入可忽略的附加刚度，使 QZS 传感元件适合于大变形测量。

除了结构设计，基于挠曲电传感机制的 QZS 传感器适合非均匀大变形工况。挠曲电效应由于其显著的尺寸效应和不受居里温度的限制等多重优势，有望在高分辨率传感和驱动中得到应用。这些特性使得挠曲电效应在材料和结构设计中具有很强的灵活性和广阔的前景，如在高温条件下使用的力和位移传感器。QZS 结构与挠曲电效应的结合可以作为复杂环境中的被动和绝对位置传感器，这是激光位移计、应变计和线性可变位移传感器难以实现的。此外，近几十年微纳制造技术取得长足进步，基于挠曲电效应的微米级甚至更小尺度的微型传感器也很有前景。

本书作者提出一种基于挠曲电效应的 QZS 位移传感方法。在对提出的结构进行力学响应仿真的基础上，量化了核心几何参数对 QZS 加载范围的影响，确定了具有所需 QZS 范围和达到 QZS 的预紧力的最优配置。实验研究了最优 QZS 结构的力学响应，并在振动条件下测量了高应变梯度区域的总挠曲电荷。在有限元分析和实验测量的基础上，讨论了基于 QZS 结构与挠曲电相结合的传感机理。这种位移传感方法充分利用了优化后的 QZS 结构在变形时产生挠曲电极化的特点。因具有显著的线性、可重复性和设计灵活性，所提出的结构有望成为复杂环境下可靠的位移传感器。

2. 原理和应用性分析

设计 QZS 结构的关键是合理地组合正、负刚度段。与以往研究中使用的多段梁不同，这项工作使用了一种连续弯曲梁的结构，两段之间的平滑过渡呈现中心对称，如图 9.13(a)所示。以 N_1、N_2、N_3 为基点，用三次样条曲线确定梁的中轴线，然后设定梁的厚度和宽度，生成曲线梁。这样既可以提高梁的变形能力，又可以避免应力集中。所提出的 QZS 结构在压缩下的变形通常在初始阶段单调增加，随后出现一个力-变形平台，这就是零刚度变形区域，如图 9.13(b)所示。在此 QZS 加载阶段，当施加进一步的变形时，例如，在结构顶部施加循环位移，来自正刚度和负刚度部分的内力(包括弯矩)将相互抵消，导致总体反作用力的变化几乎为零。图 9.13(b)描绘了 QZS 结构的理想加载曲线，突出显示了平坦的 QZS 平台。在所

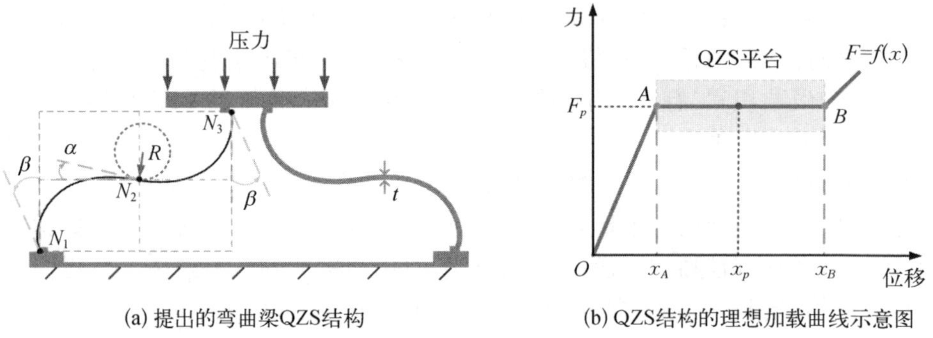

图 9.13 提出的弯曲梁 QZS 结构及其理想加载曲线示意图

进行的实验中,在 QZS 平台内可以观察到较小的力波动(通常小于预紧力 F_p 的 0.75%)。具体而言,在本节提出的 QZS 结构的力-位移曲线中,QZS 平台由平坦度 ξ 定义,满足以下条件:

$$\xi = \frac{F_{\min}}{F_{\max}} \times 100\% \geqslant 95\% \tag{9.8}$$

其中,$F_{\min}$ 和 $F_{\max}$ 分别为 QZS 区域中的最小力和最大力。

QZS 平台被限定在 A 点和 B 点之间。此外,为了满足应用条件,QZS 平台的长度 L_{QZS}、QZS 平台中部的对应位移 x_p 和预紧力 F_p 定义如下:

$$\begin{cases} L_{\text{QZS}} = x_B - x_A \\ x_p = \dfrac{1}{2}(x_B + x_A) \\ F_p = f(x_p) \end{cases} \tag{9.9}$$

其中,x_B、x_A 和 x_p 分别为 A 点、B 点及其中点对应的位移;$F=f(x)$ 为力与位移的函数。

3. 设计过程

所提出的 QZS 结构的力学响应基本由以下四个可调参数控制:弯曲梁的厚度 t;N_2 点的曲率半径,这里称为中心半径 R;N_2 点的切线与水平线之间的夹角,称为水平偏差 α;点 N_3(或点 N_1)的切线与垂直线之间的夹角,称为垂直偏差 β。需要注意的是,为了保证形状的唯一性,增加了额外的约束:整个曲线围绕中心点 N_2 对称;点 N_1 和 N_3 处的曲率设为 0.1。结构的包络尺寸为曲线梁的水平和垂直长度 L_h 和 L_v,以及曲线梁的宽度 w。表 9.1 列出了结构的基本尺寸以及所选择材料的属性,包括弹性模量 E、泊松比 ν、密度 ρ、屈服强度 σ_y 和横向挠曲电系数 μ_{1122}。

表 9.1　QZS 结构的尺寸和材料属性

参数	L_h	L_v	w	E	ν	ρ	σ_y	μ_{1122}
数值	35	25	8	1 470	0.33	1.02	49	6.99×10^{-10}
单位	mm	mm	mm	MPa	—	g/cm^3	MPa	C/m

该结构输出的挠曲电极化本质上是由弯曲梁的变形机理和弯曲梁上的应变分布决定的。较大的 QZS 平台长度 L_{QZS}，表明沿梁的垂直变形和应变梯度较大，而较小的预紧力 F_p，使得达到 QZS 平台的临界输入力较小。在上述几何约束下，所提出的 QZS 结构有望呈现较长的 QZS 范围，同时具有较低的 QZS 预紧力。通过一系列有限元分析，提取了 4 个可调几何参数与 L_{QZS} 和 F_p 之间的定量关系，确定了 QZS 几何形状。为保证结构的可行性，在进行有限元分析时还应注意以下附加限制：① 弯曲梁在标准工况下的最大 von Mises 应力不能超过材料的屈服应力；② 在变形过程中，结构的任何部分都不接触；③ 结构的底部是固定的，上表面承受压载荷。

将构造好的模型导入 ANSYS 中，网格类型选择四面体，QZS 结构支承部件网格尺寸设置为 0.5 mm，变形弯曲梁网格尺寸设置为 0.1 mm，使其计算精度更高。分析网格的灵敏度，以确保网格足够精细，特别是在 N_1、N_2 和 N_3 点附近的区域。QZS 结构的底座固定，位移边界条件作用在 QZS 结构的顶部。应注意的是，考虑到弯曲梁发生的较大弯曲变形，在加载过程中设置大挠度程序。对于每次模拟，位移从 0 mm 增加到 17 mm，增量为 0.5 mm。在静力结构模式下，忽略材料的黏度。在单独的模拟中，只有一个参数变化，而其他三个参数保持不变。在准静态和位移控制条件下，得到了力与位移的关系。根据得到的力-位移曲线，确定了参数 L_{QZS} 和 F_p。

通过分析和比较每个可调参数的结果来确定最优结构，如图 9.14(a) 和(b) 所示。这里采用无量纲参数和归一化结果。无量纲中心半径为中心半径与弯曲梁的水平长度之比，而无量纲厚度是指厚度与宽度的比值。从图 9.14 可以看出，L_{QZS} 随水平偏差和无量纲中心半径先增大后减小，而 F_p 则随水平偏差和无量纲中心半径的增大而减小。如图 9.14(c) 所示，曲线梁的厚度几乎不影响 QZS 平台的长度，但会显著改变预紧力。在后续实验中，考虑到力传感器的分辨率和 3D 打印机的精度，选择 $t = 1.0$ mm 的细弯梁。由图 9.14(d) 可以看出，垂直偏差的变化对预紧力和 QZS 平台长度的影响是相反的。综上所述，最终确定的结构参数为 $\alpha = 10°$, $R = 50$ mm, $\beta = 60°$, $t = 1.0$ mm。

图 9.15 给出了最佳尺寸的结构在不同位移下的有限元分析应变云图。应变梯度和极化方向最显著的区域如图 9.15(a) 左侧所示。无论左弯梁还是右弯梁，最大应变梯度都位于 $N_1 \sim N_2$ 和 $N_2 \sim N_3$ 段的中心。应变梯度，即挠曲电极化方向，在两个中心是相反的。在图 9.15(a) 的右侧，提供了各种位移压缩沿厚度方向的应变梯度的放大视图。

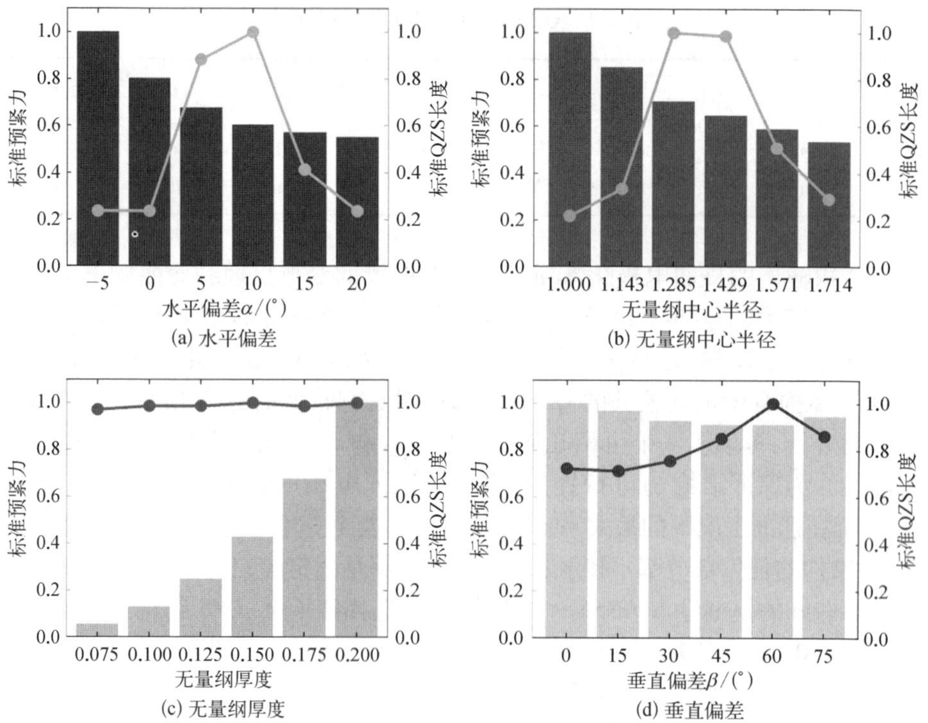

图 9.14 几何参数对 QZS 长度和预紧力的影响

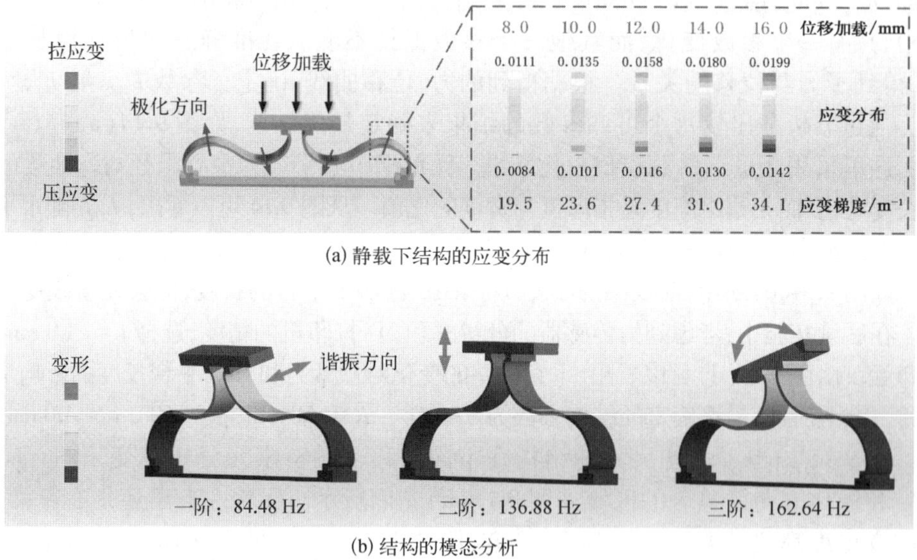

图 9.15 有限元分析的应变云图(极化方向、载荷和共振方向用箭头表示,(a)中的插图提供了各种位移载荷下沿厚度方向应变梯度的放大视图)

在 ProJet MJP 3600（3D SYSTEMS）的高速高分辨率（extra high definition，XHD）模式下 3D 打印出最佳几何尺寸的样品，空间分辨率约为 16 μm。选择的材料是 VisiJet M3 Crystal，这是一种 3D 打印常用的光固化塑料，所使用的材料表现出与挠曲电效应研究常用的 PVDF 相当的挠曲电效应。为了充分利用整个结构的应变梯度输出挠曲电电荷，采用四对电极进行交叉连接，如图 9.16 所示。在应变梯度最显著的区域使用薄层银漆（948－06G，HUMISEAL）作为电极，其干燥后具有一定柔性。通过对比涂覆电极前后的力学响应，被测结构的抗弯刚度差异可以忽略不计。值得注意的是，采用小振幅和低频的动态振动来测量挠曲电极化，同时忽略应变硬化和黏滞效应。在实验中，振动频率通常设置为 1 Hz，远低于结构的固有频率，如图 9.16（b）所示。

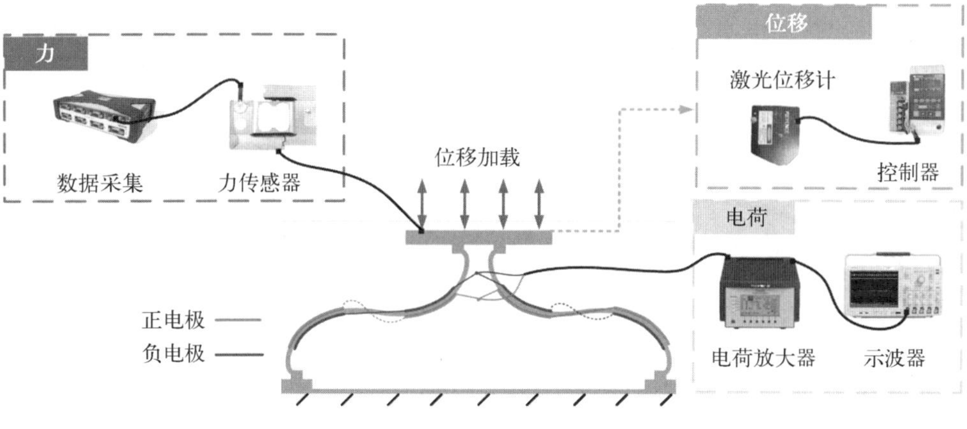

图 9.16 准零刚度实验装置示意图

在位移控制模式下，力学加载系统（MTS－858）施加正常压缩后位移载荷输出小幅度低频振动。除了来自内置传感器的读数，还使用带有数据收集器（MX840A，HBM）的力传感器（S2M/10N，HBM）和激光位移传感器（LK－G80，KEYENCE）进一步检查负载和位移测量结果。在振动过程中，通过电荷放大器（2692A，B&K）放大了四个电极上收集到的总电荷。测量电荷的信号由示波器（DPO2012B，Tektronix）同步记录，采样率为 520 Hz，力信号采集频率为 1 200 Hz。在加载速度为 0.1 mm/s 的位移控制下，得到被测结构的力-位移曲线，计算得到结构的刚度。在施加负载振动进行电荷测量之前，将结构压缩到 QZS 平台。通过力-位移加载曲线确定平台中心，该中心作为位置和挠曲电电荷测量的参考零点。在 QZS 范围内，进一步施加不同位移幅度的振动，当位移振动作用于 QZS 结构顶部时，弯曲梁有效地受到循环弯曲，导致循环挠曲电极化。在振动下记录极化电荷和相应的力信号。为了提高信噪比，在 MATLAB 环境下采用截止频率为 5 Hz 的二阶巴特沃思低通滤波器。通过识别并记录电荷、力和位移信号的幅值,提取输出的挠曲电极化效应和相应的载荷和位移,将被测 QZS 结构的电响应和力学响应关联起来。为了量化压电效应对本实验的影响,打印与结构相同材料的块体(尺寸为 10 mm×10 mm×1.5 mm)评估压电响应。在类似的甚至更高的应变加载条件下,块体输出的电荷比 QZS 结构测量的挠曲电荷至少小 3 个数量级。这一结果表明,在进行实验时可以忽略所用材料的压电效应。

4. 应用效果

如图 9.17 所示,通过五次实验,得到 QZS 平台的长度 $L_{\mathrm{QZS}}=(7.80\pm0.06)\mathrm{mm}$,QZS 中心位移 $x_p=(12.20\pm0.15)\mathrm{mm}$,有限元计算结果与实验结果吻合得较好。观测到的 QZS 平台表明 QZS 状态的范围很长。当结构在 QZS 范围内振动时,整体反作用力基本保持不变。但是,弯曲梁存在内力,并引起相当大的应变和应变梯度,能够输出挠曲电电荷,电荷大小可以直接反映结构变形。在实验中,本书作者发现振动条件下发生的力波动略大于准静态加载条件下的力波动。这种差异可能是由所考虑的材料的黏度和应变硬化引起的。

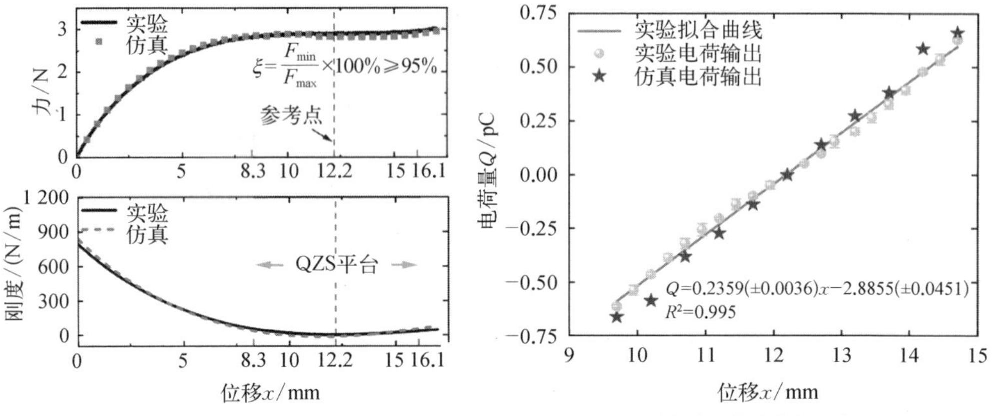

(a) 受力响应　　(b) 被测结构的挠曲电极化

图 9.17　有限元分析结果与实验结果的比较(实验测量的误差条是在 10 个振动周期内计算的,曲线拟合使用其平均值)

在有限元模拟中,基于应变梯度计算了被测结构的电荷输出。横向系数被认为是该结构极化的主要因素,电荷输出可以计算为

$$Q=\int\mu_{1122}\frac{\partial\varepsilon_{11}}{\partial z}\mathrm{d}A_{\mathrm{e}}\tag{9.10}$$

其中,A_{e} 为电极面积;$\partial\varepsilon_{11}/\partial z$ 为沿厚度方向的应变梯度。基于有限元模拟和实验测量的电荷输出如图 9.17(b)所示。在 QZS 平台内,电荷输出与结构变形具有较

强的线性关系($R^2 > 0.99$)和较好的重复性。

如上所述,明显的线性和可重复性为所提出的结构应用于位移传感提供了前景。假定用所提出的方法测量两个物体之间连续变化的间距,与目前的实验配置类似,适当尺寸的 QZS 结构可以插入间距中,并与两个物体串联。为了保证结构处于 QZS 状态,需要进行预压缩。为了获得最大的传感范围,将所提出的结构压缩到 QZS 范围的中心位置,并以此位置作为位移测量的基准零点,如图 9.17(a)所示。在这种情况下,传感范围大约是 QZS 尺寸的一半。在测量过程中,该结构随被测间距的变化而发生变形,在电极位置产生挠曲电极化,而反作用力保持不变。在本工作中,多个电极的排列将增加极化电荷的输出,增强所提出结构的鲁棒性和灵敏度。重要的是,挠曲电效应不受居里温度的限制,即使在现有传感器无法工作的复杂环境(如高温)下,所提出的结构也可以用作被动、绝对和微型位移传感器。

本节提出一种将 QZS 结构与挠曲电效应相结合的位移传感新方法。通过对曲线梁的对称形状进行设计和优化,得到具有较大 QZS 范围的结构。对于最优 QZS 结构的力学响应和输出挠曲电极化,有限元计算结果与实验结果吻合较好。在 QZS 加载范围内,产生的挠曲电电荷与结构变形呈明显的线性关系。因此,所提出的 QZS 结构可以在 QZS 范围内实现位移监测,最高可达结构高度的 1/3,并具有良好的线性度和可重复性。本节还提出一种基于挠曲电效应的位移测量方法,为高分辨率传感、能量收集和挠曲电驱动提供了新的思路。所提出的 QZS 结构包括两个相同的对称弯曲梁,固定在顶部和底部的支撑上,如图 9.18 所示。QZS 结构的具体尺寸见表 9.2。

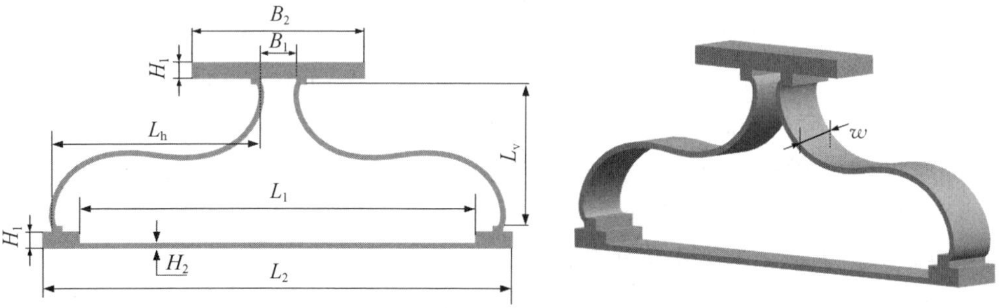

图 9.18　QZS 结构示意图

表 9.2　QZS 结构的具体尺寸　　(单位: mm)

部位	L_1	L_2	H_1	H_2	L_v	L_h	B_1	B_2	w
尺寸	68	81	3	1	25	35	6	30	8

9.3 作动器件

9.3.1 共振式弯曲作动器

1. 优势与特点

基于对逆挠曲电效应的实验研究结果,本书介绍逆挠曲电原理的定频纳米位移作动器研究。众所周知,现有技术条件中,压电材料在微小尺度的作动器领域具有极其重要的贡献。因其固有频率高、轻质化、结构微型化、掉电自锁、抗电磁干扰能力强等特点,压电作动器广泛应用于超声电机、换能器、传感器等领域,具有极其广泛的应用范围[5, 16, 23, 25, 114, 170, 233, 234]。然而,由于第 1 章中提到的压电材料自身的缺陷,开发和研制基于非压电材料、无铅材料的纳米尺度作动器具有非常重要的现实意义。本节利用不具备压电效应的无铅非极化 PVDF 进行研究。基于第 5 章的分析和研究结果,首先对逆挠曲电效应的尺度效应进行分析和对比,再对某一具体尺寸的结构进行力电耦合关系的研究。

2. 原理和应用性分析

与第 6 章逆挠曲电效应研究中的原理一致,本节利用逆挠曲电效应与结构的共振特性进行弯曲型纳米作动器设计。

3. 设计过程

基于第 6 章的逆挠曲电效应试件设计,该试件被固定于隔振平台上后将所有设备开机,且信号源的输出为 0 V,以测量系统-试件的静态噪声。为了证明实验电加载条件下的电场强度不对材料的极化造成影响,对不同电压加载条件下的材料进行 XRD 扫描分析,并未发现不一致,如图 9.19(a)所示。静态噪声的测量结果如图 9.19(b)左半段所示,其峰峰值的噪声范围为 2×10^{-10} m 量级。因此考虑信噪比为 5 时,待测结构的位移输出分辨率为 1.0×10^{-9} m,如图 9.19(b)所示。由于需要利用共振来放大位移,待测结构的谐振放大倍数、固有频率等参数也需要事先获知。通过对试件自由端施加脉冲机械载荷来获得试件的自由振动波形,从而获取相关参数,如图 9.19(c)所示。待测结构的阻尼比 ζ 为

$$\zeta = \frac{1}{2\pi m}\ln\frac{A_i}{A_{i+m}} \tag{9.11}$$

其中,m、A_i 和 A_{i+m} 分别为记录波形周期数、起始周期的峰值和结束周期的峰值。共振放大倍数 β 为

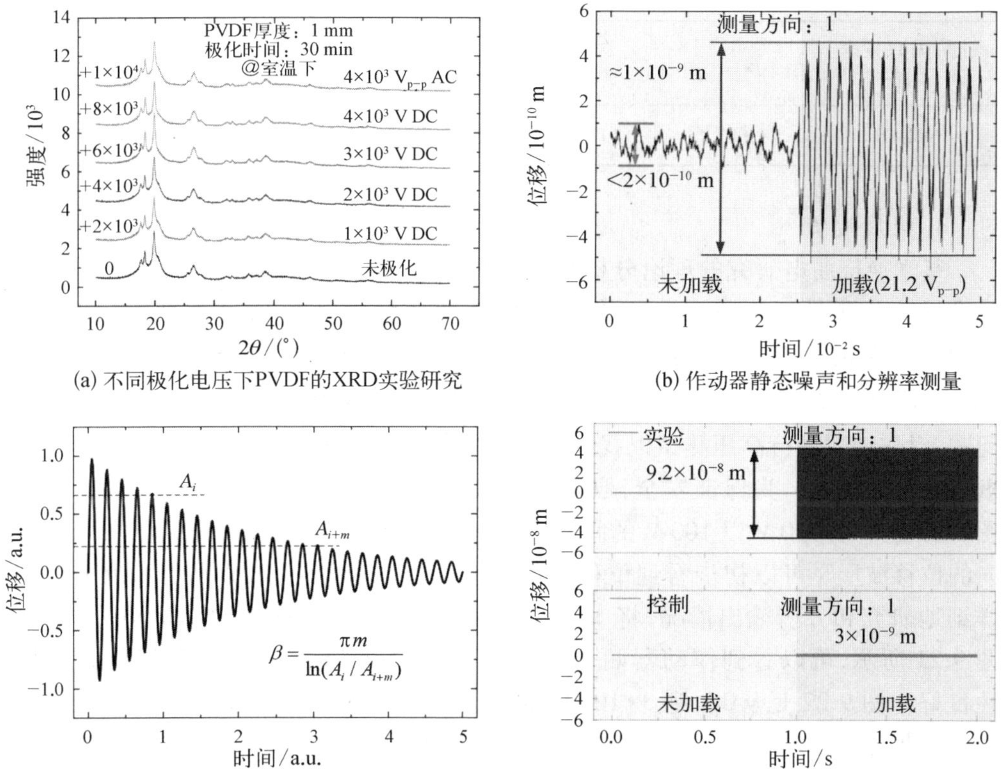

(a) 不同极化电压下PVDF的XRD实验研究

(b) 作动器静态噪声和分辨率测量

(c) 共振条件下力学参数的测量

(d) 逆挠曲电致变形的验证实验结果

图 9.19 弯曲型纳米作动器实验测试结果

$$\beta = \frac{1}{2\zeta} \tag{9.12}$$

除此之外，逆挠曲电效应的验证也通过预实验得以进行。将厚度 5 mm、长 60 mm的平直 PVDF 板作为对照组来验证所测的位移确为逆挠曲电效应所致。由于对照组实验的待测结构上并不存在电场梯度，因此其变形可认为是由等效的材料残余压电效应和电致伸缩效应所致。为了概括地掌握材料的以上两种效应对实验结果的影响程度，分别对实验组和对照组进行了控制变量的实验，将动态电压的频率调至其各自对应的频率，同时通过计算保证两者的最大电场强度一致。电加载的同时对响应位移进行测量，结果如图 9.19(d)所示。通过将实验组和对照组的结果进行对比可知，由残余压电效应和电致伸缩效应导致的结构变形小于总变形的 2%，可以忽略不计。因此，可以证明该实验所获得的位移确实由逆挠曲电效应所致。表 9.3 是一些待测结构的预实验测量结果。

表 9.3 待测结构的预实验测量结果

一阶固有频率 f/Hz	β	分辨率 (m_{p-p})	1 方向最小驱动电压/V	2 方向最小驱动电压/V
684.46	41.68	2.0×10^{-10}	21.2	75.4

4. 应用效果

基于逆挠曲电研究的理论分析和预实验结果，本节对逆挠曲电效应的作动效果进行实验测量。考虑到分辨率和测量精度及结果计算的可靠性，采用交流 $10^3\ V_{p-p}$加载的方式，并测量得到双向的动态位移分别为 2.31×10^{-8} m（d_1）和 6.10×10^{-9} m（d_2）。实验包括输出波形形状观测和力电线性度测试。考虑到安全问题，对作动器进行高压测试以找到安全工作范围。经测试，电压在 6×10^3 V 时电极边缘开始放电。为保证安全，取安全系数为 2，因此最高工作电压为 3×10^3 V。图 9.20 是电压从 0 V 以 100 V 的间隔阶梯地升至 3×10^3 V 过程中作动器在两个方向的位移波形。可以初步看到位移与驱动电压之间有较好的线性度。为了更加详细地研究和分析输出情况，将 10^3 V 作用下的双向位移输出波形进行分析，如图 9.21 所示，可以看到作动器两个方向的位移波形、幅值一致性和相位偏差特性良好。图 9.22 是从0 V到 3×10^3 V，间隔 10^2 V 作用下的作动器双向动态位移幅值与加载电压的关系。可以从图 9.22 中看到，逆挠曲电致作动器具有良好的激励-输出响应，且在其弹性范围内两个方向的力电线性度均超过 0.99，具有良好的线性度，满足作动器的使用需求。

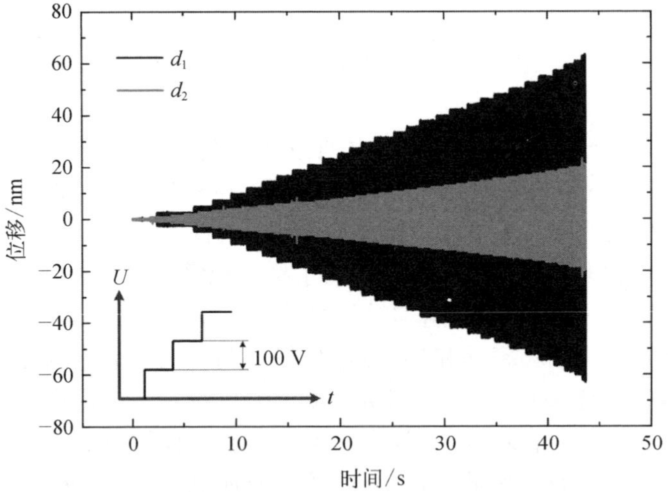

图 9.20　阶梯增加电压作用下作动器在两个方向的位移输出

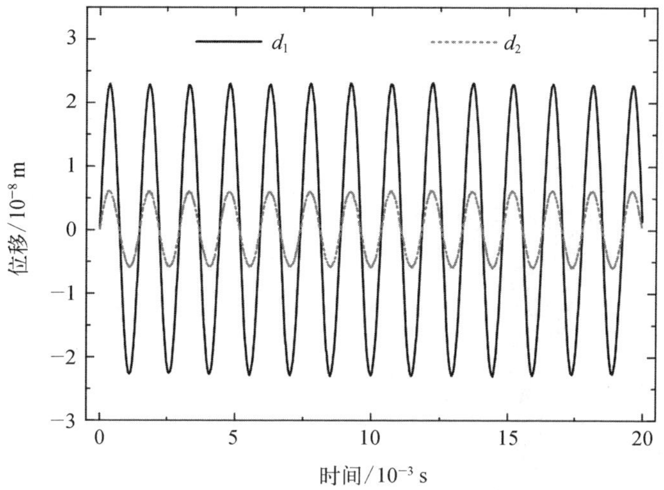

图 9.21 10^3 V 下两个方向的位移波形

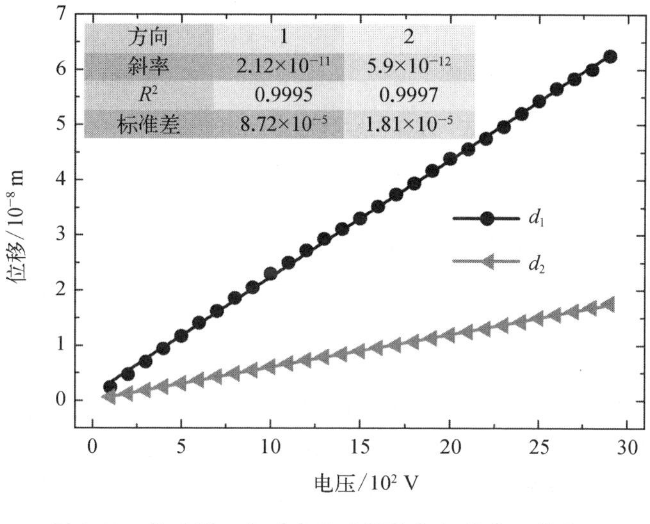

图 9.22 作动器双向动态位移幅值与加载电压的关系

9.3.2 共振式偏摆作动器

1. 优势与特点

与共振式弯曲作动器类似,本节设计一种基于逆挠曲电效应的共振式偏摆作动器,其将传动部件和作动部件集成在一起,即单个零件既作为驱动元件同时也是柔性传动部件,无需额外的类似于菱形环等辅助结构,具有重量轻、体积小、无机械间隙等优点。同时提出一种反向双弧形挠曲电结构,此结构和加电方法可以实现电场梯度,其电场梯度的大小与反向双弧形结构参数相关,由于电场梯度的存在,材料产生逆挠曲电现象,从而输出位移。分别选取 PDMS 和 PVDF 作为研究对象,设计双弧形逆挠曲电作动试件如图 9.23 所示。

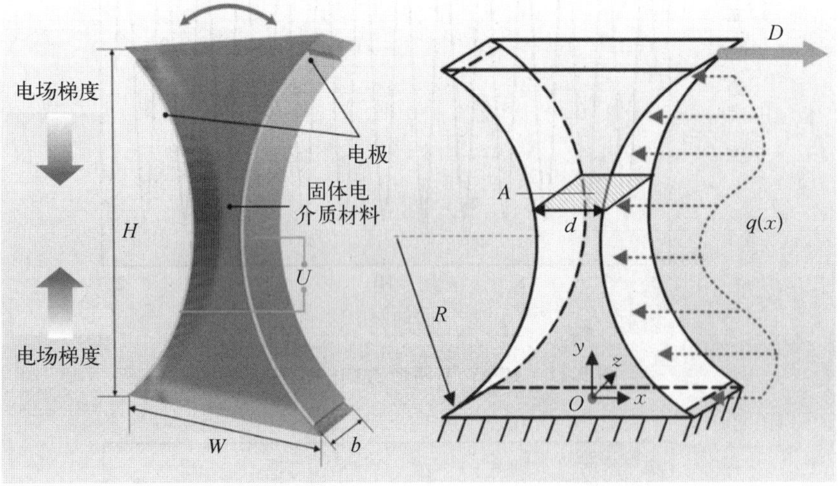

(a) 工作原理　　(b) 理论模型

图 9.23　双弧形逆挠曲电作动部件设计

2. 原理和应用性分析

整个结构的几何形状由 4 个参数决定,即宽度 W、高度 H、圆弧半径 R、厚度 b。电极布置在两侧的圆弧面上,可以从图 9.23 中看出这一对电极的间距沿高度方向变化,当施加电压时,在结构内部存在电场梯度,基于逆挠曲电效应,试件将产生力/位移的输出,结构发生如图 9.23(a)蓝色所示的摆动运动。可以将逆挠曲电效应在整个结构上的作用等效为沿高度方向的一个非均匀分布载荷,等效分布载荷集度 $q(x, y, z)$ 可以在三个方向上分解为 q_x、q_y、q_z。这些分布荷载将分别引起位移 D_x、D_y、D_z,以 q_x 为例(其他两个方向表达类似,但由于电场梯度在其他两个方向上较小,因此重点考虑 q_x),表达如下:

$$q_x = \mu_{\text{eff}} \frac{\partial E}{\partial y} b \tag{9.13}$$

其中,μ_{eff} 为等效逆挠曲电系数;E 为电场强度;b 为厚度。这种不均匀分布的力引起了弯矩。根据材料力学知识,在小变形条件下,整个结构由非均匀分布力导致的弯矩分布可以表达为

$$M_z = \iint q_x \mathrm{d}y\mathrm{d}y = \iint \mu_{\text{eff}} \frac{\partial E}{\partial y} b\mathrm{d}y\mathrm{d}y = \mu_{\text{eff}} b \iint \frac{\partial E}{\partial y}\mathrm{d}y\mathrm{d}y \tag{9.14}$$

整个试件底部固定，在弯矩 M 的作用下，梁的挠度 v 表达如下：

$$E_l v' = \int \frac{M(y)}{I(y)} \mathrm{d}y + B \tag{9.15}$$

$$E_l v = \iint \frac{M(y)}{I(y)} \mathrm{d}y \mathrm{d}y + By + C \tag{9.16}$$

$$I(y) = \frac{bd^3}{12} \tag{9.17}$$

其中，$I(y)$ 为试件的惯性积；B 和 C 为积分常量，可以由边界条件求出。

由式(9.17)可以看出，试件输出位移的能力主要和试件的几何参数、电场梯度、逆挠曲电系数、材料弹性模量有关，当材料参数确定时，所设计的基于逆挠曲电效应的输出方法的优劣与电场梯度的大小及几何参数有关。

结构内部电场分布图见图 9.24，结构内部的电场分布及电场梯度分布可以写为

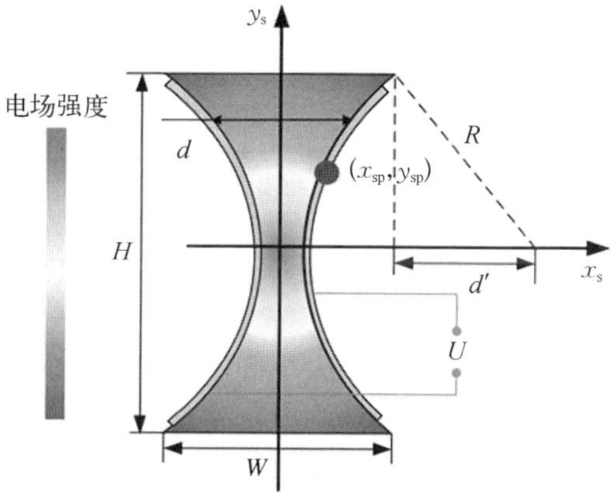

图 9.24　双弧形作动部件结构设计和电场分布

$$\begin{cases} E(U, R, y_s) = \dfrac{U}{\dfrac{W}{2} - \sqrt{R^2 - y_s^2} + \sqrt{R^2 - \left(\dfrac{H}{2}\right)^2}} \\ \dfrac{\mathrm{d}E}{\mathrm{d}y_s}(U, R, y_s) = \dfrac{\mathrm{d}\left(\dfrac{U}{\mathrm{d}(y_s)}\right)}{\mathrm{d}y_s} \\ \qquad = -\dfrac{U}{2} \dfrac{y(R^2 - y_s^2)^{-\frac{1}{2}}}{\left[\dfrac{W}{2} - \sqrt{R^2 - y_s^2} + \sqrt{R^2 - \left(\dfrac{H}{2}\right)^2}\right]^2} \end{cases} \tag{9.18}$$

根据式(9.18)，得到如图 9.25 所示归一化处理后的电场及电场梯度沿高度方向的分布情况。由图 9.25 可以看出，平均电场强度先增大后减小，在电极间距最小处有最大值，电场梯度在上下两部分都是先增大后减小。因此，从理论分析可以得出所设计的结构可以提供一个变化的间距，从而在结构内部形成电场梯度，实现基于逆挠曲电效应的作动输出。

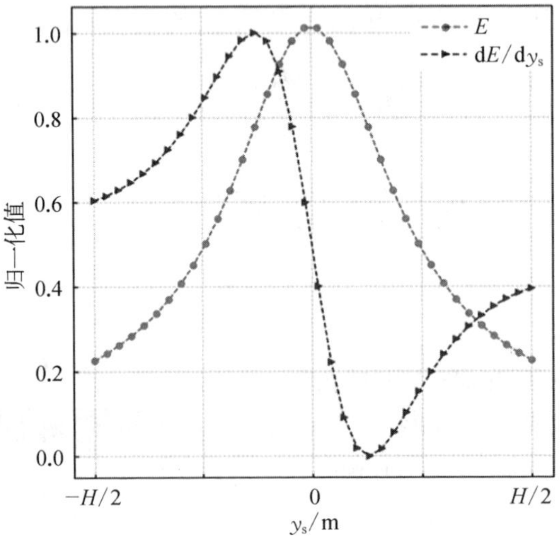

图 9.25　电场强度及电场梯度沿高度方向的变化

当结构的外观大小确定后，其电场梯度的大小主要取决于两个圆弧形面的半径和电压的大小。当电压一定时，研究半径 R、电场及电场梯度的关系如图 9.26 所示。从图 9.26 中可以看出，半径越大，电场强度越小，电场梯度越小，且电场强度和电场梯度的变化率都越小。可以预见，当半径 R 趋于无穷大时，结构呈规则柱形，内部不存在电场梯度。由图 9.26 可以看出，电压越大，电场强度和电场梯度越大，且增加规律与电压变化符合线性关系。

3. 设计过程

设计的构件呈对称的凹曲线形状，从外观来看类似于圆弧形的柔性铰链，在构件两侧圆弧面粘贴电极，两对电极关于柔性铰链结构的中间面左右对称。电极的

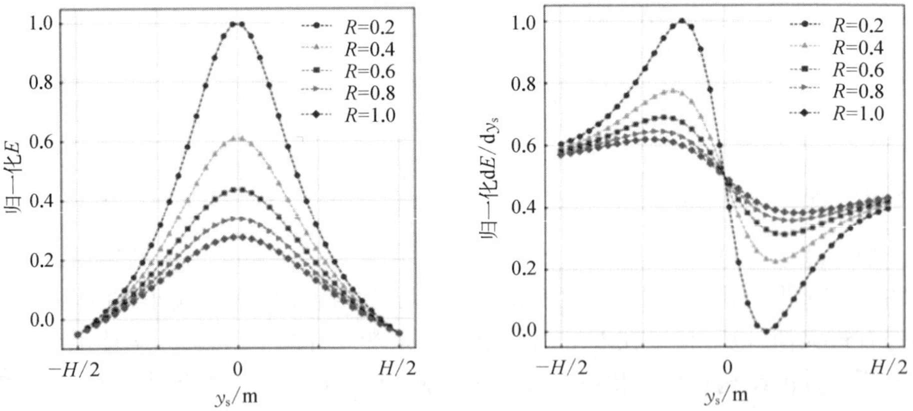

(a) 不同R值下平均电场强度的变化　　(b) 不同R值下电场梯度的变化

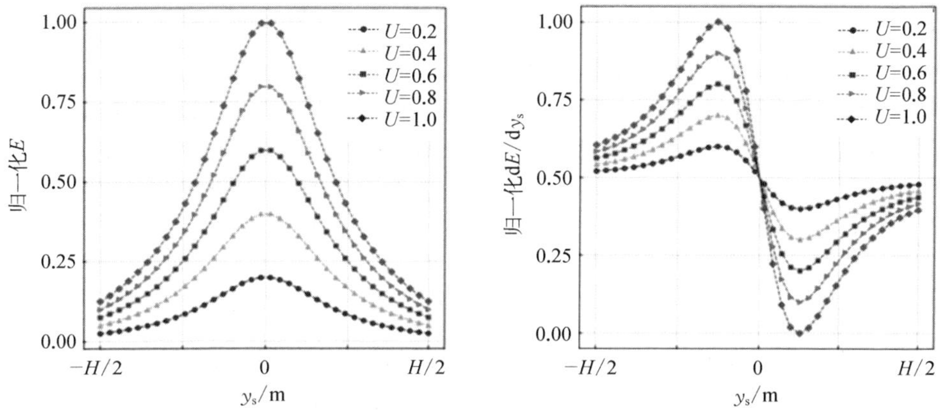

(c) 不同U值下平均电场强度的变化　　(d) 不同U值下电场梯度的变化

图 9.26　电场强度及电场梯度与 R、U 的关系

上下表面间距沿双弧形发生变化，因此当施加电压时，挠曲电驱动结构上的电场具有电场梯度，具备了实现逆挠曲电效应的条件，从而所设计的结构可以输出微小位移。

由图 9.27 电场分析可以看出，平均电场强度沿整个试件非均匀分布，试件中心处两个电极间距最小，平均电场强度最大，越靠近两端电极间距越大，因此平均电场强度越小，对称的凹形结构使得在两侧施加电压时，可以在结构内部形成电场梯度，从而基于挠曲电效应输出位移。为了排除残余压电效应的影响，设计了对比试件，其结构呈工字形，类比于前面设计的柔性铰链状结构，其中间部分为直梁。其电极铺设宽度和柔性铰链结构的等效宽度相等。

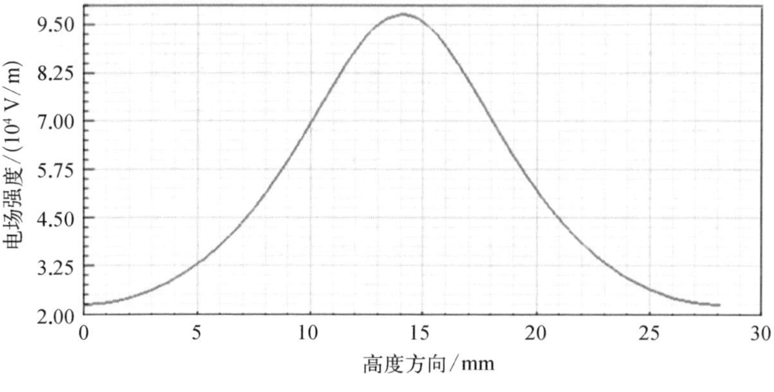

图 9.27　PDMS 电场强度分析

当电压为 325 V 时，双弧形试件有最大位移 33 nm，而对照组试件位移为 20 nm。两个试件施加相同的电压时，实验组试件的位移由残余压电效应和挠曲电效应共同作用，而对照组由于其均匀的结构不产生电场梯度，位移仅由残余压电效应导致，当电压增加时，实验组结构内部的电场梯度也增加，挠曲电效应对位移的贡献量增加，因此其位移曲线的斜率要比对照组大。但是总体而言，PDMS 刚度较小，在实验测量过程中其位移量很容易受到干扰，对照组试件在最小电压 150 V 时仍然有较大的位移，而在电压增加的过程中，位移量却并没有发生显著增加。

4. 应用效果

从实验结果可以看出相同驱动电压下，所设计的构件 SI 随电压的增长呈线性增长，对照试件 SII 的位移几乎为零。在电压 400 V 时，SI 的位移量有 2.1 nm，SII 的位移量仅为 0.03 nm，SI 的位移几乎是 SII 的 70 倍。SII 是均匀构件，因此其电场强度在整个结构内部是常数，而 SI 是非均匀截面构件，其电场强度在整个结构中是变化的，且在电极间距最小处有最大电场强度。取 SI 的最细处电场强度来表征 SI 的电场强度值(即实际电场强度要更小一些)，当 SI 最大电场强度和 SII 的电场强度相等时，其位移仍然远远大于 SI。由图 9.28 可知，当电场强度为 6.6×10^4 V/m 时，SI 的位移有 0.7 nm，仍然是 SII 的 23 倍。

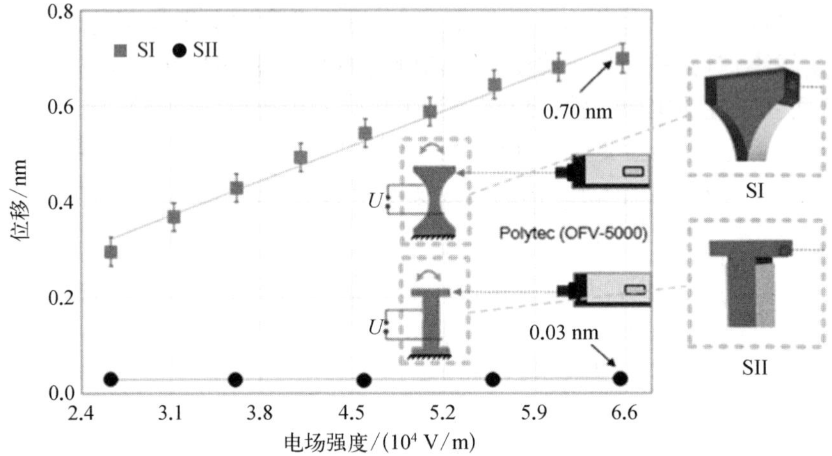

图 9.28 电场强度-位移图

9.3.3 大摆角线性作动器

1. 优势与特点

依靠电驱动的介电弹性体作动器中，外部施加的电场、作动器材料的弹性模量和相对介电常数是决定其力电耦合性能的重要因素。在外部电场的激励下材料受到机械应力,材料的弹性模量决定了在机械应力条件下的变形量,而相对介电常数则影响机械应力的大小。在常见的介电弹性体作动器中,往往仅存在直线式作动方式。如图 9.29 所示,当对弹性模量均匀的介电弹性体的上下表面电极施加电压激励,在电场力的作用下,材料会产生电致伸缩变形。本节通过在介电弹性体内部设置沿厚度方向的弹性模量分布变化的方式,提出一种基于逆挠曲电效应的双层弹性模量偏转作动器结构。

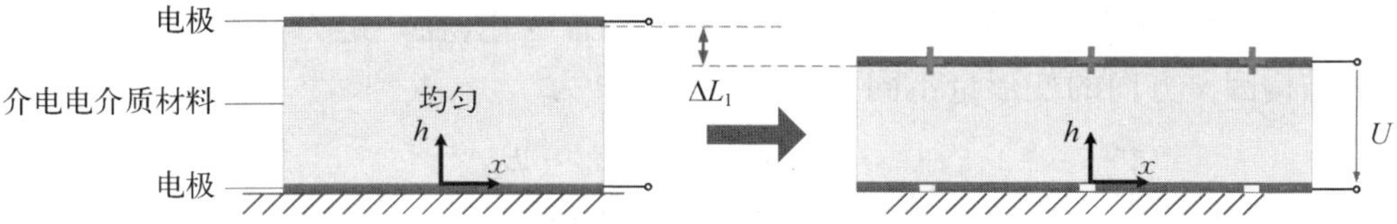

(a) 均匀弹性模量结构

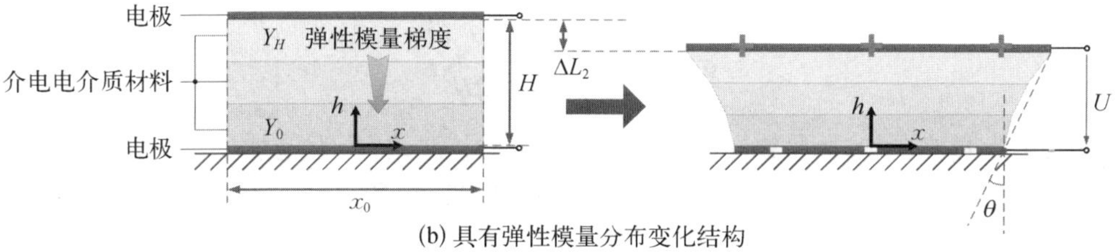

(b) 具有弹性模量分布变化结构

图 9.29　介电弹性体作动器的原理

第 7 章已经详述了介电弹性体的弹性模量可以通过改变其交联密度来调控,如果在介电弹性体薄膜的厚度方向设计弹性模量分布变化,同时在薄膜上下表面的电极之间施加电场,由于含不同弹性模量的单层在横向方向的伸长量不同,整个薄膜结构会发生弯曲变形。

2. *原理和应用性分析*

如图 9.29 所示,假设梯度材料的最底层受到简支约束。当应力 σ 作用在结构上表面时,高度 h 处在 x 方向产生的变形 S_{h-x} 可以表示为

$$S_{h-x} = \int_0^{x_0} \frac{\sigma}{2E_h} \mathrm{d}x \tag{9.19}$$

其中,x_0 为结构在 x 方向的原长;E_h 为高度 h 处的弹性模量。结构的初始高度定义为 H。

结构 $h = 0$ 和 $h = H$ 处的变形量之差 ΔS 可以表示为

$$\Delta S = S_{H-x} - S_{0-x} = \sigma x_0 \frac{E_0 - E_H}{2E_0 E_H} \tag{9.20}$$

其中，S_{H-x}为 $h = H$ 处在 x 方向的变形量；S_{0-x}为薄膜在 $h = 0$ 处的横向变形量；E_0为高度 $h = 0$ 处的弹性模量。

结构的弹性模量分布变化可定义为

$$E_0 = mE_H, \quad m \geqslant 1 \tag{9.21}$$

其中，m 为弹性模量分布变化系数。

由于结构中存在沿厚度方向的弹性模量分布变化，在一定力学载荷 σ 的作用下，结构因 x 方向的变形量不同而弯曲的角度 θ 为

$$\tan\theta = \frac{\Delta S}{2H} = \sigma x_0 \frac{E_0 - E_H}{4HE_0 E_H} \tag{9.22}$$

其中电场作用下的麦克斯韦应力 σ 可以表示为

$$\sigma = \frac{\varepsilon_0 \varepsilon_r E^2}{2} = \frac{\varepsilon_0 \varepsilon_r U^2}{2H^2} \tag{9.23}$$

其中，ε_0为真空的介电常数；ε_r为材料的相对介电常数；E 为施加的电场强度；U 为施加的电压。将式(9.23)和式(9.21)代入式(9.22)可得

$$\tan\theta = \frac{\varepsilon_0 \varepsilon_r U^2 x_0}{8H^3 E_H} \frac{m-1}{m} \tag{9.24}$$

式(9.24)即结构偏转角度与结构尺寸、材料相对介电常数、弹性模量分布变化及外加电压的关系。

3. 设计过程

本节利用商用 PDMS(SYLGARD 184)制备实验试件并对作动器的性能进行研究。PDMS 中交联密度与弹性模量的关系如表 9.4 所示，PDMS 的弹性模量 E 与交联密度 C 拟合的线性关系为

$$E = 19.1394C - 0.1871 \tag{9.25}$$

其中，C 为 PDMS 交联密度(基底与交联剂的质量比)。

表 9.4　不同交联密度下 PDMS 的弹性模量

交联密度	10 : 1	12 : 1	15 : 1	20 : 1	30 : 1
弹性模量/MPa	1.73	1.31	0.89	0.53	0.14

不同交联密度的 PDMS 的相对介电常数基本保持一致。因此,本节着重研究式(9.24)中影响结构偏转角度的其他四个影响因素:结构厚度 H、结构长度 x_0、施加电压 U 和弹性模量分布变化系数 m。作动器实验模型采用的是简化的双层弹性模量分布变化结构。将结构上层的 PDMS 的交联密度固定为 10∶1(弹性模量为 1.73 MPa),通过改变下层材料的交联密度控制其弹性模量分布变化 m。例如,当弹性模量分布变化为 2 时,由于上层材料的交联密度为 10∶1,下层材料的弹性模量应为 0.865 MPa;可以计算出下层材料的交联密度应为 18.2∶1。不同弹性模量分布变化 m 下,双层材料的相应弹性模量和交联密度可参考表 9.5。

表 9.5 不同弹性模量分布变化下双层材料的弹性模量和交联密度

弹性模量分布变化	双层材料的弹性模量	双层材料的交联密度
2	1.73/0.86	10∶1/18.2∶1
2.5	1.73/0.69	10∶1/21.8∶1
3	1.73/0.58	10∶1/25.1∶1
3.5	1.73/0.49	10∶1/28.3∶1
4	1.73/0.43	10∶1/30.9∶1

具有弹性模量分布变化的双层结构的制备过程如图 9.30 所示。每层材料的厚度通过控制倒入特制铝合金模具中的 PDMS 混合液的质量来控制。制备的双层

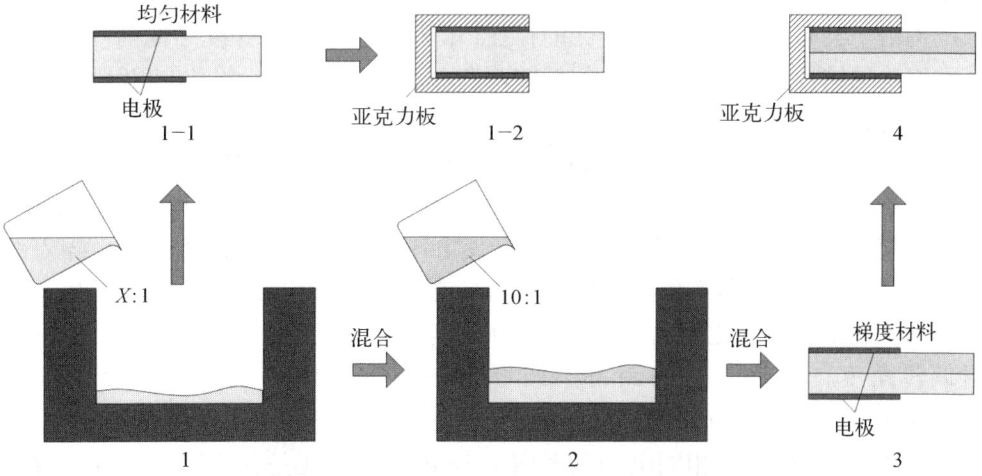

图 9.30 具有弹性模量分布变化的双层介电弹性体作动器制备过程

结构的总厚度分别为 0.2 mm(0.1 mm+0.1 mm)、0.4 mm、0.8 mm 和 1.0 mm。首先，将交联密度为 $X:1$ 的 PDMS 混合液倒入模具中，静置 2 h 并在 40 ℃条件下保温 4 h 使其呈预固化状态。然后，将交联密度为 10∶1 的 PDMS 混合液倒入模具中预固化的薄膜上方，静置 2 h 后，将整个模具在 60 ℃条件下保温 24 h，脱模后即可得到充分固化的具有弹性模量分布变化的双层薄膜结构。再将薄膜驱动端的上下表面均匀涂抹柔性的碳膏电极(MG Chemicals, 846－80G)，通过定制的亚克力夹具固定。

双层梯度结构的偏转角度实验测量系统如图 9.31 所示，作动器的驱动端被固定于水平桌面上，驱动端的长度 x_0 分为两种，分别为 30 mm 和 40 mm。为了精确测量转角作动器的角度输出，作动器结构中未涂抹电极的另一部分被垂直自由悬挂在空中作为从动端。驱动端在电场的驱动下产生弯曲变形，并带动自由悬挂的从动端随之摆动，通过从动端下部摆动的距离 Δd 即可以计算出驱动端偏转的角度，即

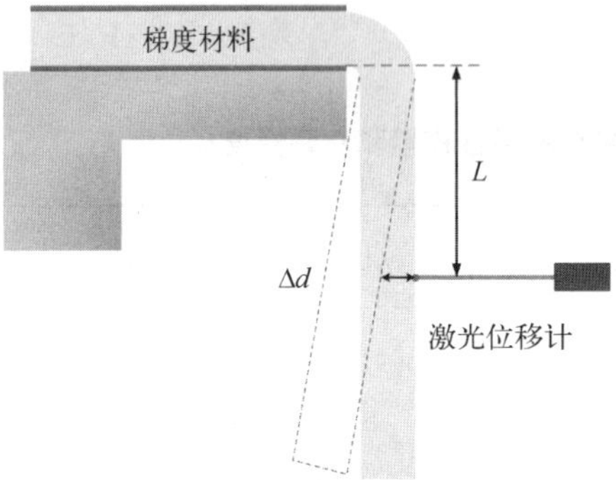

图 9.31　转角作动器偏转角度测量方式

$$\tan\theta = \frac{\Delta d}{L} \tag{9.26}$$

其中，L 为从动端竖直方向上的长度。

在实验中，信号发生器(RIGOL DG992)产生的驱动电压信号通过高压功率放大器(Trek PZD350A)放大 100 倍后输入驱动端的电极，并引起从动端的摆动。图 9.32(b)中是均匀结构和梯度结构在电场作用下产生摆动的对比，可以看到均匀结构由于没有弹性模量分布变化的存在，几乎没有摆动，而梯度结构则产生了明显大于均匀结构的摆动。从动端的偏转距离 Δd 通过 Keyence 激光位移计测量，并用示波器(Keysight DPO2000)进行采集。

首先研究驱动部件的长度 x_0 和外电压 U/电场 E 对偏转角度的影响。结构的厚度 $H=0.4$ mm(0.2 mm+0.2 mm)和弹性模量分布变化 $m=2$ 保持恒定不变。对作动器驱动部件施加频率为 1 Hz 的交变电压，从图 9.32(a)可以看出，随着驱动电压的增大，作动器的偏转角度也增大。在相同驱动电压下，驱动端长度 $x_0=40$ mm 时的偏转角度也比 $x_0=30$ mm 要大。除此之外，还研究了作动器结构厚度对偏转角度的影响。通过制备不同厚度的弹性模量分布变化双层作动器(0.4 mm、0.6 mm、0.8 mm 和 1.0 mm)，并保持驱动端的长度 $x_0=30$ mm 不变。在实验过程中，无论是在相同电场强度($E=5\times10^5$ V/m)还是在相同驱动电压($U=300$ V)下，随着驱动端厚度的增大，作动器的偏转角度变小，如图 9.32(b)所示。

最后还研究了不同弹性模量分布变化对作动器偏转角度的影响。作动器双层结构的下层弹性模量 $E_0 = 1.73$ MPa 保持不变，通过改变上层弹性模量 E_H 来改变其弹性模量分布变化系数 m。厚度保持 0.2 mm 不变。由图 9.32(c)可以看出，在相同驱动电场下，弹性模量分布变化越高的作动器偏转角度输出也越高，该结果与理论预测的趋势一致。

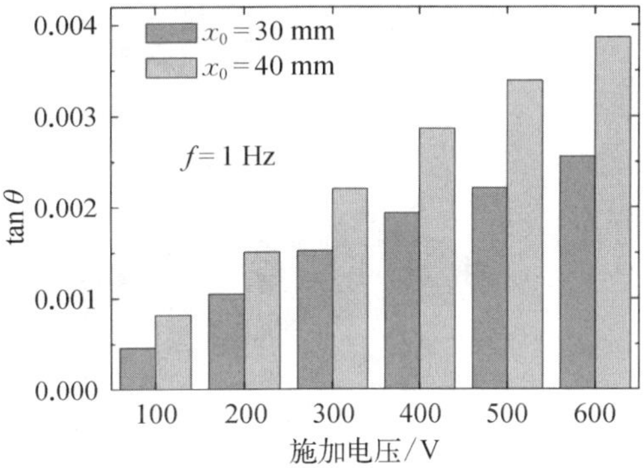

(a) 偏转角度与施加电压及结构长度的关系

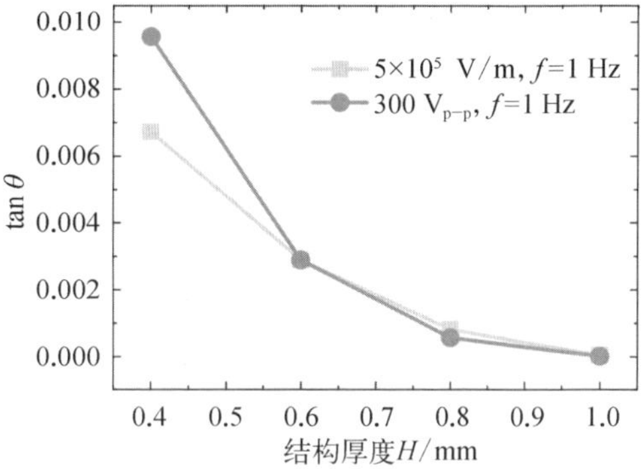

(b) 偏转角度与结构厚度的关系

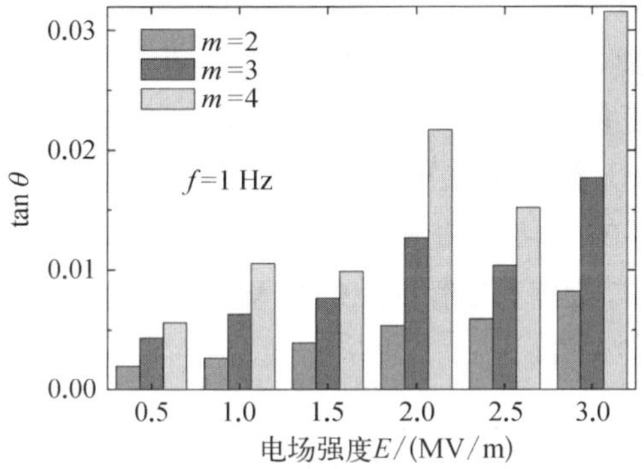

(c) 偏转角度与不同弹性模量分布变化系数及施加电场的关系

图 9.32　作动器材料性能

偏转角度是该类型作动器性能的重要指标，而通过力学设计可以提升该作动器偏转角度输出。为了进一步增强该作动器偏转角度的输出，可通过在 PDMS 柔性基底中植入驻极体纳米颗粒的方式，增强其在相应驱动电压下的电场力。首先，将二氧化硅纳米颗粒以 0.5% 的质量分数均匀混合于作动器双层结构的下层交联密度为 10∶1 的 PDMS 基底中。作动器上层的 PDMS 结构的交联密度为 18.21∶1。由此制备成纳米颗粒掺杂的弹性模量分布变化双层偏转作动器。将制备好的具有纳米颗粒的双层结构置于直流电场中进行电极化，其中极化的条件为 $E_p =$

+ 5 MV/m, $T_H = 150$ ℃, $t_1 = 20$ min, $t_2 = 120$ min, 如图 9.33 所示。当双层结构携带净电荷之后,在相同的电场强度下,结构内部会产生更大的电场力,从而增强作动器的转角输出。经实验,极化后的带电作动器在相同电场下比未极化的作动器输出更大的摆动距离。

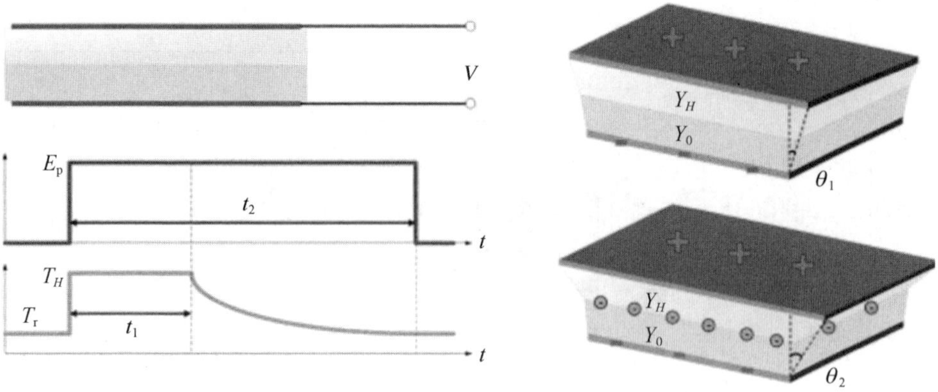

图 9.33 作动器性能提升方式:驻极体化

该驻极体增强的双层结构在静态和动态驱动电场下的力电耦合响应可通过实验测量的偏转角度衡量。对 0.4 mm 厚的作动器施加 0.1 Hz 的峰峰值为 1.6×10^6 V/m的方波信号,其摆角输出可用激光位移计测量。由图 9.34 可以看出,极化后作动器的偏转角度的正切值为 8×10^{-5},是纯 PDMS 作动器(5.6×10^{-6})的 14.29 倍;未极化但掺杂了二氧化硅纳米颗粒的作动器的偏转角度的正切值(4×10^{-5})是纯 PDMS 作动器的 7.14 倍。

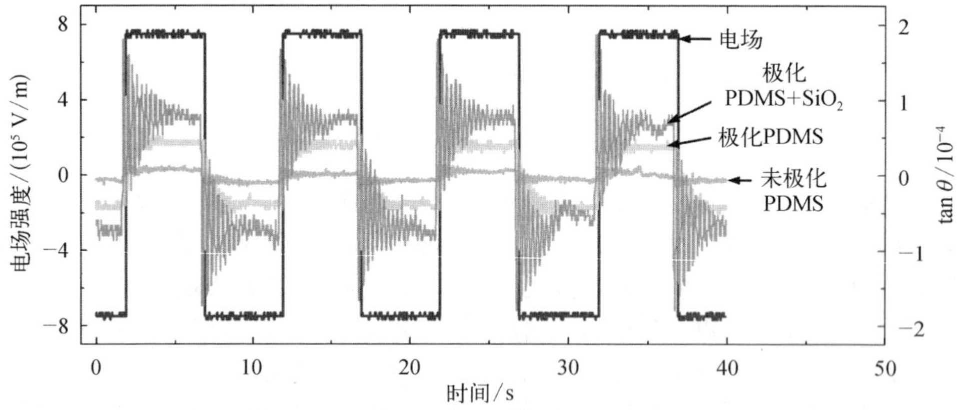

图 9.34 材料的电极化对作动器偏转角度的影响

实验试件的固有频率受其质量分布、几何形状和边界条件的影响。通过模拟可得到该作动器结构的固有频率为 5 Hz。图 9.35 为实验试件在不同频率下的偏转角度的实验测量结果。对于非极化和极化的双层弹性模量分布变化结构，其在固有频率附近的转角输出明显要比其他频率下大得多。未极化和极化过的双层结构的固有频率并不完全一致，其原因主要是电极化过程中的高温对材料属性的影响。从二者的最大偏转角度正切值可以看到，在共振条件下，极化后作动器的输出（7.41×10^{-2}）是未极化作动器（8.79×10^{-3}）的 8.43 倍。当输入电压为 300 V 时，在共振条件下，该作动器最大的输出角度为 4°。

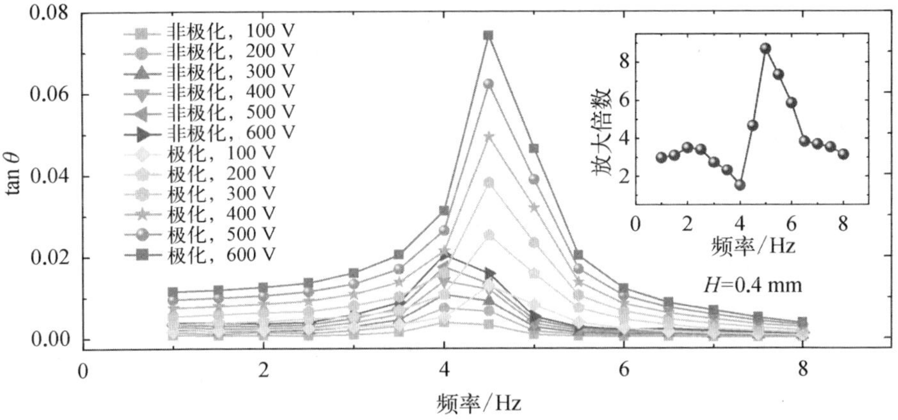

图 9.35　转角作动器的频率响应

4. 应用效果

本节中研制的介电弹性体偏转作动器可用于不同应用场景，包括模拟蝴蝶飞行的翅膀摆动及光路偏转上的应用。一方面，作动器的偏转角度输出可以模拟蝴蝶翅膀的扑翼动作，由于介电弹性体密度小、制作简易、变形范围大，该作动器在智能飞行器方面具有较好的应用前景，如图 9.36（a）所示。另一方面，该转角作动器具备光学信号的精指向调节功能，可应用于卫星星间激光通信。基于弹性模量变化分布转角作动器可以有效实现对反射光的单自由度指向调节功能，如图 9.36（b）和（c）所示。经过结构设计后并联式的转角作动器，可通过两路输入电信号的调节，实现发射光的双自由度指向调节功能。

图 9.36（b）和（c）是利用基于弹性模量变化分布的转角作动器设计的一个光路偏转结构，它可以有效地通过角度的调整来实现反射光的定向偏转。通过驱动电压的控制，可精确调控作动器的偏转角度，从而定向控制反射光照射的位置。图 9.36（b）所示的是通过作动器设计的单自由度光路偏转结构，可在纵向实现光路的控制。在作动器的自由悬垂端的表面粘贴一个镜面，在距其 20 cm 处放置标

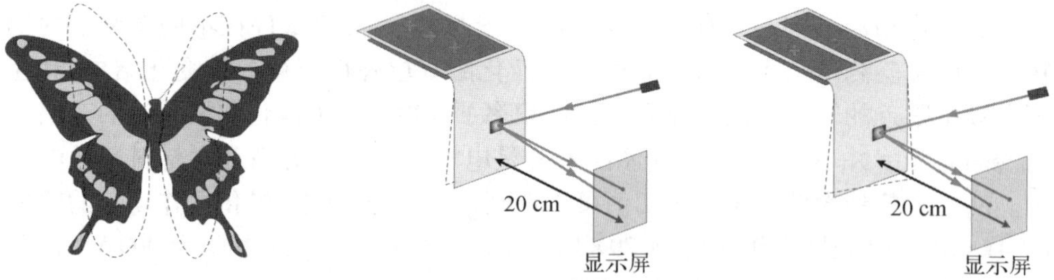

(a) 蝴蝶式飞行器　(b) 反射光的单自由度指向调节　(c) 反射光的双自由度指向调节

图 9.36　偏角作动器应用场景

有刻度的信号接收平面。光源信号照射到作动器动端上的反射镜面并反射至接收面。当驱动电压为零时,接收面上的光点呈静止状态。当驱动电压为交变电压信号时,作动器开始随信号反复摆动,接收面上的光点也以驱动电压的频率来回摆动。实验中作动器对光路偏转的效果如图 9.37 所示,在共振的条件下,当反射镜面与接收屏幕距离为 20 cm 时,光束的偏转位移可达 28 mm。图 9.37 是一个通过两个作动器并联的结构设计的一个双自由度光路偏转结构,通过设计两个并联作动器中驱动信号的相位差,可以控制光路在横向和纵向两个自由度发生偏转。例如,当两个作动器输入电压的相位差为零时,因其偏摆的角度同步,可在纵向产生偏转。当两路驱动电压的相位差为 180°时,两个作动器因摆动方向相反,可以实现在横向对光路的偏转控制。

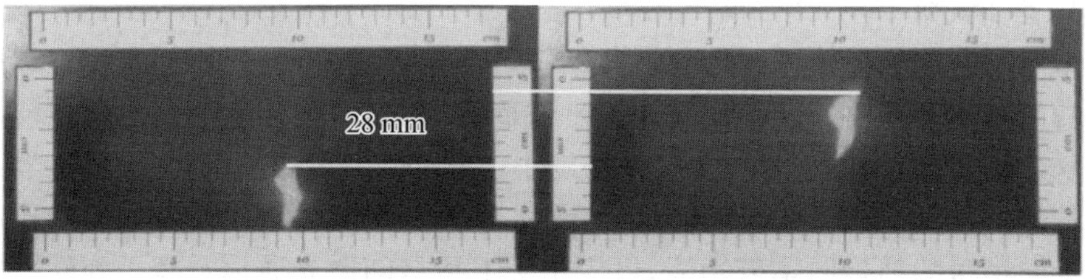

图 9.37　作动器光学偏转实验测量

9.3.4　一体式双轴偏摆结构

1. 优势与特点

光学调整机构在航天、航空、航海、陆军装备及国民经济发展等方面具有广泛而重要的应用前景,如卫星星间激光通信、高空战略目标的定位与高速跟踪、水下高通量通信等。这些需求往往应用于复杂恶劣的环境,如高低温、高湿度、高静水压等，且对功率、电压、重量和寿命等具有极高的要求，除此之外对结构的力学特性，如服役频段、偏摆角度分辨率和量程、轴间解耦等都具有很高的要求。现阶段的光学调整机构多采用电磁式和压电式进行，而随着应用环境的进一步复杂和需求的进一步提高，基于上述原理的装备和器件的短板不断暴露出来，如压电材料的居里温度限制了服役轨道高度、压电陶瓷的脆性限制了其载荷范围，而电磁式结构在强电离等空天环境中抗干扰能力不足、误动作概率变大等问题制约了其正常使用。除此之外，由于可靠性原因，在不影响功能的情况下航天器部件的数量越少越好。在 9.3.3 节的基础上，本节提供一种基于驻极体材料和逆挠曲电效应的一体式双轴偏摆机构，有望解决上述困难，通过单材料实现双轴偏摆的精确调控。

2. 原理和应用性分析

该偏摆结构的原理如图 9.38(a)～(c)所示。一层含锁止净电荷的 PDMS－NP 薄膜一周边缘紧绷，上位置分布着部分环状电极且与薄膜间距相等。该结构兼具力学量传感和双轴偏摆作动的功能，当用作传感时，其双轴特性无法使用，上、下电极各自连通，用于电荷的传感，如图 9.38(b)所示；而用作双轴偏摆作动时，其电极对通过改变连接方式等手段可以实现各自轴的单独偏摆调控，如图 9.38(c)所示。图 9.38(b)演示的是其传感特性，当中间部位受到载荷导致薄膜发生变形时，上、下电极感应到相应的电荷，载荷越大，感应电荷越多，当载荷反向时，感应电荷的符号也相应变化。图 9.39(a)是在薄膜中间位置放置不同静态载荷和移除载荷过程中测量得到的电荷量-时间曲线，其实测的重量-电荷量关系如图 9.39(b)～(d)所示，并且图 9.39(e)和(f)展示了在分别极化 72 h 和 48 h 后不同预拉伸率下该薄膜的传感灵敏度。

3. 设计过程

为了实现双轴各自的偏摆作动，作动电极设置成如图 9.38(c)所示的形式，为部分环状电极，且进行了 9.38(c)所示的电连接。在此定义 x 轴和 y 轴，并通过不同的电压源驱动相应的电极对。与图 9.38(b)所示的力电耦合过程相反，其电极施加不同的电压时，薄膜材料受到相应的电场力作用而发生变形。若将薄膜中间位置放置一片用于反射光的镜面，则会产生因电驱动导致的光路角度变化，从而实现光路调节。当施加在 x 轴和 y 轴上的交流电压不同时，如图 9.38(b) 所示，反射光在平面上的路径也变得不同。如图 9.38(e)所示，无论是双轴之间的交流驱动电压幅值、频率还是相位不同，在光接收平面上都会产生不同的路径图。设计的实验系统如图 9.38(f)所示。为了测量光路反射的效果，设置接收平面，并确定其与反射镜面位置的水平距离为 4 m。图 9.40 是测试得到的双轴作动状态与双轴指向能力。

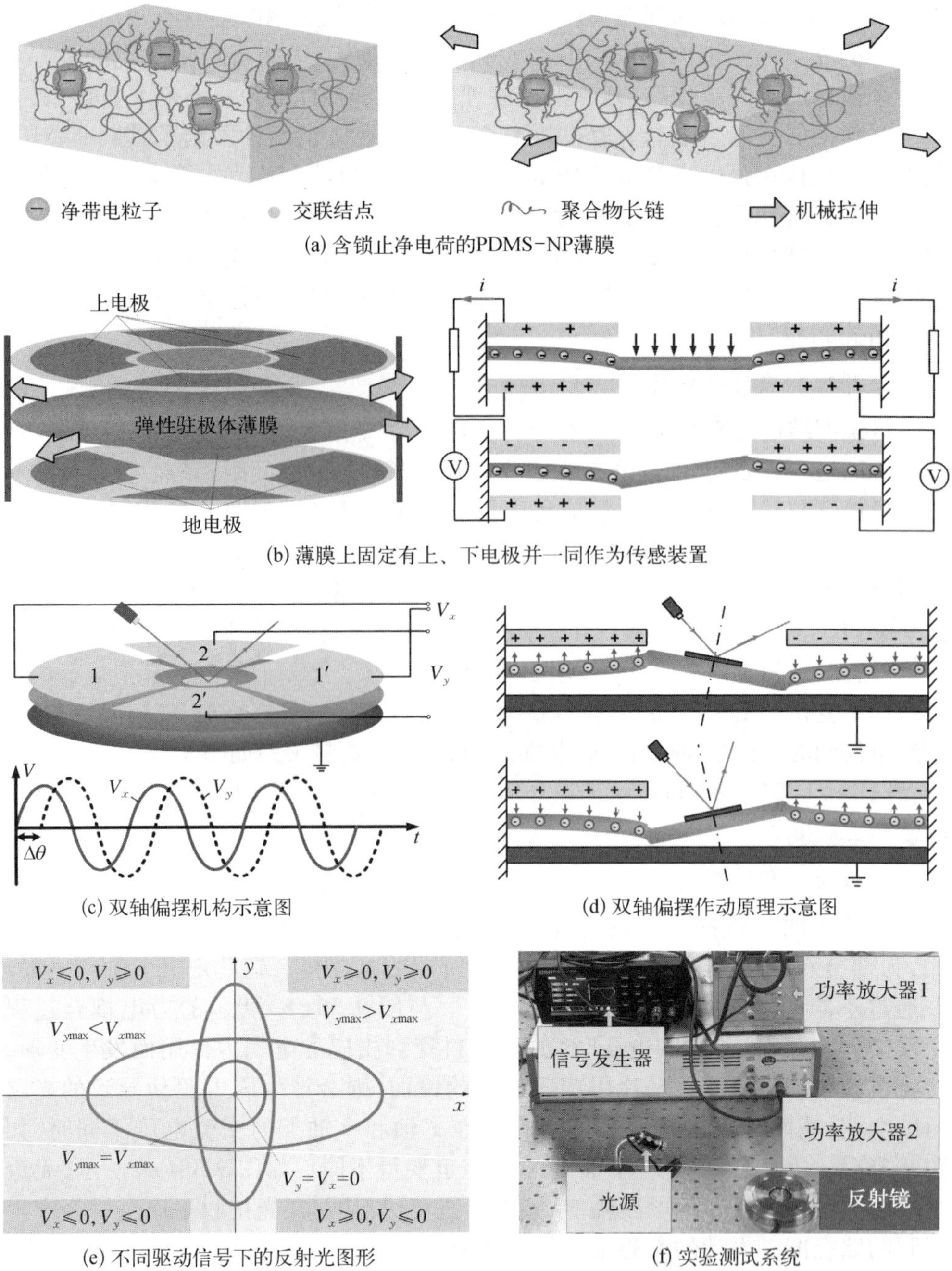

(a) 含锁止净电荷的PDMS-NP薄膜

(b) 薄膜上固定有上、下电极并一同作为传感装置

(c) 双轴偏摆机构示意图

(d) 双轴偏摆作动原理示意图

(e) 不同驱动信号下的反射光图形

(f) 实验测试系统

图 9.38　一体式双轴偏摆机构

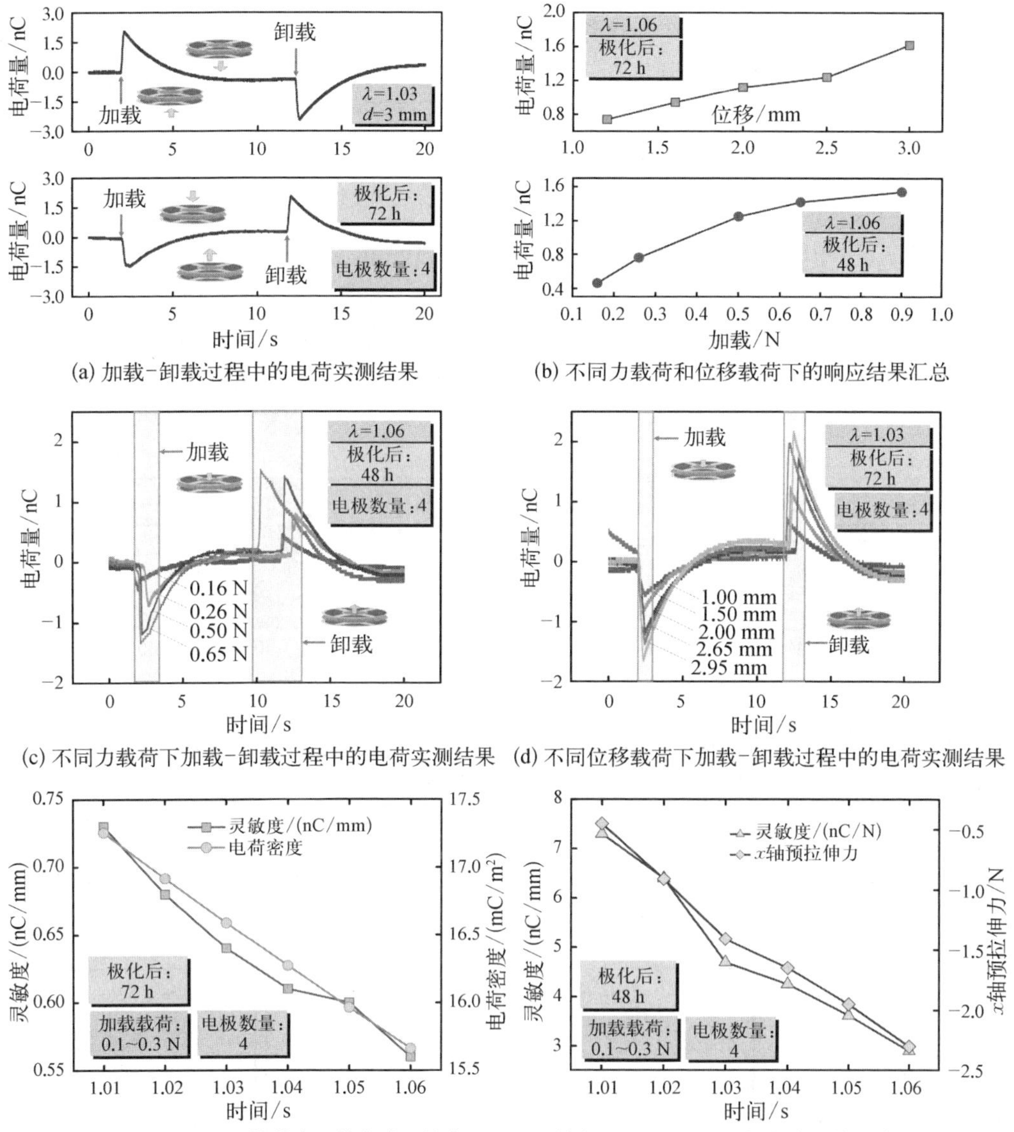

(a) 加载-卸载过程中的电荷实测结果　(b) 不同力载荷和位移载荷下的响应结果汇总

(c) 不同力载荷下加载-卸载过程中的电荷实测结果　(d) 不同位移载荷下加载-卸载过程中的电荷实测结果

(e) 极化72 h后不同预拉伸率下的传感灵敏度　(f) 极化48 h后不同预拉伸率下的传感灵敏度

图 9.39　传感结果

4. 应用效果

本小节对上述双轴偏摆机构进行系统性测试，包括不同幅值、频率、相位和电极-薄膜间隙情况，为了更好地展示该机构的双轴偏摆能力，此处主要展示其随相位变化的接收光路绘制的情况。在 x 轴和 y 轴使用同频率、同幅值的情况下，其相位差的调控能较好地展示该机构的双轴指向能力。图 9.40 展示了不同相位差设置条件下理论反射光点绘制的图形与实际图形之间的对比，该相位差从0 到7π/4 不等。可以看到无论是任何相位差，理论预测与实验获得的图形均具有很高的一致性。

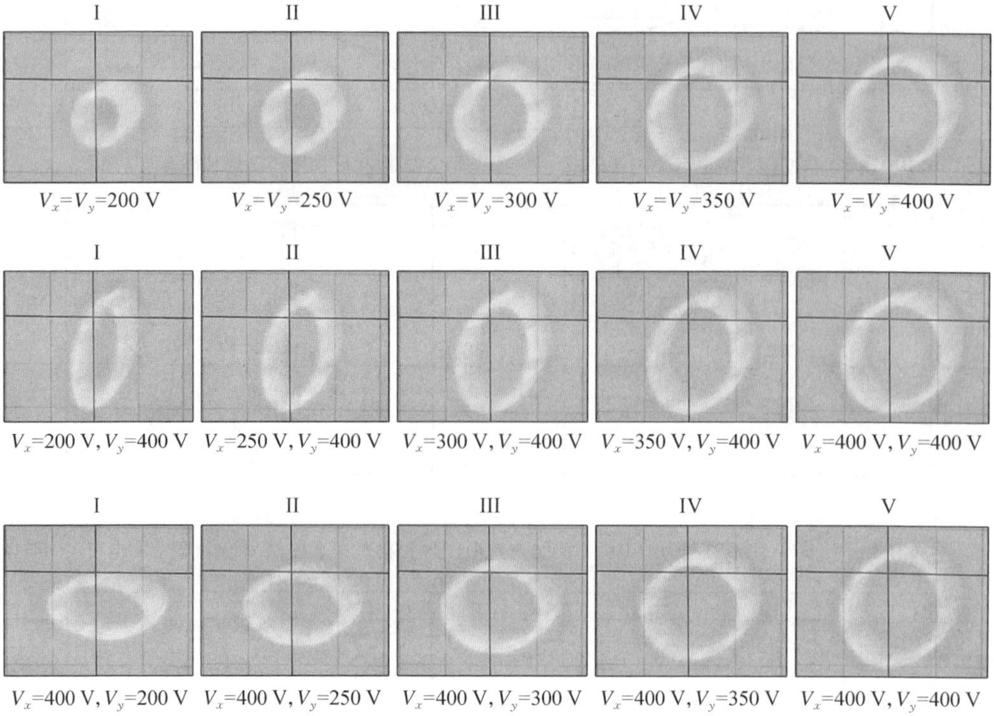

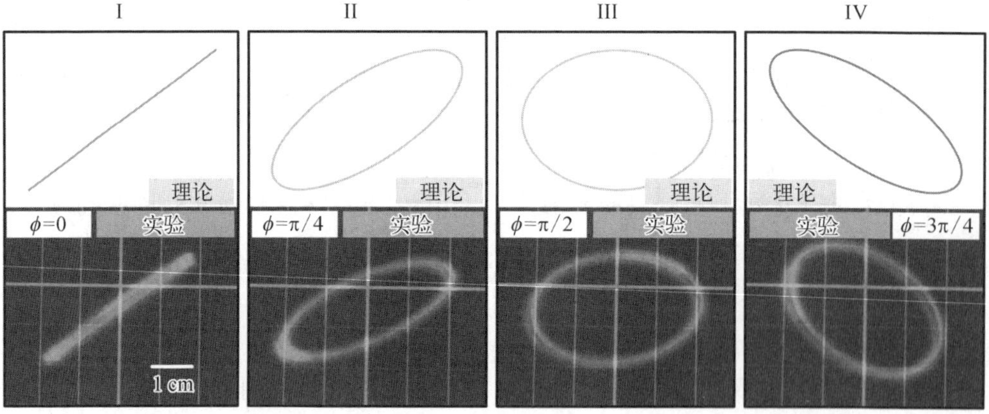

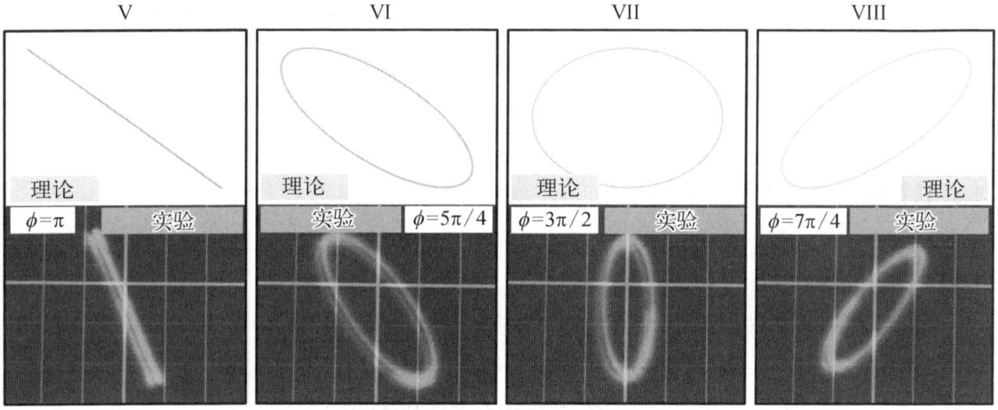

图 9.40　不同相位差条件下理论预测与实验实测图形对比

9.4　俘能研究

9.4.1　优势与特点

在很多特殊环境中，物联网系统的信息采集终端，如各类传感器，需要持续不断地进行供电，而在有些场合如高山峡谷、人迹罕至区域、深海、外太空等难以更换电池，而有线供电困难又比较突出的情况，有必要进行自供电，即利用周围环境中的机械能、风能、太阳能等将其俘获并转化为电能[176, 178, 235-240]。

9.3 节提到基于力电耦合效应的能量俘获，在应用上，能量俘获的电路及其设计目标与传感的思路并不完全一致。从能量俘获的角度来看，俘能的能量密度和俘能效率是最为重要的两个参数。对于俘能效率，理论最大值 100%是很难实现的，即将所有的机械能全部转换为电能，而俘能能力（可用最大输出功率）则由空载电压和短路电流两部分共同决定。如果能够通过俘能能力的理论分析和实验验证，则可进行基于压电和挠曲电效应的俘能设计，尤其是材料方面的选择和设计。

9.4.2　原理和应用性分析

对于俘能材料，其等效电路模型可考虑为电压源-串联等效内阻的模式，而其在考虑负载的情况下等效输出功率 P_o 可写为

$$P_o = U_L I = U_s \frac{Z_L}{Z_{in} + Z_L} \frac{U_s}{Z_{in} + Z_L} \tag{9.27}$$

其中，U_L、I、U_s、Z_{in} 及 Z_L 为负载上的电压、环路电流、电源电压、等效内阻及负载阻抗。

当考虑负载阻抗与内阻之间的关系,即将二者写为比例的形式时,可发现其在相等情况下具有最大的理论输出功率,为

$$P_{\mathrm{omax}} = \frac{U_{\mathrm{s}}^2}{4|Z_{\mathrm{in}}|} \tag{9.28}$$

对于电容性电源,其内阻可写为

$$|Z_{\mathrm{in}}| = \frac{1}{2\pi f C} \tag{9.29}$$

回到力电耦合效应,将压电和挠曲电效应的感应位移电荷 Q 以式(9.30)写出,有

$$Q = \begin{cases} d_{33}F = d_{33}\sigma A \text{ (压电效应)} \\ \mu_{ijkl} \dfrac{\partial \varepsilon}{\partial l} A \text{ (挠曲电效应)} \end{cases} \tag{9.30}$$

其中,d_{33}、F、σ、A、μ_{ijkl}、$\dfrac{\partial \varepsilon}{\partial l}$是压电系数、力载荷、应力、应力的加载面积、挠曲电系数、应变梯度,考虑到电容的表达形式:

$$C = \frac{\varepsilon_0 \varepsilon_{\mathrm{r}} A}{d} \tag{9.31}$$

因此有在压电和挠曲电作用下最大输出功率的表达形式:

$$P_{\max} = \begin{cases} \dfrac{U_{\mathrm{s}}^2}{4|Z_{\mathrm{in}}|} = \dfrac{\left(\dfrac{Q}{C}\right)^2}{4\dfrac{1}{2\pi f C}} = \dfrac{d_{33}^2}{\varepsilon_0 \varepsilon_{\mathrm{r}}} \sigma^2 \mathrm{d}A \dfrac{\pi f}{2} \text{ (压电效应)} \\ \dfrac{\mu_{ijkl}^2}{\varepsilon_0 \varepsilon_{\mathrm{r}}} \left(\dfrac{\partial \varepsilon}{\partial l}\right)^2 \mathrm{d}A \dfrac{\pi f}{2} \text{ (挠曲电效应)} \end{cases} \tag{9.32}$$

进一步将几何参数、物理参数及力学参数进行分离,可定义一个新的俘能系数 m:

$$m = \begin{cases} \dfrac{d_{33}^2}{\varepsilon_0 \varepsilon_{\mathrm{r}}} \text{ (压电效应)} \\ \dfrac{\mu_{ijkl}^2}{\varepsilon_0 \varepsilon_{\mathrm{r}}} \text{ (挠曲电效应)} \end{cases} \tag{9.33}$$

9.4.3 设计过程

在力学加载状态、几何尺寸等外在条件固定的情况下,如何考量材料的本征俘能能力,便是俘能系数 m 的核心功能。从式(9.33)来看,材料的压电和挠曲电俘能

能力与力电耦合系数的平方成正比,与介电常数成反比。因此,本书将目前学术界和工业界研究和使用较多、较为典型的压电和非压电材料的俘能系数进行计算和罗列,如图 9.41(a)所示。可以明显地看到,压电材料的俘能系数显然总体上优于非压电材料,如应用最为广泛的 PZT 陶瓷、PVDF 高分子压电材料等,其俘能系数为 $1\sim10^{2}(\times10^{-24}\ \mathrm{C^2/N^2})$。但此处显示的结果和以往认知有一点并不一致,即高分

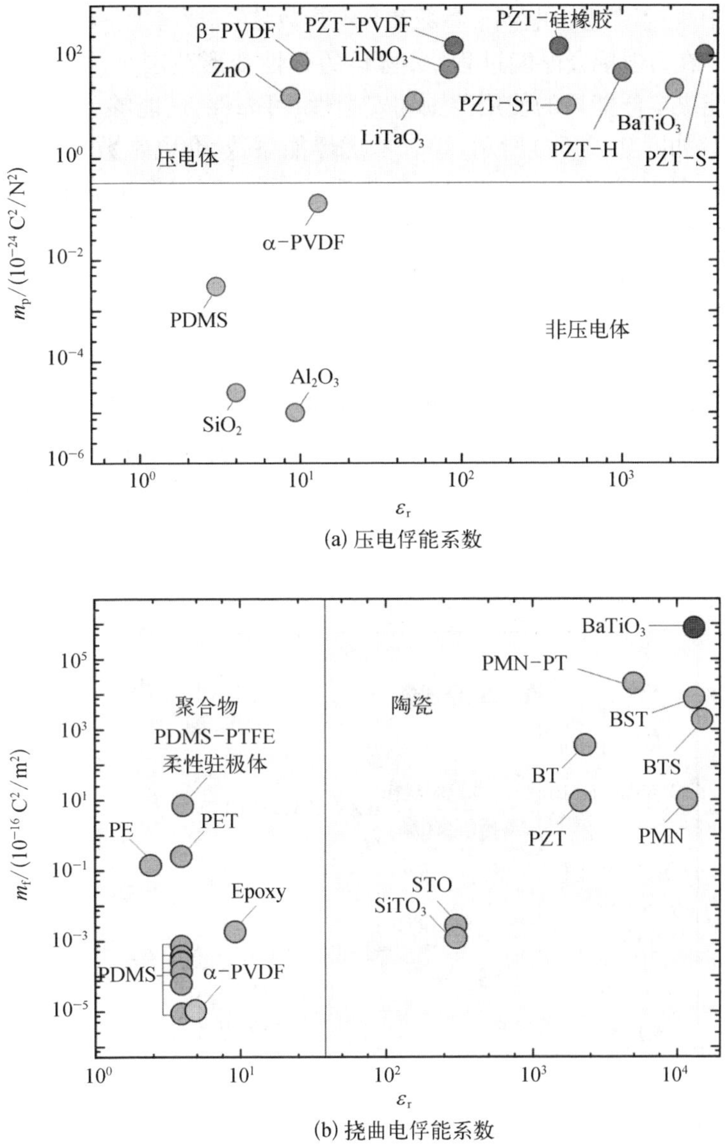

(a) 压电俘能系数

(b) 挠曲电俘能系数

图 9.41　俘能系数展示

子压电材料的俘能系数与陶瓷材料基本相当，而并非前者弱于后者。同理，将挠曲电效应的俘能系数进行计算可得到如图 9.41(b) 所示的结果；将材料大致分为高分子和陶瓷后可发现，对于挠曲电俘能，陶瓷材料要显著高于高分子材料，而在已通过实验获得的材料参数中，$BaTiO_3$ 的挠曲电俘能系数最高。另一个值得关注的现象是诸如 PDMS 等交联密度可调的介电弹性体材料，其在介电常数几乎不变的情况下挠曲电系数可跨数量级调控，因此具有同一类材料挠曲电俘能系数不同的现象。

在俘能中，除了考虑力电耦合参数和介电参数，还需要考虑一些力学参数对俘能效果的影响。在力电耦合俘能过程中，材料的弹性变形范围是一个极其重要的因素：它不仅能决定俘能器的使用范围和安全性、可靠性，还能够更大范围内实现机械能的俘获。如图 9.42 (a) 所示，综合考虑俘能系数、介电常数及最大应变范围，不同材料的表现不尽相同。以相对介电常数为横轴，可以看出有的材料俘能系数水平高，但最多变形范围小，而有的俘能系数水平低却有着很高的弹性应变范围。在实际设计过程中最优的情况为：既要俘能系数较高，还能有高的弹性应变范围。

俘能器的俘能能力(功率)通过俘能系数表达，而在有些工况下不但需要俘能功率足够大，还希望俘能器的初始俘能电压足够大，以避免额外的升压电路对能量的损耗。因此，本书还进行空载电压与俘能之间的关系讨论。确定几何尺寸后可写出不同相对介电常数在固定频率点下的等效阻抗情况，而如果空载电压较高，其在不同环境中的适应性也强，对附加电路功能的需求就小。如图 9.42(b) 所示，给定力学载荷条件和几何条件后可获得不同介电常数材料的等效阻抗，并可以算出其空载电压，对比电压与阻抗的相对关系可定性地看到，有些材料如 PZT，具有更高的空载电压/阻抗值。

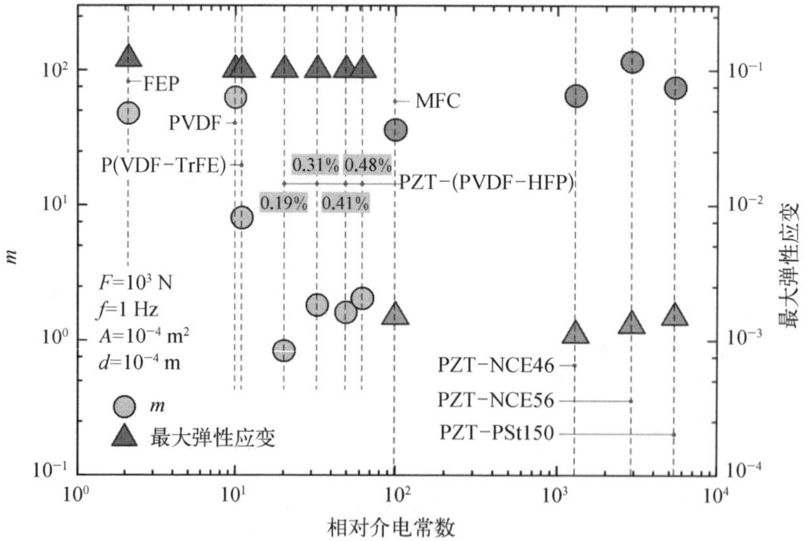

(a) 俘能系数与最大弹性应变范围的讨论

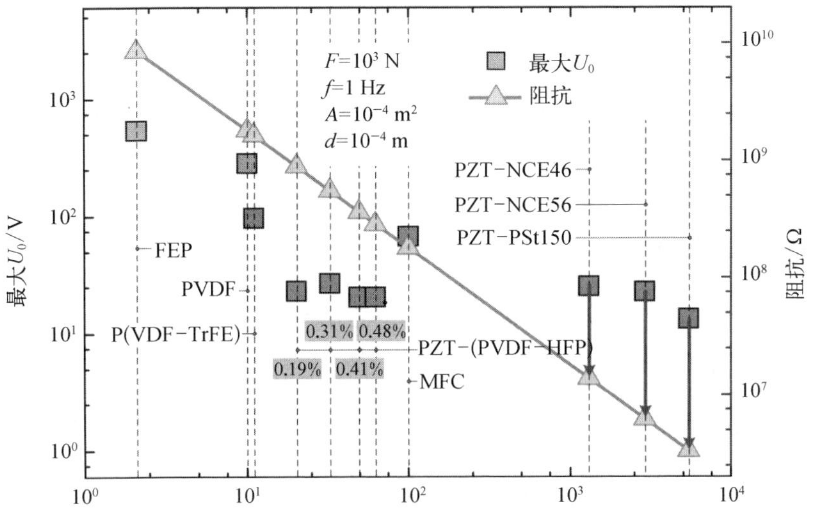

(b) 等效阻抗与空载电压的关系

图 9.42　不同材料的俘能能力

9.4.4　应用效果

为了检验俘能效果，本书以压电效应为例，采用一种较为常见的特殊工况，即油田磕头机的传感器供电。我国油气资源丰富，但分布并不集中，且在部分地区分布过于分散，如内蒙古、陕西北部等地区，且单口油井的产量并不算大。由于油井分布分散，长期派驻人员驻扎值守成本过高，太阳能又无法提供稳定的电能且太阳能板在许多地区因气候和环境原因无法使用，因此只能通过定期更换电池等手段对磕头机的载荷传感器进行供电。如图 9.43(a)所示，磕头机前端有一个能够实时测量位移和力载荷的复合传感器，将两者数据进行融合便可绘制出磕头机的功图，从而对该油井的产量和健康状况进行实时在线评估。位移传感器由加速度传感单元进行积分运算得出，而载荷传感器则是串联在抽油杆中，对杆内受力情况进行测量，由于抽油杆中的载荷为具有偏置的压应力，本书进行如图 9.43(b)所示的设计，将一个具有较大刚度的压电叠堆材料嵌入传感单元内部，并实施限位设置，防止载荷过大使材料受到过载破坏。结构外部大应变区域设置应变电桥，对载荷情况进行测量，同时压电叠堆因受到动态变化的压应力而产生相应的电荷输出，并将该电能进行俘获。

在完成了上述设计后，根据图 9.41 的俘能效果、图 9.42 的设计和选择原则及式(9.24)选择一种硬质的 PZT-5H 压电叠堆，并对其频率-阻抗特性进行计算和实验测量验证，如图 9.44(a)所示；该俘能器的等效电路参数如图 9.44(b)所示；利

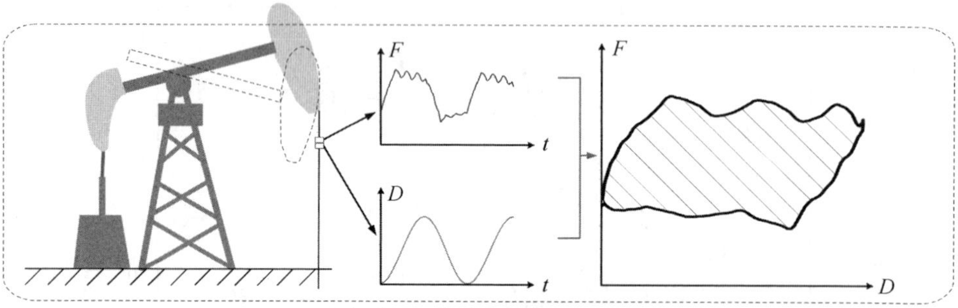

(a) 磕头机的载荷传感需求

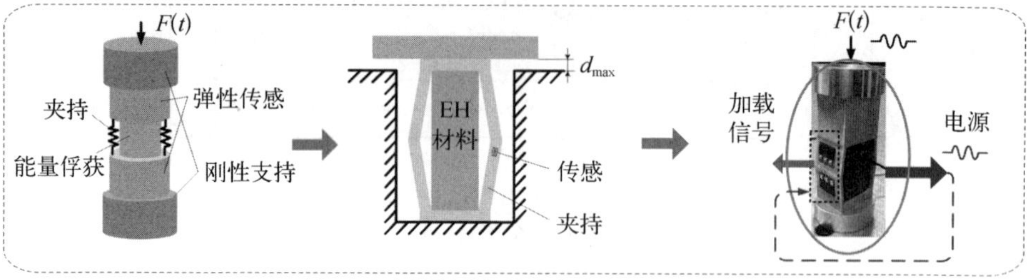

(b) 具有自供电功能的载荷传感器设计

图 9.43 油田磕头机载荷传感器自供电设计

用示波器对其输出特性进行简要地检测，测量波形如图 9.44(c)所示；将获得的电能进行全桥整流，使其成为直流电，如图 9.44(d)所示，并通过稳压电容进行稳压和高频噪声滤波，最终利用力学加载设备进行实验，将俘能器输出端接发光二极管，可以清晰地看到发光二极管随着载荷的变化有着周期性的发光行为，如图 9.44(e)所示。

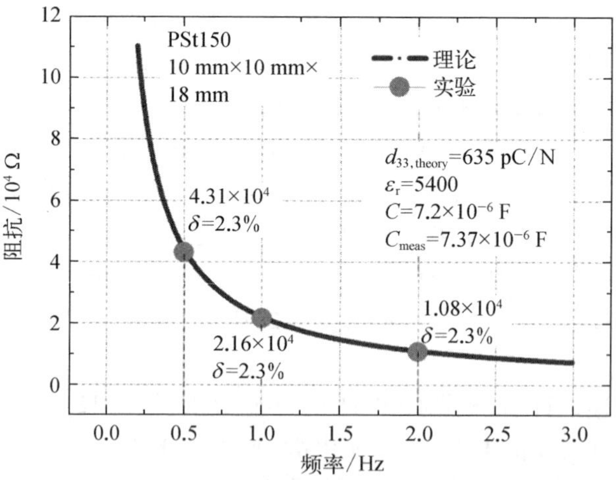

(a) 用于俘能的典型压电堆的介电和压电特性

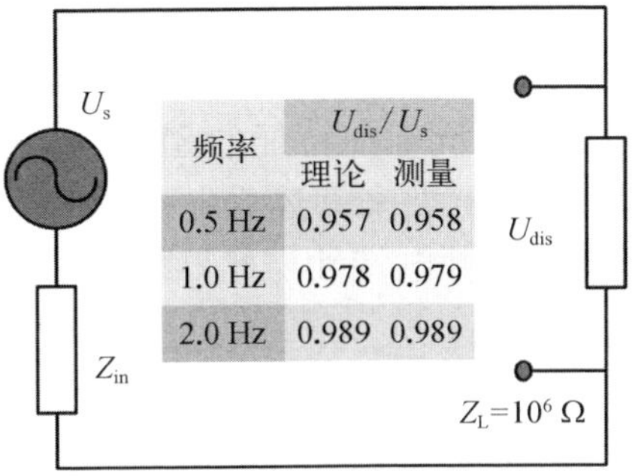

(b) 等效电路图

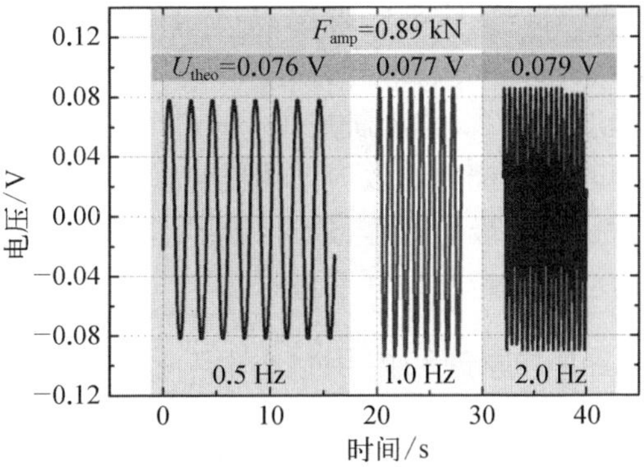

(c) 实时电压波形

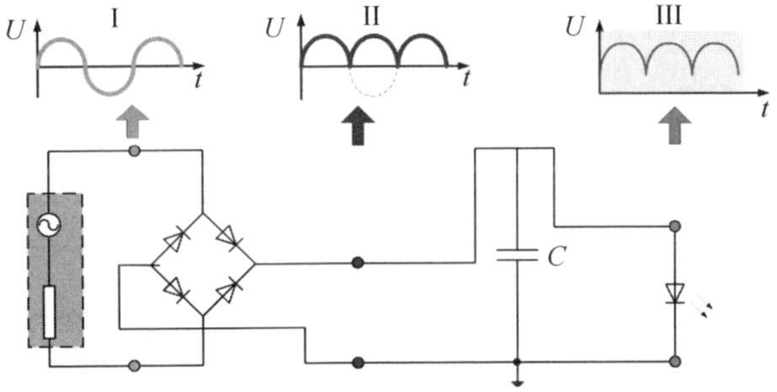

(d) 乳能电路(其中发光二极管作为传感单元被用于展示俘能能力)

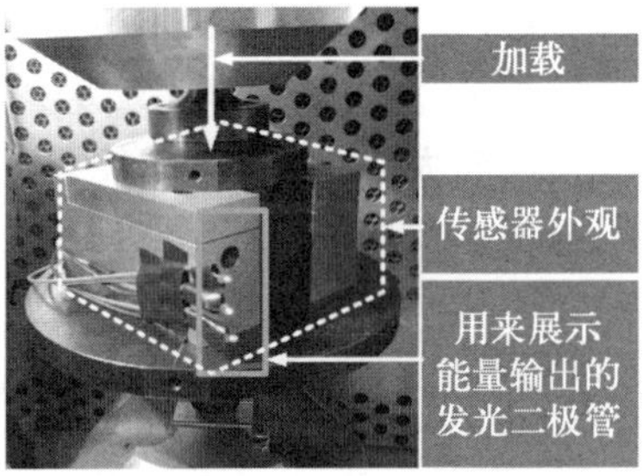

(e) 实验系统(其中发光二极管作为传感单元被用于展示俘能能力)

图 9.44　基于 PZT 压电陶瓷的俘能器设计和效果

9.5　基于挠曲电效应的表面粗糙度测量

9.5.1　优势与特点

在微观尺度下，学者采用经典赫兹接触模型对纳米级微凸起进行压痕实验，其结果表明接触分离过程产生的表面电位差来自接触挠曲电效应，并通过第一性原理和有限元模拟证明了这一点。在宏观尺度上，近期研究工作指出界面接触挠曲电行为是接触起电现象的重要微观机理，并且发现表面电位差的方向和大小不仅取决于材料性能、外加应力、空间分布，还显著受到接触界面粗糙微凸起形状的影响。但相比于材料块体，材料的表面常呈现出复杂的分形结构和跨尺度力学行为，这种差异很大程度上源于表面粗糙纹理结构。

近年来，粗糙接触的数值分析和实验研究取得了显著进展，但不同粗糙界面接触过程中接触面积的演变对接触挠曲电效应影响的量化规律还不明确，其实验研究具有一定挑战。因此,系统地研究粗糙表面的挠曲电效应对于更好地理解、测量和表征各类接触面的力学特性具有重要意义。为了弄清界面挠曲电效应与表面粗糙度的关系,作者研究了不同加载条件下,一系列具有不同几何特征的3D打印粗糙表面的挠曲电效应产生的电荷,并且提供了数值分析框架来阐述粗糙接触的界面挠性电极化过程,通过结合实验和数值结果,将界面挠性电特性与此界面接触的力学性能定量地联系起来。

9.5.2 原理和应用性分析

为了深入了解表面粗糙度对界面挠曲电效应的作用,本节对一系列具有不同几何形状的3D打印粗糙表面进行实验测试。主要调控粗糙表面几何形状的两个关键特性,即分形维数和粗糙度幅度,它们分别主导着粗糙面的跨尺度几何特征和高度特征,分形维数 D_{in} 设定在2.1~2.9,粗糙度幅值 R_t 设定在0.25~1.25 mm,所生成粗糙面大小为12 mm×12 mm,打印空间分辨率为16 μm,如图9.45所示。所生成粗糙面的粗糙度特征包括均方差粗糙度参数和分形维数,如表9.6所示。

图9.45 所生成的典型粗糙面纹理结构

表9.6 表面粗糙度参数

样本号	R_t/mm	R_{rms}/μm	D_{in}
S1	0.75	135.61±8.73	2.10
S2	0.75	124.64±10.28	2.30
S3	0.75	111.13±5.75	2.50
S4	0.75	103.99±7.04	2.70
S5	0.75	88.11±3.48	2.90
S6	0.25	38.41±1.42	2.50
S7	0.50	77.95±5.03	2.50
S8	1.00	149.82±11.48	2.50
S9	1.25	182.91±11.57	2.50

为了建立粗糙接触力学特性和挠曲电效应的定量联系,本节同步测量不同正向压载荷条件下挠曲电荷和接触刚度。测量过程中,粗糙接触被正向压载到一定载荷后,继续施加小幅振动扰动,通过捕捉振动过程中的力、位移和电压信号进而

获得挠曲电效应和接触刚度。所提出的实验采用多种方法将挠曲电效应与其他压电、电磁和静电效应隔离,例如,在粗糙接触界面空隙处填充导电碳膏,通过数字图像相关(digital image correlation, DIC)技术校核微振动位移测量装置、电磁屏蔽网、信号放大和调理装置、屏蔽电磁干扰软线等多项措施以提高测量信噪比。为了防止热电效应,本研究仅采用频率小于 2 Hz 的位移振荡,且振幅为相应压力水平的 1/10,从而保持振荡过程中接触力与变形之间的线性关系。接触刚度由大致线性的载荷-变形曲线拟合获得。在给定的压载条件下,施加的微振动包括 20 个周期,只有后 10 个周期用于计算接触刚度和挠性电荷。此外,信号处理过程中采用截止频率为 5 Hz 的数字低通滤波器去除高频噪声,图 9.46 给出了被测样品电荷输出的典型滤波实时波形。

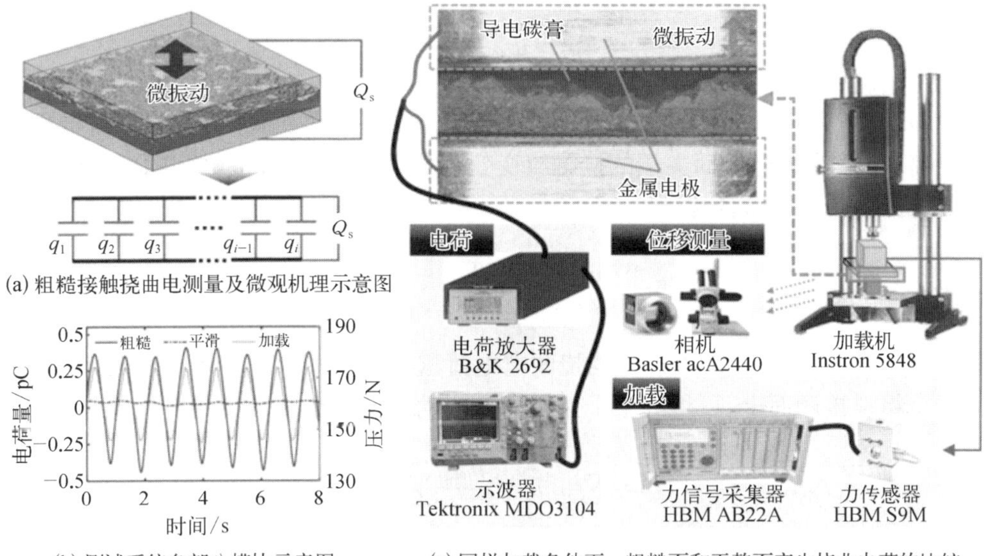

(a) 粗糙接触挠曲电测量及微观机理示意图

(b) 测试系统各部分模块示意图　(c) 同样加载条件下，粗糙面和平整面产生挠曲电荷的比较

图 9.46　实验测试系统和实测波形

受压粗糙表面在微振动过程中产生的总挠曲电荷可以认为是由所有微接触共同贡献的,每个粗糙面的微凸起都可看成与其他凸起平行的单个电荷源。接触受压过程中,粗糙面各个微凸受压将在尖端区域产生集中应力,由于粗糙体形状的不规则性而表现出明显的应变梯度,从而产生接触挠性电。本研究中,基于压痕理论和 von Mises 各向同性流动理论,提出了一种简单的非弹性材料接触的自洽模型,在不考虑摩擦的情况下,其本构行为可简化为

$$f_i = a_i\sigma_i = a_iE_r\varepsilon_i = \pi r_i^2E_r\alpha\left(\frac{\beta r_i}{2R_i}\right)^{m_B} \tag{9.34}$$

其中，$\alpha=3$ 和 $\beta=1/3$ 为结构常数；m_B 为材料硬化参数；r_i 和 R_i 分别为等效微接触半径和微凸起等效球半径；E_r 为材料模量。

总接触力 F_c 可以通过对所有接触粗糙度积分得到，即 $\sum f_i$，其中 i 表示第 i 个接触粗糙度。当在受压表面施加正向微振动时，其导致凸起端部有效接触应变与法向接触刚度 K_c 基本呈反比关系，从而可通过 dF_c/dd 获得，其中 d 为微振动振幅。需要特别指出的是，对接触刚度的定义不同于压痕型实验中的定义，在压痕型实验中，接触刚度指的是卸载状态，完全由弹性控制。然而，在本节实验中，微振动幅度很小，将接触刚度定义为接触力-位移曲线的导数，当表面变形主要为弹性变形时，本工作中接触刚度的定义与压痕刚度不会有太大的区别。另外，单个微接触的挠性电极化程度 p_i 可由式(9.35)描述：

$$p_i=\mu_{\text{eff}}\frac{\Delta\varepsilon_{a_i}}{T_s} \tag{9.35}$$

其中，μ_{eff} 为等效挠曲电系数，主要由 μ_{ijkl} 的受压方向分量贡献；T_s 为上下电极之间的距离；$\Delta\varepsilon_{a_i}$ 为低微触面尖端的接触应变变化量，同时各个微接触面的电极化程度 p_i 还可以由式(9.36)计算：

$$p_i=\frac{q_i}{a_i} \tag{9.36}$$

其中，q_i 为第 i 个微接触处产生的挠曲电电荷量；a_i 为微接触面积。将微接触拓展到整个粗糙接触面上，可得到整个接触面在振动过程中产生的挠曲电电荷量 Q_s：

$$Q_s=\sum_{i=1}^{N_{\text{micro}}}a_i p_i=\frac{\mu_{\text{eff}}}{T_s}\sum_{i=1}^{N_{\text{micro}}}a_i\Delta\varepsilon_{a_i} \tag{9.37}$$

在本研究中，利用粗糙面不同高度的截断面及其包含的微界面来近似整个接触面和各个微接触面面积，对于本实验中所采用的 3D 打印材料，这一近似较为合理，该近似前期被多个研究采用和验证。

9.5.3 设计过程

实验和数值结果均表明，不同粗糙面受压和后续微振动过程中产生的挠曲电电荷和接触刚度均与正向压力呈幂律关系，分别可以用 $Q_s=\beta_e[F_c/(EA)]^{\alpha_e}$ 和 $K_c/(E\sqrt{A})=\beta_k[F_c/(EA)]^{\alpha_k}$ 来描述，如图 9.47 所示。相关性分析表明，表面粗糙度的幅值与参数 β_k 和 β_e 紧密相关，指数 α_k 和 α_e 的值主要由粗糙面的分形维度决定，且本研究得到的接触刚度幂律指数 α_k 值与文献中报道的数值和实验研究结果相当，从而在一定程度验证本节的实验结果和所提出的数值方法。在模拟中，研究

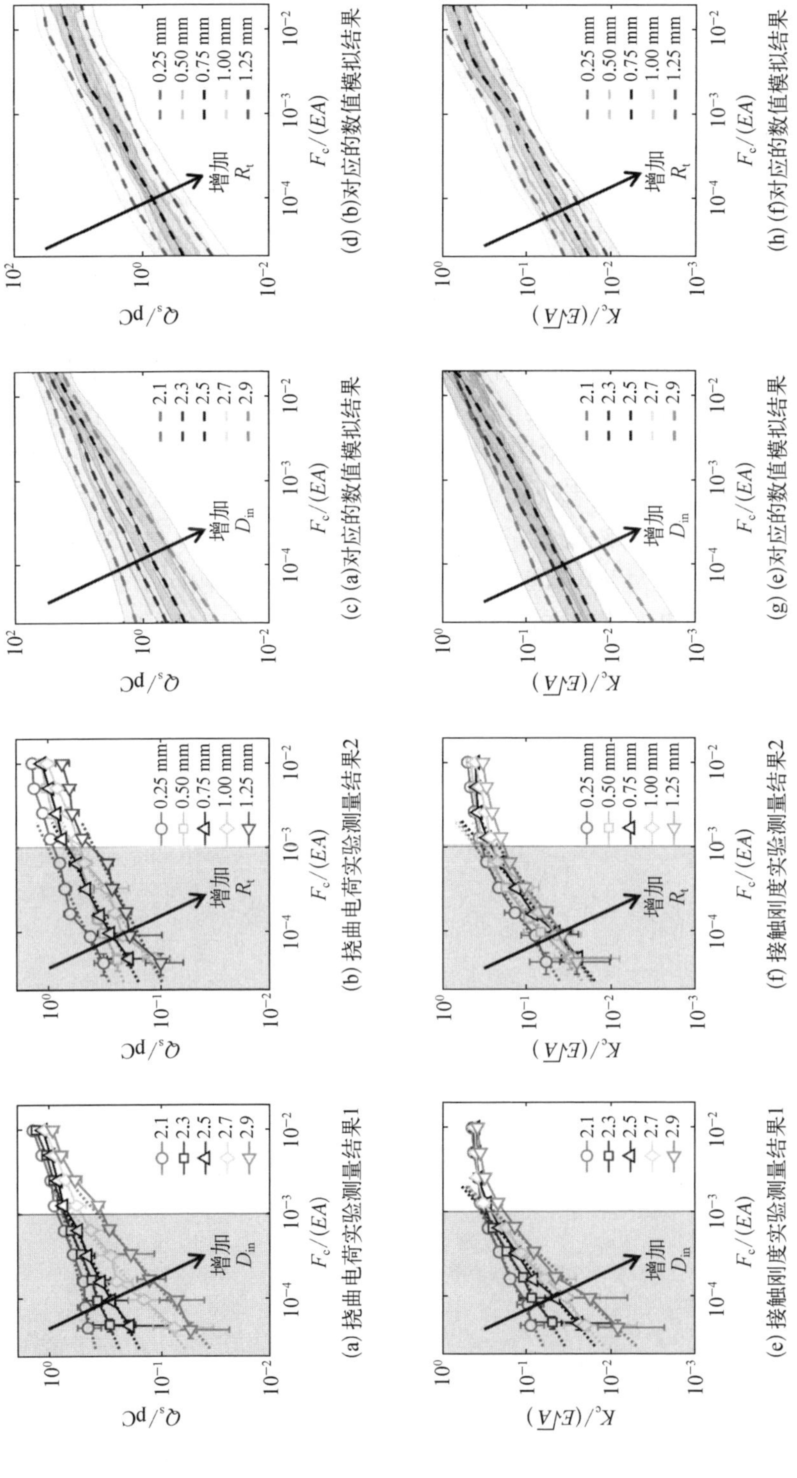

(a) 挠曲电荷实验测量结果1　(b) 挠曲电荷实验测量结果2　(c) (a)对应的数值模拟结果　(d) (b)对应的数值模拟结果
(e) 接触刚度实验测量结果1　(f) 接触刚度实验测量结果2　(g) (e)对应的数值模拟结果　(h) (f)对应的数值模拟结果

图 9.47　不同形貌粗糙面接触挠曲电荷与接触刚度的实验测量结果与数值预测结果对比

直接使用压载方向的纵向系数 μ_{11} 来近似 μ_{eff}，这可能是模拟结果中界面挠曲电荷与实验测量结果相比偏高的一个重要原因。这里所采用的 μ_{11} 的值是根据截锥体的宏观压缩实验得出的，受到挠曲电系数张量各个分量的耦合影响。

9.5.4 应用效果

同样力加载条件下，更粗糙的接触面拥有更多微小的接触面，也将产生更大的应变梯度，同时在更小的长度尺度下，挠曲电效应也更为显著，因此更粗糙的表面理应展示出更大的挠曲电效应。然而，实验中所测量的挠曲电电荷是由挠性电极化程度和接触面积乘积共同决定的，并且粗糙界面处的电荷分布是一个复杂的问题，不仅涉及初始表面形貌，而且与接触的演变过程密切相关。本节研究结果表明，在相同的加载条件下，粗糙的表面往往比光滑的表面产生相对较低的挠曲电荷。在图 9.48 中，给出了单个微振动周期内微接触应变最大变化量 $\Delta\varepsilon_{a_i}$ 和微接触面积 a_i/A 的联合分布图，前者决定着挠曲电极化程度，后者代表微触点的电极面积。可以看出，对于不同载荷条件下的不同粗糙面，$\Delta\varepsilon_{a_i}$ 与 a_i/A 之间存在较强的相关性，相关系数通常大于 0.7，也就是说，较大的微接触也倾向于表现出较大的应变变化，对界面挠曲电电荷的贡献也更大。

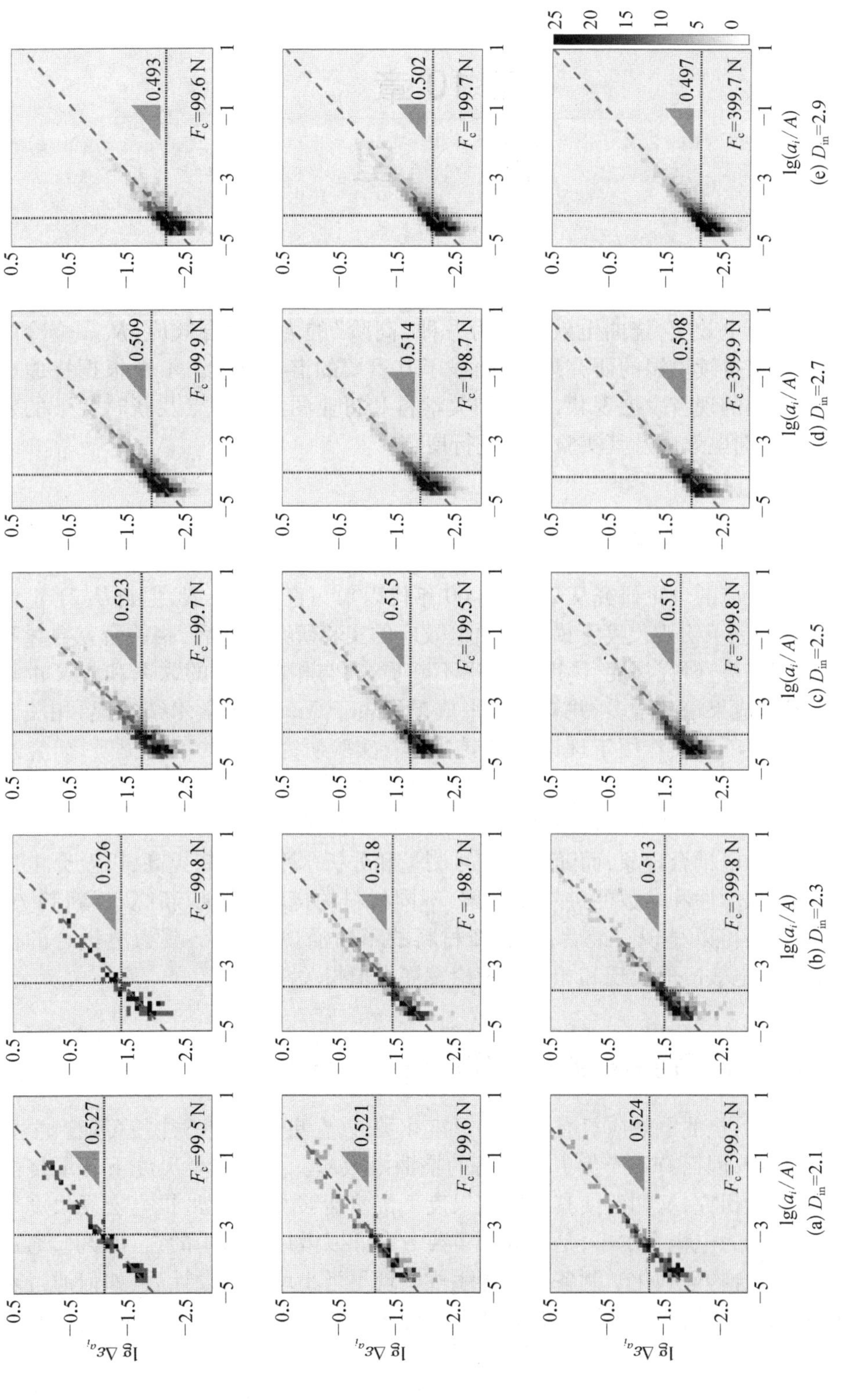

图 9.48　不同粗糙接触面在不同加载条件下微接触端部变形变化量与微接触面积的联合分布图

第 10 章

展　望

相对于压电效应，挠曲电效应作为一种“高阶”的力电耦合效应，从一个冷门问题到现阶段持续增温的研究现状，凸显了其重要的潜在价值。本章根据挠曲电效应及其应用的现有发展现状，结合相关学科和行业的主要特点及新时代下的发展趋势，对挠曲电效应及其实验研究进行展望。

10.1　挠曲电效应理论与实验进一步融合发展

挠曲电效应的理论研究从 20 世纪 60 年代以来一直不断进展，但自从 21 世纪初 Cross 等发展了宏观尺度下横向挠曲电效应的实验研究方法后，相关研究数量和内容呈增速趋势，研究深度、广度和水平不断提高，与相关学科的联系和交叉也越发频繁，研究成果迅速增多，并有高水平成果发表于 *Nature* 等学术杂志上，相关实验研究结果也能够反作用于理论的发展。随着实验研究手段的不断提升，研究尺度的不断减小，宏观尺度下难以观察到的现象得以表现出来，一些既有的理论得以验证或证伪，根据这些新的现象又有望发展出一系列新的理论。除此之外，由于挠曲电效应是力电耦合现象，而随着电信号测量和分析水平的不断提高，以及介电性能的不断深入掌握和参数的进一步理解，不同材料的挠曲电效应新亮点、新趋势、新优势也不断得以显现。最后，随着新材料的不断涌现和迭代，其力电耦合的性能，包括挠曲电效应的表现和相应的理论发展也值得关注。

10.2　跨尺度下挠曲电效应的实验研究方法探讨

众所周知，挠曲电效应具有强烈的尺度相关性，在更小尺度下往往可能产生更大的应变梯度，因而有望产生更为显著的挠曲电效应。如何在小尺度下开展挠曲电效应的实验研究，又如何使其在宏观尺度下仍然能够发挥优势，提高宏观尺度下挠曲电效应的力电耦合水平，是研究的重要方向。以微尺度结构的设计为例，通过力学设计、结合物理和化学制备工艺等手段实现了微小尺度的设计后，如何通过宏观尺度的加载使其在结构的全域内，或大部分区域内实现所设计的应变梯度，又如何通过合理巧妙的电极布置实现相应电信号的引出而不发生电中和，是跨尺度下挠曲电效应实验研究方法的一个重要发展方向。除此之外，随着巨大应变梯度的设计和产生，材料和结构内部往往产生巨大的应变，材料和结构在微观尺度下的抗疲劳特性、抗局部破坏特性等如何通过理论、结合可操作性强的实验进行研究和验证，也是基于挠曲电效应应用研究的科学基础。

10.3 挠曲电效应与驻极体材料的结合

第 7 章中通过重构电荷中心的手段提升了初始偶极子的长度和电荷，并利用局部的巨大应变梯度改变了新的初始偶极矩的值。这种添加净电荷提升材料内部电场水平，从而提升材料力电耦合水平的手段并不罕见。从功能性材料上来讲，注入净电荷并使之保持在材料内部，是一种制备驻极体的典型手段。对于驻极体功能材料，其核心应用指标参数有两项：净电荷密度和电荷保存时长。前者与材料本身的电阻率、介电常数，以及微观特征、电加载手段等密切相关，后者则与材料束缚净电荷的机理、保存方法等密切相关。目前来看，驻极体领域内对该材料的力学变形及其电性能研究不多，主要存在于薄膜振动等小幅度的弹性变形和固有频率等典型力学问题上。然而，对于这类“富含”净电荷资源的材料，其局部的等效电荷中心移动对于力电耦合效应的研究具有重要的意义，第 7 章仅通过宏观尺度的“戳膜”方法制造局部巨大应变梯度，就实现了等效压电系数 10^3 pC/N 数量级的应用；而若能将局部应变梯度的设计扩展到微观尺度，将应变梯度致变形导致的电荷中心偏离更大程度上展现出来，则其等效压电系数将会进一步提升。总而言之，对于驻极体这类净电荷总量不为零的材料，其微结构中电荷中心的重构和应变梯度响应的关系将极大地影响宏观尺度下材料的应变梯度致电极化和总的力电耦合水平。

10.4 巨大挠曲电效应及其可行性

可以看到，挠曲电效应的研究近年来取得了长足发展，但其效应水平仍有待进一步提高。如何产生巨大挠曲电效应？从挠曲电效应定义看，无非就是以下两条技术路线：提升挠曲电系数水平及提升应变梯度的值。然而，从力学上讲，无限制地提升应变梯度是不现实的，因为在几何尺度不变的情况下若想提高应变梯度，就必须在某处产生巨大应变；而无论是巨大的应变、还是应变梯度，都是导致材料破坏（如断裂）的重要原因[241]。从产品寿命和可靠性角度考虑，无限提升应变梯度的设计思路是不合理的，因此提升挠曲电系数水平成为一个重要的技术路线。本书多处提到，现有的挠曲电系数表达式是从电极化和应变梯度等挠曲电定义出发而给出的，无法较好地体现其物理含义，而如果能从微观层面，尤其是结合不同介电材料的微观特征，从电荷的局部移动（电位移）与应变梯度产生过程的具体变形情况出发，从其电荷中心随应变梯度的变化角度进行分析，则能够给出挠曲电效应与应变梯度、弹性模量、材料微观结构特征及介电常数等参数相关的表达式，有望更好地体现挠曲电系数与材料特征参数之间的关系，然后从材料本征的参数出发，给出调控挠曲电系数的具体手段，或从材料角度出发，提出材料的筛选和设计原则。

参 考 文 献

[1] 中华人民共和国国家发展和改革委员会.努力推动实现碳达峰碳中和目标[EB/OL]. https://www.ndrc.gov.cn/wsdwhfz/202111/t20211111_1303691.html[2024-10-30].

[2] 冯慈璋,马西奎.工程电磁场导论[M].北京:高等教育出版社,2000.

[3] Lu J F, Lv J Y, Liang X, et al. Improved approach to measure the direct flexoelectric coefficient of bulk polyvinylidene fluoride[J]. Journal of Applied Physics, 2016, 119(9): 094104.

[4] Ma W H. Flexoelectricity: Strain gradient effects in ferroelectrics[J]. Physica Scripta, 2007, T129: 180-183.

[5] Mokhtari F, Azimi B, Salehi M, et al. Recent advances of polymer-based piezoelectric composites for biomedical applications[J]. Journal of the Mechanical Behavior of Biomedical Materials, 2021, 122: 104669.

[6] Dong H J, Li T J, Wang Z W, et al. Design and experiment of a piezoelectric actuator based on inchworm working principle[J]. Sensors and Actuators A: Physical, 2020, 306: 111950.

[7] Dong Y Y, Hu H, Wang H J. Identification and experimental assessment of two-input Preisach model for coupling hysteresis in piezoelectric stack actuators[J]. Sensors and Actuators A: Physical, 2014, 220: 92-100.

[8] Carrella A, Brennan M J, Waters T P. Static analysis of a passive vibration isolator with quasi-zero-stiffness characteristic[J]. Journal of Sound and Vibration, 2007, 301(3-5): 678-689.

[9] 郭宏伟,刘荣强,李兵.空间可展开天线机构创新设计[M].北京:科学出版社,2018.

[10] 杨健,鲍芳荻,于思源.空天地协同激光通信技术与应用[M].北京:科学出版社,2022.

[11] Fan K, Liu Z H, Liu H Y, et al. Scavenging energy from human walking through a shoe-mounted piezoelectric harvester[J]. Applied Physics Letters, 2017, 110(14): 143902.

[12] Han W W, Shao S B, Zhang S W, et al. Design and modeling of decoupled miniature fast steering mirror with ultrahigh precision[J]. Mechanical Systems and Signal Processing, 2022, 167: 108521.

[13] Jiang Y J, Liu S T, Zhong M L, et al. Optimizing energy harvesting performance of cone dielectric elastomer generator based on VHB elastomer[J]. Nano Energy, 2020, 71: 104606.

[14] Koszewnik A P. Active vibration control method for space mechanical structure with

piezostacks[J]. Solid State Phenomena, 2013, 198: 433 - 438.
[15] Li G R, Chen X P, Zhou F H, et al. Self-powered soft robot in the Mariana Trench[J]. Nature, 2021, 591(7848): 66 - 71.
[16] Liao C, Xu M L, Xiao R J, et al. Integrated design of piezo-actuated 2-DOF submillimeter-range super-resolution platform with self-sensing unit[J]. Mechanical Systems and Signal Processing, 2020, 139: 106569.
[17] Liu D, Yin X, Guo H Y, et al. A constant current triboelectric nanogenerator arising from electrostatic breakdown[J]. Science Advances, 2019, 5(4): eaav6437.
[18] Mao Y Y, Li Y, Xie J Y, et al. Triboelectric nanogenerator/supercapacitor in-one self-powered textile based on PTFE yarn wrapped PDMS/MnO_2 NW hybrid elastomer[J]. Nano Energy, 2021, 84: 105918.
[19] Maranganti R, Sharma N D, Sharma P. Electromechanical coupling in nonpiezoelectric materials due to nanoscale nonlocal size effects: Green's function solutions and embedded inclusions[J]. Physical Review B — Condensed Matter and Materials Physics, 2006, 74(1): 014110.
[20] Morozovska A N, Eliseev E A, Varenyk O V, et al. Effective piezoelectric response of twin walls in ferroelectrics[J]. Journal of Applied Physics, 2013, 113(18): 187222.
[21] Qiu C R, Wang B, Zhang N, et al. Transparent ferroelectric crystals with ultrahigh piezoelectricity[J]. Nature, 2020, 577(7790): 350 - 354.
[22] Rogers J A, Someya T, Huang Y. Materials and mechanics for stretchable electronics[J]. Science, 2010, 327(5973): 1603 - 1607.
[23] Shao S B, Song S Y, Liu K Y, et al. A piezo-driven rotary inchworm actuator featured with simple structure and high output torque[J]. International Journal of Applied Electromagnetics and Mechanics, 2019, 59(1): 317 - 325.
[24] Xiao R J, Xu M L, Shao S B, et al. Design and wide-bandwidth control of large aperture fast steering mirror with integrated-sensing unit[J]. Mechanical Systems and Signal Processing, 2019, 126: 211 - 226.
[25] 孙慷,张福学.压电学[M].北京：国防工业出版社,1984.
[26] Indenbom V, Loginov E, Osipov M. Flexoelectric effect and structure of crystals[J]. Kristallografiya, 1981, 28: 1157 - 1162.
[27] Kogan S M. Piezoelectric effect during inhomogeneous deformation and acoustic scattering of carriers in crystals[J]. Physics of the Solid State, 1964, 5(10): 2069 - 2070.
[28] Tagantsev A K. Theory of flexoelectric effect in crystals[J]. Zhurnal Eksperimental'noi i Teoreticheskoi Fiziki, 1985, 61(6): 2108 - 2122.
[29] Tagantsev A K. Piezoelectricity and flexoelectricity in crystalline dielectrics[J]. Physical Review B, 1986, 34(8): 5883.
[30] Tagantsev A K. Pyroelectric, piezoelectric, flexoelectric, and thermal polarization effects in ionic crystals[J]. Soviet Physics Uspekhi, 1987, 30(7): 588 - 603.
[31] Tagantsev A K. Electric polarization in crystals and its response to thermal and elastic

perturbations[J]. Phase Transitions: A Multinational Journal, 1991, 35(3-4): 119-203.

[32] Huang S, Qi L, Huang W, et al. Flexoelectricity in dielectrics: Materials, structures and characterizations[J]. Journal of Advanced Dielectrics, 2018, 8(2): 1830002.

[33] Jiang X N, Huang W B, Zhang S J. Flexoelectric nano-generator: Materials, structures and devices[J]. Nano Energy, 2013, 2(6): 1079-1092.

[34] Nguyen T D, Mao S, Yeh Y W, et al. Nanoscale flexoelectricity[J]. Advanced Materials, 2013, 25(7): 946-974.

[35] Tripathy A, Saravanakumar B, Mohanty S, et al. Comprehensive review on flexoelectric energy harvesting technology: Mechanisms, device configurations, and potential applications [J]. ACS Applied Electronic Materials, 2021, 3(7): 2898-2924.

[36] Wang B, Gu Y J, Zhang S J, et al. Flexoelectricity in solids: Progress, challenges, and perspectives[J]. Progress in Materials Science, 2019, 106: 100570.

[37] Wang J X, Gao D C, Lee P S. Recent progress in artificial muscles for interactive soft robotics[J]. Advanced Materials, 2021, 33(19): e2003088.

[38] Yudin P V, Tagantsev A K. Fundamentals of flexoelectricity in solids[J]. Nanotechnology, 2013, 24(43): 432001.

[39] Zubko P, Catalan G, Tagantsev A K. Flexoelectric effect in solids[J]. Annual Review of Materials Research, 2013, 43: 387-421.

[40] Cross L E. Flexoelectric effects: Charge separation in insulating solids subjected to elastic strain gradients[J]. Journal of Materials Science, 2006, 41: 53-63.

[41] Ma W H, Cross L E. Large flexoelectric polarization in ceramic lead magnesium niobate[J]. Applied Physics Letters, 2001, 79(26): 4420-4422.

[42] Ma W H, Cross L E. Observation of the flexoelectric effect in relaxor Pb ($Mg_{1/3}Nb_{2/3}$) O_3 ceramics[J]. Applied Physics Letters, 2001, 78(19): 2920-2921.

[43] Ma W H, Cross L E. Flexoelectric polarization of barium strontium titanate in the paraelectric state[J]. Applied Physics Letters, 2002, 81(18): 3440-3442.

[44] Ma W H, Cross L E. Strain-gradient-induced electric polarization in lead zirconate titanate ceramics[J]. Applied Physics Letters, 2010, 82(19): 3293-3295.

[45] Ma W H, Cross L E. Flexoelectric effect in ceramic lead zirconate titanate[J]. Applied Physics Letters, 2005, 86(7): 072905.

[46] Ma W H, Cross L E. Flexoelectricity of barium titanate[J]. Applied Physics Letters, 2006, 88(23): 232902.

[47] Yudin P V, Ahluwalia R, Tagantsev A K. Upper bounds for flexoelectric coefficients in ferroelectrics[J]. Applied Physics Letters, 2014, 104(8): 082913.

[48] Yudin P, Ahluwalia R, Tagantsev A. Erratum: Upper bounds for flexoelectric coefficients in ferroelectrics[J]. Applied Physics Letters, 2015, 106: 189902.

[49] Mindlin R D. Polarization gradient in elastic dielectrics[J]. International Journal of Solids and Structures, 1968, 4(6): 637-642.

[50] Askar A, Lee P C Y, Cakmak A S. Lattice-dynamics approach to the theory of elastic

dielectrics with polarization gradient[J]. Physical Review B, 1970, 1(8): 3525 - 3537.

[51] Resta R. Towards a bulk theory of flexoelectricity[J]. Physical Review Letters, 2010, 105(12): 127601.

[52] 胡淑玲,申胜平.具有挠曲电效应的纳米电介质变分原理及控制方程[J].中国科学:G辑,2009,(12): 1762 - 1769.

[53] Shen S P, Hu S L. A theory of flexoelectricity with surface effect for elastic dielectrics[J]. Journal of the Mechanics and Physics of Solids, 2010, 58(5): 665 - 677.

[54] Le Quang H, He Q C. The number and types of all possible rotational symmetries for flexoelectric tensors[J]. Proceedings of the Royal Society A: Mathematical, Physical and Engineering Sciences, 2011, 467(2132): 2369 - 2386.

[55] Hong J W, Catalan G, Scott J F, et al. The flexoelectricity of barium and strontium titanates from first principles[J]. Journal of Physics: Condensed Matter, 2010, 22(11): 112201.

[56] Hong J N, Vanderbilt D. First-principles theory of frozen-ion flexoelectricity[J]. Physical Review B — Condensed Matter and Materials Physics, 2011, 84: 180101.

[57] Hong J W, Vanderbilt D. First-principles theory and calculation of flexoelectricity[J]. Physical Review B — Condensed Matter and Materials Physics, 2013, 88(17): 174107.

[58] Abdollahi A, Domingo N, Arias I, et al. Converse flexoelectricity yields large piezoresponse force microscopy signals in non-piezoelectric materials[J]. Nature Communications, 2019, 10(1): 1266.

[59] Abdollahi A, Millán D, Peco C, et al. Revisiting pyramid compression to quantify flexoelectricity: A three-dimensional simulation study[J]. Physical Review B, 2015, 91(10): 104103.

[60] Abdollahi A, Peco C, Millán D, et al. Computational evaluation of the flexoelectric effect in dielectric solids[J]. Journal of Applied Physics, 2014, 116(9): 093502.

[61] Abdollahi A, Vásquez-Sancho F, Catalan G. Piezoelectric mimicry of flexoelectricity[J]. Physical Review Letters, 2018, 121(20): 205502.

[62] Bhaskar U K, Banerjee N, Abdollahi A, et al. A flexoelectric microelectromechanical system on silicon[J]. Nature Nanotechnology, 2016, 11(3): 263 - 266.

[63] Maranganti R, Sharma P. Atomistic determination of flexoelectric properties of crystalline dielectrics[J]. Physical Review B — Condensed Matter and Materials Physics, 2009, 80(5): 054109.

[64] Gharbi M, Sun Z H, Sharma P, et al. The origins of electromechanical indentation size effect in ferroelectrics[J]. Applied Physics Letters, 2009, 95(14): 142901.

[65] Zhou H, Pei Y M, Li F X, et al. Electric-field-tunable mechanical properties of relaxor ferroelectric single crystal measured by nanoindentation[J]. Applied Physics Letters, 2014, 104(6): 061904.

[66] Zeng S, Wang B L, Wang K F. Static stability analysis of nanoscale piezoelectric shells with flexoelectric effect based on couple stress theory[J]. Microsystem Technologies, 2018, 24(7): 2957 - 2967.

[67] Zhang D P, Lei Y J, Adhikari S. Flexoelectric effect on vibration responses of piezoelectric nanobeams embedded in viscoelastic medium based on nonlocal elasticity theory[J]. Acta Mechanica, 2018, 229(6): 2379-2392.
[68] Huang W B, Shu L L, Ryung Kwon S R, et al. Fabrication and measurement of a flexoelectric micro-pyramid composite[J]. AIP Advances, 2014, 4(12): 127115.
[69] Huang W, Kim K, Zhang S, et al. Scaling effect of flexoelectric (Ba, Sr) TiO_3 microcantilevers[J]. Physica Status Solidi (RRL)-Rapid Research Letters, 2011, 5(9): 350-352.
[70] Qi L, Zhou S J, Li A Q. Size-dependent bending of an electro-elastic bilayer nanobeam due to flexoelectricity and strain gradient elastic effect[J]. Composite Structures, 2016, 135: 167-175.
[71] Catalan G, Lubk A, Vlooswijk A, et al. Flexoelectric rotation of polarization in ferroelectric thin films[J]. Nature Materials, 2011, 10(12): 963-967.
[72] Xu T, Wang J, Shimada T, et al. Direct approach for flexoelectricity from first-principles calculations: Cases for $SrTiO_3$ and $BaTiO_3$ [J]. Journal of Physics: Condensed Matter, 2013, 25(41): 415901.
[73] Liu C C, Hu S L, Shen S P. Effect of flexoelectricity on electrostatic potential in a bent piezoelectric nanowire[J]. Smart Materials & Structures, 2012, 21(11): 115024.
[74] Yan Z, Jiang L Y. Surface effects on the electromechanical coupling and bending behaviours of piezoelectric nanowires [J]. Journal of Physics D: Applied Physics, 2011, 44 (7): 075404.
[75] Yan Z, Jiang L Y. Electromechanical response of a curved piezoelectric nanobeam with the consideration of surface effects [J]. Journal of Physics D: Applied Physics, 2011, 44 (36): 365301.
[76] Yan Z, Jiang L Y. The vibrational and buckling behaviors of piezoelectric nanobeams with surface effects[J]. Nanotechnology, 2011, 22(24): 245703.
[77] Yan Z, Jiang L. Surface effects on the electroelastic responses of a thin piezoelectric plate with nanoscale thickness [J]. Journal of Physics D: Applied Physics, 2012, 45 (25): 255401.
[78] Majdoub M, Sharma P, Çağin T. Dramatic enhancement in energy harvesting for a narrow range of dimensions in piezoelectric nanostructures[J]. Physical Review B — Condensed Matter and Materials Physics, 2008, 78(12): 121407.
[79] Majdoub M, Sharma P, Çağin T. Erratum: Enhanced size-dependent piezoelectricity and elasticity in nanostructures due to the flexoelectric effect [J]. Physical Review B — Condensed Matter and Materials Physics, 2008, 77(12): 125424.
[80] Majdoub M, Sharma P, Çağin T. Erratum: Enhanced size-dependent piezoelectricity and elasticity in nanostructures due to the flexoelectric effect [J]. Physical Review B — Condensed Matter and Materials Physics, 2009, 79(11): 119904.
[81] Wang X M, Tian H, Xie W G, et al. Observation of a giant two-dimensional band-

piezoelectric effect on biaxial-strained graphene[J]. NPG Asia Materials, 2015, 7(1): e154.

[82] Sharma S, Kumar A, Kumar R, et al. Geometry independent direct and converse flexoelectric effects in functionally graded dielectrics: An isogeometric analysis [J]. Mechanics of Materials, 2020, 148: 103456.

[83] Sharma S, Kumar R, Talha M, et al. Strategies to instigate superior electromechanical response in dielectric materials via converse flexoelectricity[J]. Extreme Mechanics Letters, 2021, 42: 101138.

[84] Tian X P, Sladek J, Sladek V, et al. A collocation mixed finite element method for the analysis of flexoelectric solids[J]. International Journal of Solids and Structures, 2021, 217: 27-39.

[85] Mizzi C A, Guo B, Marks L D. Experimental determination of flexoelectric coefficients in $SrTiO_3$, $KTaO_3$, TiO_2, and $YAlO_3$ single crystals[J]. Physical Review Materials, 2022, 6(5): 055005.

[86] Shu L L, Li F, Huang W B, et al. Relationship between direct and converse flexoelectric coefficients[J]. Journal of Applied Physics, 2014, 116(14): 144105.

[87] Shu L L, Wei X Y, Pang T, et al. Symmetry of flexoelectric coefficients in crystalline medium[J]. Journal of Applied Physics, 2011, 110(10): 104106.

[88] Sladek J, Hocker S, Lipp H, et al. Atomistic approach for the evaluation of direct flexoelectric coefficients in gradient theory[J]. Ferroelectrics, 2020, 569(1): 182-195.

[89] Zhang S W, Liu K Y, Wu T H, et al. Experimental approach for measuring cylindrical flexoelectric coefficients[J]. Journal of Applied Physics, 2017, 122(14): 144103.

[90] Liu K Y, Ji H, Wu T H, et al. Mechanical design of uniform strain-gradient schemes for transverse and longitudinal flexoelectricity[J]. International Journal of Solids and Structures, 2022, 238: 111414.

[91] Zhang S W, Liu K Y, Wu T H, et al. Diversity of transverse flexoelectricity in non-poled polyvinylidene fluoride[J]. Journal of Applied Physics, 2020, 128(14): 144103.

[92] Zhang S W, Xu M L, Ma G L, et al. Experimental method research on transverse flexoelectric response of poly (vinylidene fluoride) [J]. Japanese Journal of Applied Physics, 2016, 55(7): 071601.

[93] Liu K Y, Zhang S W, Wu T H, et al. Decoupled shear flexoelectric effects in polymers[J]. Journal of Applied Physics, 2019, 125(17): 174104.

[94] Zhang S W, Liang X, Xu M L, et al. Shear flexoelectric response along 3121 direction in polyvinylidene fluoride[J]. Applied Physics Letters, 2015, 107(14): 142902.

[95] Zhang S W, Liu K Y, Xu M L, et al. Investigation of the 2312 flexoelectric coefficient component of polyvinylidene fluoride: Deduction, simulation, and mensuration [J]. Scientific Reports, 2017, 7(1): 3134.

[96] Zhang S W, Xu M L, Liang X, et al. Shear flexoelectric coefficient μ_{1211} in polyvinylidene fluoride[J]. Journal of Applied Physics, 2015, 117(20): 204102.

[97] Zhang S W, Liu K Y, Ji H, et al. Flexoelectricity in non-oriented liquids[J]. Journal of Physics D: Applied Physics, 2021, 54(6): 06LT01.

[98] Grasinger M, Mozaffari K, Sharma P. Flexoelectricity in soft elastomers and the molecular mechanisms underpinning the design and emergence of giant flexoelectricity[J]. Proceedings of the National Academy of Sciences, 2021, 118(21): e2102477118.

[99] Zhang M Y, Yan D Z, Wang J X, et al. Ultrahigh flexoelectric effect of 3D interconnected porous polymers: Modelling and verification[J]. Journal of the Mechanics and Physics of Solids, 2021, 151: 104396.

[100] Yan D Z, Wang J X, Xiang J W, et al. A flexoelectricity-enabled ultrahigh piezoelectric effect of a polymeric composite foam as a strain-gradient electric generator[J]. Science Advances, 2023, 9(2): eadc8845.

[101] Jiang Y, Yan D, Wang J, et al. The giant flexoelectric effect in a luffa plant-based sponge for green devices and energy harvesters[J]. Proceedings of the National Academy of Sciences, 2023, 120(40): e2311755120.

[102] Kim D C, Shim H J, Lee W, et al. Material-based approaches for the fabrication of stretchable electronics[J]. Advanced Materials, 2020, 32(15): 1902743.

[103] Lee D, Jeon B C, Yoon A, et al. Flexoelectric control of defect formation in ferroelectric epitaxial thin films[J]. Advanced Materials (Deerfield Beach, Fla), 2014, 26(29): 5005－5011.

[104] Das S, Wang B, Paudel T R, et al. Enhanced flexoelectricity at reduced dimensions revealed by mechanically tunable quantum tunnelling[J]. Nature Communications, 2019, 10(1): 537.

[105] Sun L, Javvaji B, Zhang C L, et al. Effect of flexoelectricity on a bilayer molybdenum disulfide Schottky contact[J]. Nano Energy, 2022, 102: 107701.

[106] Qi D P, Zhang K Y, Tian G W, et al. Stretchable electronics based on PDMS substrates [J]. Advanced Materials, 2021, 33(6): e2003155.

[107] Shang H X, Liang X, Deng F, et al. Flexoelectricity in wrinkled thin films [J]. International Journal of Mechanical Sciences, 2022, 234: 107685.

[108] Su S K, Huang H W, Zhu Z H. Flexoelectric energy harvesters utilizing controllably wrinkled micro-dielectric film[J]. Energy, 2021, 224: 120056.

[109] Shu L L, Huang W B, Kwon S, et al. Converse flexoelectric coefficient f_{1212} in bulk $Ba_{0.67}Sr_{0.33}TiO_3$[J]. Applied Physics Letters, 2014, 104(23): 232902.

[110] Springolo M, Royo M, Stengel M. Direct and converse flexoelectricity in two-dimensional materials[J]. Physical Review Letters, 2021, 127(21): 216801.

[111] Koirala P, Mizzi C A, Marks L D. Direct observation of large flexoelectric bending at the nanoscale in lanthanide scandates[J]. Nano Letters, 2018, 18(6): 3850－3856.

[112] Kim T, Huang W, Huang S, et al. Thermal gradient induced flexoelectric effects in bulk $Ba_{0.67}Sr_{0.33}TiO_3$[J]. Applied Physics Letters, 2016, 108(19): 192902.

[113] Zhang S W, Liu K Y, Wen X, et al. Converse flexoelectricity with relative permittivity

gradient[J]. Applied Physics Letters, 2019, 114(5): 052903.
[114] Zhang S W, Liu K Y, Xu M L, et al. A curved resonant flexoelectric actuator[J]. Applied Physics Letters, 2017, 111(8): 082904.
[115] Zhang S W, Liu K Y, Wu T H, et al. An electro-mechanical behavior enhancement method: Geometric design with flexoelectricity[J]. Smart Materials & Structures, 2019, 28(2): 025024.
[116] Wu T H, Liu K Y, Zhang S W, et al. An actuation method by a biconcave beam structure with converse flexoelectric effect[J]. Smart Materials & Structures, 2019, 28(11): 115025.
[117] Qu Y L, Zhang G Y, Gao X L, et al. A new model for thermally induced redistributions of free carriers in centrosymmetric flexoelectric semiconductor beams[J]. Mechanics of Materials, 2022, 171: 104328.
[118] Liu Y C, Chen J D, Deng H Y, et al. Anomalous thermoelectricity in strained Bi_2Te_3 films[J]. Scientific Reports, 2016, 6: 32661.
[119] Hu T T, Deng Q, Liang X, et al. Measuring the flexoelectric coefficient of bulk barium titanate from a shock wave experiment[J]. Journal of Applied Physics, 2017, 122(5): 055106.
[120] Hu T T, Deng Q, Shen S D. Probing flexoelectricity via a split Hopkinson pressure bar experiment[J]. Applied Physics Letters, 2018, 112(24): 242902.
[121] Hu T T, Wang X Z, Yan Y B, et al. Influence of impact velocity on flexoelectric effect[J]. Results in Physics, 2019, 15: 102812.
[122] Baskaran S, Ramachandran N, He X T, et al. Giant flexoelectricity in polyvinylidene fluoride films[J]. Physics Letters A, 2011, 375(20): 2082-2084.
[123] Baskaran S, Thiruvannamalai S, Heo H, et al. Converse piezoelectric responses in nonpiezoelectric materials implemented via asymmetric configurations of electrodes[J]. Journal of Applied Physics, 2010, 108(6): 064116.
[124] Zhang S W, Liu K Y, Wu T H, et al. Tunable flexoelectricity of elastomers[J]. The Journal of Physical Chemistry C, 2020, 124(44): 24429-24434.
[125] Hu X P, Zhou Y, Liu J, et al. Improved flexoelectricity in PVDF/barium strontium titanate (BST) nanocomposites[J]. Journal of Applied Physics, 2018, 123(15): 154101.
[126] Ghasemi H, Park H S, Rabczuk T. A level-set based IGA formulation for topology optimization of flexoelectric materials[J]. Computer Methods in Applied Mechanics and Engineering, 2017, 313: 239-258.
[127] Ghasemi H S, Park H S, Rabczuk T. A multi-material level set-based topology optimization of flexoelectric composites[J]. Computer Methods in Applied Mechanics and Engineering, 2018, 332: 47-62.
[128] Catalan G, Sinnamon L J, Gregg J M. The effect of flexoelectricity on the dielectric properties of inhomogeneously strained ferroelectric thin films[J]. Journal of Physics: Condensed Matter, 2004, 16(13): 2253.

[129] Chu K, Jang B K, Sung J H, et al. Enhancement of the anisotropic photocurrent in ferroelectric oxides by strain gradients [J]. Nature Nanotechnology, 2015, 10(11): 972-979.

[130] Kwon S R, Huang W B, Shu L L, et al. Flexoelectricity in barium strontium titanate thin film[J]. Applied Physics Letters, 2014, 105(14): 142904.

[131] Li Y, Shu L L, Huang W B, et al. Giant flexoelectricity in $Ba_{0.6}Sr_{0.4}TiO_3/Ni_{0.8}Zn_{0.2}Fe_2O_4$ composite[J]. Applied Physics Letters, 2014, 105(16): 162906.

[132] Li Y, Shu L L, Zhou Y C, et al. Enhanced flexoelectric effect in a non-ferroelectric composite[J]. Applied Physics Letters, 2013, 103(14): 142909.

[133] Lilienblum M, Lottermoser T, Manz S, et al. Ferroelectricity in the multiferroic hexagonal manganites[J]. Nature Physics, 2015, 11(12): 1070-1073.

[134] Narvaez J, Catalan G. Origin of the enhanced flexoelectricity of relaxor ferroelectrics[J]. Applied Physics Letters, 2014, 104(16): 162903.

[135] Narvaez J, Saremi S, Hong J W, et al. Large flexoelectric anisotropy in paraelectric barium titanate[J]. Physical Review Letters, 2015, 115(3): 037601.

[136] Narvaez J, Vasquez-Sancho F, Catalan G. Enhanced flexoelectric-like response in oxide semiconductors[J]. Nature, 2016, 538(7624): 219-221.

[137] Dai L Y, Zhao J Y, Li J R, et al. Highly heterogeneous epitaxy of flexoelectric $BaTiO_{3-\delta}$ membrane on Ge[J]. Nature Communications, 2022, 13(1): 2990.

[138] Deng Q, Lv S H, Li Z Q, et al. The impact of flexoelectricity on materials, devices, and physics[J]. Journal of Applied Physics, 2020, 128(8): 080902.

[139] Do H V, Lahmer T, Zhuang X, et al. An isogeometric analysis to identify the full flexoelectric complex material properties based on electrical impedance curve [J]. Computers & Structures, 2019, 214: 1-14.

[140] Ji H, Shao S B, Liu K Y, et al. Giant flexoelectric response via mechanical and material design in elastomers[J]. Mechanics of Materials, 2022, 165: 104186.

[141] Kundalwal S I, Choyal V K, Choyal V, et al. Enhancement of piezoelectric and flexoelectric response of boron nitride sheet superlattices via interface and defect engineering [J]. Physica E: Low-Dimensional Systems and Nanostructures, 2021, 127: 114563.

[142] Li C C, Wang Z G, Li F, et al. Large flexoelectric response in PMN-PT ceramics through composition design[J]. Applied Physics Letters, 2019, 115(14): 142901.

[143] Li F, Cabral M J, Xu B, et al. Giant piezoelectricity of Sm-doped Pb ($Mg_{1/3}Nb_{2/3}$) O_3-$PbTiO_3$ single crystals[J]. Science, 2019, 364(6437): 264-268.

[144] Liu K Y, Shao S B, Ji H, et al. Enhanced flexoelectricity with pre-strain gradients[J]. Applied Physics Letters, 2022, 121(4): 042904.

[145] Saadeh M, Aceta Y, Frère P, et al. Enhancing flexoelectricity in PEDOT: PSS polymer films with soft treatments[J]. Journal of Applied Physics, 2021, 130(1): 014103.

[146] Shu L L, Wan M Q, Wang Z G, et al. Large flexoelectricity in Al_2O_3-doped Ba ($Ti_{0.85}Sn_{0.15}$) O_3 ceramics[J]. Applied Physics Letters, 2017, 110(19): 192903.

[147] Shu L, Wei X, Jin L, et al. Enhanced direct flexoelectricity in paraelectric phase of Ba ($Ti_{0.87}Sn_{0.13}$) O_3 ceramics[J]. Applied Physics Letters, 2013, 102(15): 152904.

[148] Yang T Y, Zhang X M, Chen B, et al. The evidence of giant surface flexoelectric field in (111) oriented $BiFeO_3$ thin film[J]. ACS Applied Materials & Interfaces, 2017, 9(6): 5600－5606.

[149] Wen X, Li D, Tan K, et al. Flexoelectret: An electret with a tunable flexoelectriclike response[J]. Physical Review Letters, 2019, 122(14): 148001.

[150] Yang M M, Kim D J, Alexe M. Flexo-photovoltaic effect[J]. Science, 2018, 360(6391): 904－907.

[151] Jin Y S, Zhang F, Zhou K, et al. Oxygen vacancy and photoelectron enhanced flexoelectricity in perovskite $SrTiO_3$ crystal[J]. Applied Physics Letters, 2021, 118(16): 164101.

[152] Shu L L, Ke S M, Fei L F, et al. Photoflexoelectric effect in halide perovskites[J]. Nature Materials, 2020, 19(6): 605－609.

[153] Liang X, Hu S, Shen S. Effects of surface and flexoelectricity on a piezoelectric nanobeam [J]. Smart Materials & Structures, 2014, 23(3): 035020.

[154] Liang X, Hu S L, Shen S P. Size-dependent buckling and vibration behaviors of piezoelectric nanostructures due to flexoelectricity[J]. Smart Materials & Structures, 2015, 24(10): 105012.

[155] Qu Y L, Jin F, Yang J S. Bending of a flexoelectric semiconductor plate[J]. Acta Mechanica Solida Sinica, 2022, 35(3): 434－445.

[156] Nanthakumar S S, Zhuang X Y, Park H S, et al. Topology optimization of flexoelectric structures[J]. Journal of the Mechanics and Physics of Solids, 2017, 105: 217－234.

[157] Liu J H, Chen X, Li Y, et al. Ferroelectric polymer nanostructure with enhanced flexoelectric response for force-induced memory[J]. Applied Physics Letters, 2018, 113(4): 042903.

[158] Wang L F, Liu S H, Feng X L, et al. Flexoelectronics of centrosymmetric semiconductors [J]. Nature Nanotechnology, 2020, 15(8): 661－667.

[159] Wang W J, Li P, Jin F. An analytical model of a broadband magnetic energy nanoharvester array with consideration of flexoelectricity and surface effect[J]. Journal of Physics D: Applied Physics, 2018, 51(15): 155304.

[160] Yang Y, Li S Z, Ding X D, et al. Interface driven pseudo-elasticity in a-Fe nanowires[J]. Advanced Functional Materials, 2016, 26(5): 760－767.

[161] Zhang Z R, Jiang L Y. Size effects on electromechanical coupling fields of a bending piezoelectric nanoplate due to surface effects and flexoelectricity[J]. Journal of Applied Physics, 2014, 116(13): 134308.

[162] Gu Y J, Hong Z J, Britson J, et al. Nanoscale mechanical switching of ferroelectric polarization via flexoelectricity[J]. Applied Physics Letters, 2015, 106(2): 022904.

[163] Zhu W Y, Fu J Y, Li N, et al. Piezoelectric composite based on the enhanced flexoelectric

effects[J]. Applied Physics Letters, 2006, 89(19): 192904.

[164] Zhuang X Y, Nguyen B H, Nanthakumar S S, et al. Computational modeling of flexoelectricity: A review[J]. Energies, 2020, 13(6): 1326.

[165] Yan Z. Modeling of a nanoscale flexoelectric energy harvester with surface effects[J]. Physica E: Low-Dimensional Systems and Nanostructures, 2017, 88: 125-132.

[166] 杨昌平,苏雅璇,林晓辉,等.挠曲电效应对简支梁式压电传感器性能的影响[J].厦门大学学报(自然科学版),2017,56(6): 823-830.

[167] Huang W B, Yan X, Kwon S R, et al. Flexoelectric strain gradient detection using $Ba_{0.64}Sr_{0.36}TiO_3$ for sensing[J]. Applied Physics Letters, 2012, 101(25): 252903.

[168] Kwon S R, Huang W B, Zhang S J, et al. Flexoelectric sensing using a multilayered barium strontium titanate structure[J]. Smart Materials & Structures, 2013, 22(11): 115017.

[169] Zhang S W, Xu M L, Liu K Y, et al. A flexoelectricity effect-based sensor for direct torque measurement[J]. Journal of Physics D: Applied Physics, 2015, 48(48): 485502.

[170] Zhang Z, Li H N, Yao L Q. Vibration analysis of flexoelectric nanoplates based on nonlocal theory[C]. The 15th Symposium on Piezoelectrcity, Acoustic Waves and Device Applications, Zhengzhou, 2021: 864-878.

[171] Zhou W F, Chen P, Pan Q, et al. Lead-free metamaterials with enormous apparent piezoelectric response[J]. Advanced Materials, 2015, 27(41): 6349-6355.

[172] Moreira K S, Lorenzett E, Devens A L, et al. Low-cost elastomer-based flexoelectric devices[J]. Journal of Applied Physics, 2021, 129(23): 234502.

[173] Park S H, Lee D H, Lee S E, et al. Kalman filter-based loading rate-dependent hysteresis compensation of flexoelectric torsional responses in polyvinylidene fluoride films for shaft torque sensors[J]. Mechanical Systems and Signal Processing, 2021, 147: 107112.

[174] Baroudi S, Samaali H, Najar F. Energy harvesting using a clamped-clamped piezoelectric-flexoelectric beam[J]. Journal of Physics D: Applied Physics, 2021, 54(41): 415501.

[175] Deng Q, Ahmadpoor F, Brownell W E, et al. The collusion of flexoelectricity and Hopf bifurcation in the hearing mechanism[J]. Journal of the Mechanics and Physics of Solids, 2019, 130: 245-261.

[176] Liang X, Hu S L, Shen S P. Nanoscale mechanical energy harvesting using piezoelectricity and flexoelectricity[J]. Smart Materials & Structures, 2017, 26(3): 035050.

[177] Yan Y, Kim W G, Ma X T, et al. Nanogenerators facilitated piezoelectric and flexoelectric characterizations for bioinspired energy harvesting materials[J]. Nano Energy, 2021, 81: 105607.

[178] Faroughi S, Rojas E F, Abdelkefi A, et al. Reduced-order modeling and usefulness of non-uniform beams for flexoelectric energy harvesting applications[J]. Acta Mechanica, 2019, 230(7): 2339-2361.

[179] Li Z Q, Deng Q, Shen S P. Flexoelectric energy harvesting using circular thin membranes[J]. Journal of Applied Mechanics, 2020, 87(9): 091004.

[180] Rojas E F, Faroughi S, Abdelkefi A, et al. Nonlinear size dependent modeling and

performance analysis of flexoelectric energy harvesters [J]. Microsystem Technologies, 2019, 25(10): 3899 - 3921.
[181] Wang J, Wang H, Hu H, et al. On the strain-gradient effects in micro piezoelectric-bimorph circular plate power harvesters [J]. Smart Materials & Structures, 2011, 21 (1): 015006.
[182] Wang K F, Wang B L. Non-linear flexoelectricity in energy harvesting[J]. International Journal of Engineering Science, 2017, 116: 88 - 103.
[183] Guo E J, Roth R, Das S, et al. Strain induced low mechanical switching force in ultrathin $PbZr_{0.2}Ti_{0.8}O_3$ films[J]. Applied Physics Letters, 2014, 105(1): 012903.
[184] Lu H, Bark C, Ojos D E L, et al. Mechanical writing of ferroelectric polarization[J]. Science, 2012, 336(6077): 59 - 61.
[185] Wen Z, Qiu X B, Li C, et al. Mechanical switching of ferroelectric polarization in ultrathin $BaTiO_3$ films: The effects of epitaxial strain [J]. Applied Physics Letters, 2014, 104 (4): 042907.
[186] Chen X, Tang X, Chen X Z, et al. Nonvolatile data storage using mechanical force-induced polarization switching in ferroelectric polymer[J]. Applied Physics Letters, 2015, 106 (4): 042903.
[187] Chen X, Yvonnet J, Yao S, et al. Topology optimization of flexoelectric composites using computational homogenization [J]. Computer Methods in Applied Mechanics and Engineering, 2021, 381: 113819.
[188] Vasquez Sancho F, Abdollahi A, Damjanovic D, et al. Flexoelectricity in bones[J]. Advanced Materials, 2018, 30(9): 1705316.
[189] 李康.挠曲电效应横向系数的理论与实验技术研究[D].镇江：江苏大学,2014.
[190] 李康,骆英,徐晨光,等.基于BST微悬臂梁横向挠曲电系数的测定[J].压电与声光, 2014,36(5): 798 - 800.
[191] Baskaran S, He X T, Wang Y, et al. Strain gradient induced electric polarization in α-phase polyvinylidene fluoride films under bending conditions [J]. Journal of Applied Physics, 2012, 111(1): 014109.
[192] Liu K K, Zhang S W, Xu M L, et al. The research of effective flexoelectric coefficient along 1123 direction in polyvinylidene fluoride[J]. Journal of Applied Physics, 2017, 121 (17): 174104.
[193] Poddar S, Ducharme S. Measurement of the flexoelectric response in ferroelectric and relaxor polymer thin films[J]. Applied Physics Letters, 2013, 103(20): 202901.
[194] 铁摩辛柯S,沃诺斯基S.板壳理论[M].徐芝纶,译. 北京：科学出版社,1977.
[195] Gao M C, Zheng G L, Zhang Y J, et al. Flexoelectric and dielectric effects in uniform lying helix cholesteric liquid crystals under cell boundary conditions[J]. The European Physical Journal E, 2021, 44(3): 1 - 9.
[196] Harden J, Chambers M, Verduzco R, et al. Giant flexoelectricity in bent-core nematic liquid crystal elastomers[J]. Applied Physics Letters, 2010, 96(10): 102907.

[197] Li S, Bai H D, Liu Z, et al. Digital light processing of liquid crystal elastomers for self-sensing artificial muscles[J]. Science Advances, 2021, 7(30): eabg3677.

[198] Liu H H, Zhang Y J, Yue H R, et al. Influence of flexoelectric effect on director alignment of nematic liquid crystals in axial arrangement cylindrical cells[J]. Chinese Physics Letters, 2018, 35(2): 026103.

[199] Meyer R B. Piezoelectric effects in liquid crystals[J]. Physical Review Letters, 1969, 22(18): 918.

[200] Morozovska A N, Khist V V, Glinchuk M D, et al. Flexoelectricity induced spatially modulated phases in ferroics and liquid crystals[J]. Journal of Molecular Liquids, 2018, 267: 550 - 559.

[201] Zhang Y J, Wang L, Zhang H W, et al. Flexoelectric effects on escaped twisted configurations of nematic liquid crystal 5CB with chiral dopants in a cylindrical cavity[J]. Liquid Crystals, 2021, 48(4): 555 - 563.

[202] 宋来忠.张量分析及其应用[M].武汉：武汉大学出版社,2016.

[203] Lebedev L P, Cloud M J, Eremeyev V A. Tensor Analysis with Applications in Mechanics [M]. Washington: World Scientific, 2010.

[204] Ji H, Zhang S W, Liu K Y, et al. Flexoelectricity in pyramid compression: Decoupling from effective to intrinsic[J]. Journal of Physics D: Applied Physics, 2020, 53(12): 125302.

[205] Liu K Y, Zhang S W, Wu T, et al. Experimental decoupling of cylindrical flexoelectric coefficients[J]. Applied Physics Letters, 2018, 113(10): 102902.

[206] Zalesskii V G, Rumyantseva E D. Converse flexoelectric effect in the $SrTiO_3$ single crystal [J]. Physics of the Solid State, 2014, 56: 1352 - 1354.

[207] Quan Q, Fan H, Shen Q, et al. Large electrostrictive effect and dielectric properties of $(K_{0.5}Na_{0.5})NbO_3$-$BaZrO_3$ ceramics[J]. Journal of the European Ceramic Society, 2022, 42(5): 2195 - 2203.

[208] Marvan M, Havránek A. Flexoelectric effect in elastomers[C]. Relationships of Polymeric Structure and Properties, 1988: 1 - 4.

[209] 莫志深,张宏放.晶态聚合物结构和 X 射线衍射[M].北京：科学出版社,2003.

[210] Chu B J, Salem D R. Flexoelectricity in several thermoplastic and thermosetting polymers [J]. Applied Physics Letters, 2012, 101(10): 103905.

[211] Chu B J, Zhu W Y, Li N, et al. Flexure mode flexoelectric piezoelectric composites[J]. Journal of Applied Physics, 2009, 106(10): 104109.

[212] Chu B J, Zhu W Y, Li N, et al. Flexoelectric composite: A new prospect for lead-free piezoelectrics[J]. Functional Materials Letters, 2010, 3(1): 79 - 81.

[213] Flory P J. Principles of Polymer Chemistry[M]. Ithaca: Cornell University Press, 1953.

[214] Lovinger A J. Annealing of poly (vinylidene fluoride) and formation of a fifth phase[J]. Macromolecules, 1982, 15(1): 40 - 44.

[215] Lovinger A J. Ferroelectric polymers[J]. Science, 1983, 220(4602): 1115 - 1121.

[216] Martins P, Lopes A C, Lanceros-Mendez S. Electroactive phases of poly (vinylidene fluoride): Determination, processing and applications[J]. Progress in Polymer Science, 2014, 39(4): 683-706.

[217] Baskaran S, He X, Chen Q, et al. Experimental studies on the direct flexoelectric effect in α-phase polyvinylidene fluoride films [J]. Applied Physics Letters, 2011, 98 (24): 242901.

[218] Fu J Y, Zhu W Y, Li N, et al. Experimental studies of the converse flexoelectric effect induced by inhomogeneous electric field in a barium strontium titanate composition[J]. Journal of Applied Physics, 2006, 100(2): 024112.

[219] Fu J Y, Zhu W Y, Li N, et al. Gradient scaling phenomenon in microsize flexoelectric piezoelectric composites[J]. Applied Physics Letters, 2007, 91(18): 182910.

[220] Gregorio R Jr. Determination of the α, β, and γ crystalline phases of poly (vinylidene fluoride) films prepared at different conditions[J]. Journal of Applied Polymer Science, 2006, 100(4): 3272-3279.

[221] Pelrine R, Kornbluh R, Kofod G. High-strain actuator materials based on dielectric elastomers[J]. Advanced Materials, 2000, 12: 1223-1225.

[222] Pelrine R, Kornbluh R, Pei Q, et al. High-speed electrically actuated elastomers with strain greater than 100%[J]. Science, 2000, 287(5454): 836-839.

[223] Hu S D, Li H, Tzou H. Comparison of flexoelectric and piezoelectric dynamic signal responses on flexible rings [J]. Journal of Intelligent Material Systems and Structures, 2014, 25(7): 832-844.

[224] Mbarki R, Baccam N, Dayal K, et al. Piezoelectricity above the curie temperature? combining flexoelectricity and functional grading to enable high-temperature electromechanical coupling[J]. Applied Physics Letters, 2014, 104(12): 122904.

[225] Kim Y G, Song J H, Hong S, et al. Piezoelectric strain sensor with high sensitivity and high stretchability based on kirigami design cutting[J]. NPJ Flexible Electronics, 2022, 6 (1): 52.

[226] Li Z Q, Deng Q, Shen S. Measuring the gradient of sound pressure directly via flexoelectricity[J]. Physical Review Applied, 2022, 17(6): 064065.

[227] Liang X, Yang W J, Hu S L, et al. Buckling and vibration of flexoelectric nanofilms subjected to mechanical loads [J]. Journal of Physics D: Applied Physics, 2016, 49 (11): 115307.

[228] Olson K P, Mizzi C A, Marks L D. Band bending and ratcheting explain triboelectricity in a flexoelectric contact diode[J]. Nano Letters, 2022, 22(10): 3914-3921.

[229] Wu M, Jiang Z Z, Lou X J, et al. Flexoelectric thin-film photodetectors[J]. Nano Letters, 2021, 21(7): 2946-2952.

[230] Yan X, Huang W, Kwon S R, et al. A sensor for the direct measurement of curvature based on flexoelectricity[J]. Smart Materials & Structures, 2013, 22(8): 085016.

[231] Zhong J W, Ma Y, Song Y, et al. A flexible piezoelectret actuator/sensor patch for

mechanical human-machine interfaces[J]. ACS Nano, 2019, 13(6): 7107 - 7116.
[232] Zhou Z D, Yang C P, Su Y X, et al. Electromechanical coupling in piezoelectric nanobeams due to the flexoelectric effect[J]. Smart Materials & Structures, 2017, 26(9): 095025.
[233] Jing Z, Xu M, Feng B. Modeling and optimization of a novel two-axis mirror-scanning mechanism driven by piezoelectric actuators[J]. Smart Materials & Structures, 2015, 24(2): 025002.
[234] Shao S B, Song S Y, Xu M L, et al. Mechanically reconfigurable reflector for future smart space antenna application[J]. Smart Materials & Structures, 2018, 27(9): 095014.
[235] Huang J S, Shian S, Suo Z G, et al. Maximizing the energy density of dielectric elastomer generators using equi-biaxial loading[J]. Advanced Functional Materials, 2013, 23(40): 5056 - 5061.
[236] Mahapatra S D, Mohapatra P C, Aria A I, et al. Piezoelectric materials for energy harvesting and sensing applications: Roadmap for future smart materials[J]. Advanced Science, 2021, 8(17): 2100864.
[237] Qi Y, Jafferis N T, Lyons K Jr, et al. Piezoelectric ribbons printed onto rubber for flexible energy conversion[J]. Nano Letters, 2010, 10(2): 524 - 528.
[238] Qi Y, Kim J, Nguyen T D, et al. Enhanced piezoelectricity and stretchability in energy harvesting devices fabricated from buckled PZT ribbons[J]. Nano Letters, 2011, 11(3): 1331 - 1336.
[239] Sezer N, Koç M. A comprehensive review on the state-of-the-art of piezoelectric energy harvesting[J]. Nano Energy, 2021, 80: 105567.
[240] Zhang S W, Zhai C P, Liu K Y, et al. Quantitative evaluation of energy harvesting capabilities on flexoelectric and piezoelectric materials[J]. Journal of Applied Physics, 2022, 131(6): 064101.
[241] 方岱宁,刘金喜.压电与铁电体的断裂力学[M].北京:清华大学出版社,2008.

附录I 主要理论推导过程

1. 横向挠曲电效应的理论电极化强度

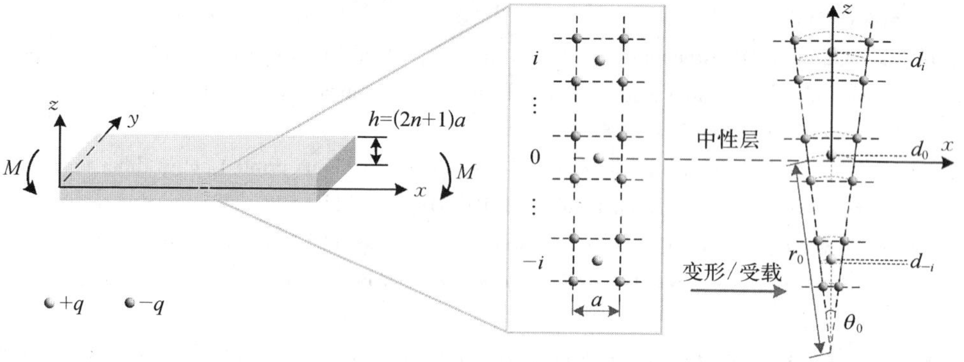

(a) 在弯矩作用下的梁结构 (b) 单元0、i、−i在弯矩作用时的变形

附图 I.1 弯矩作用下的挠曲电效应产生原理图

当梁不受载时,单元 0 偶极矩 p_0 为 0。当梁受弯矩作用时,单元 0 上存在应变和应变梯度 k_0,材料泊松比为 μ,如附图 I.1(b)所示,单元 0 的负电荷坐标为

$$\begin{cases}(x_{0,1},z_{0,1})_{\text{bended}}=\left(\dfrac{a}{2}+\dfrac{k_0a^2}{4},\ \dfrac{a}{2}-\dfrac{\mu k_0a^2}{4}\right)\\(x_{0,2},z_{0,2})_{\text{bended}}=\left(-\dfrac{a}{2}-\dfrac{k_0a^2}{4},\ \dfrac{a}{2}-\dfrac{\mu k_0a^2}{4}\right)\\(x_{0,3},z_{0,3})_{\text{bended}}=\left(-\dfrac{a}{2}+\dfrac{k_0a^2}{4},\ -\dfrac{a}{2}-\dfrac{\mu k_0a^2}{4}\right)\\(x_{0,4},z_{0,4})_{\text{bended}}=\left(\dfrac{a}{2}-\dfrac{k_0a^2}{4},\ -\dfrac{a}{2}-\dfrac{\mu k_0a^2}{4}\right)\end{cases}\tag{I.1}$$

单元 0 在弯矩作用下的正负电荷中心坐标为

$$
\begin{cases}
(x_{0,+}, z_{0,+})_{\text{bended}} = (0, d_0) = \left(0, r_0\left(1 - \cos\dfrac{\theta_0}{2}\right)\right) \\
(x_{0,-}, z_{0,-})_{\text{bended}} = \left(\dfrac{x_{0,1} + x_{0,2} + x_{0,3} + x_{0,4}}{4}, \dfrac{z_{0,1} + z_{0,2} + z_{0,3} + z_{0,4}}{4}\right)_{\text{bended}} \\
\qquad = \left(0, -\dfrac{\mu k_0 a^2}{4}\right)
\end{cases}
\tag{I.2}
$$

其中，r_0为单元 0 的曲率半径；θ_0为单元 0 的弯曲角度。单元 0 在受载时的偶极矩 p_0为

$$
梁: p_0 = q\ (z_{0,+} - z_{0,-})_{\text{bended}} = q\left[r_0\left(1 - \cos\frac{\theta_0}{2}\right) + \frac{\mu k_0 a^2}{4}\right] \tag{I.3}
$$

如附图 I.1(b)所示，梁的高度方向共有 $2n+1$ 个单元，梁的高度为

$$
h = (2n + 1)a \tag{I.4}
$$

令 r_i和 r_{-i}为单元 i 和单元$-i$ 的曲率半径，θ_i和 θ_{-i}为单元 i 和单元$-i$ 的弯曲角度，k_i和 k_{-i}为单元 i 和单元$-i$ 的曲率半径，则单元 i 和$-i$ 的偶极矩为

$$
\begin{cases}
p_i = q(z_{i,+} - z_{i,-}) \\
\quad = q\left[r_i\left(1 - \cos\dfrac{\theta_i}{2}\right) + \dfrac{\mu a^2 k_i\left(1 - \sum\limits_0^i \mu k_{i-1} a\right)}{4}\right] \\
p_{-i} = q(z_{-i,+} - z_{-i,-}) \\
\quad = q\left[r_{-i}\left(1 - \cos\dfrac{\theta_{-i}}{2}\right) + \dfrac{\mu a^2 k_{-i}\left(1 + \sum\limits_0^i \mu k_{-(i-1)} a\right)}{4}\right]
\end{cases}
\quad (1 \leqslant i \leqslant n)
\tag{I.5}
$$

计算可得沿高度方向一列单元的体积为$(2n+1)a^3$。由极化强度的定义可知，梁在受载时的极化强度 P 为

$$
P = \frac{p_0 + \sum\limits_{i=1}^n p_i + \sum\limits_{i=1}^n p_{-i}}{(2n+1)a^3} = \frac{q\left[r_0\left(1 - \cos\dfrac{\theta_0}{2}\right) + \dfrac{\mu k_0 a^2}{4}\right]}{(2n+1)a^3}
$$

$$
+ \frac{\sum\limits_{i=1}^n \left\{q\left[r_i\left(1 - \cos\dfrac{\theta_i}{2}\right) + \dfrac{\mu a^2 k_i\left(1 - \sum\limits_{i=0}^i \mu k_{i-1} a\right)}{4}\right]\right\}}{(2n+1)a^3}
$$

$$+\frac{\sum_{i=1}^{n}\left\{q\left[r_{-i}\left(1-\cos\frac{\theta_{-i}}{2}\right)+\frac{\mu a^2 k_{-i}\left(1+\sum_{i=0}^{i}\mu k_{-(i-1)}a\right)}{4}\right]\right\}}{(2n+1)a^3} \tag{I.6}$$

梁受弯矩作用时，每个单元的应变梯度是相同的，各个单元应变梯度和偶极矩的关系如下：

$$\begin{cases} k_0 = k_i = k_{-i} \\ \theta_0 = \theta_i = \theta_{-i} \\ r_i + r_{-i} = 2r_0 \\ p_i + p_{-i} = 2q\left[r_0\left(1-\cos\frac{\theta_0}{2}\right)+\frac{\mu k_0 a^2}{4}\right] = 2p_0 \end{cases}, \quad 1 \leqslant i \leqslant n \tag{I.7}$$

将式(I.9)代入式(I.8)中，式(I.8)可简化为

$$\begin{aligned} P &= \frac{p_0 + \sum_{i=1}^{n} p_i + \sum_{i=1}^{n} p_{-i}}{(2n+1)a^3} = \frac{(2n+1)p_0}{(2n+1)a^3} \\ &= \frac{q\left[r_0\left(1-\cos\frac{\theta_0}{2}\right)+\frac{\mu k_0 a^2}{4}\right]}{a^3} \end{aligned} \tag{I.8}$$

对于单元 0，r_0、k_0、θ_0的几何关系为

$$r_0 = \frac{1}{k_0}, \quad \theta_0 = P = \frac{a}{r_0} = k_0 a \tag{I.9}$$

将式(I.9)代入式(I.8)中，式(I.8)可简化为

$$\begin{aligned} P &= \frac{q\left[r_0\left(1-\cos\frac{\theta_0}{2}\right)+\frac{\mu k_0 a^2}{4}\right]}{a^3} \\ &= \frac{q\left[\frac{1}{k_0}\left(1-\cos\frac{k_0 a}{2}\right)+\frac{\mu k_0 a^2}{4}\right]}{a^3} \end{aligned} \tag{I.10}$$

通过泰勒级数展开，忽略高阶项 $O(k_0 a/2)^4$，式(I.10)可简化为

$$P=\frac{q\left\{\frac{1}{k_0}\left[1-\left(1-\frac{\left(\frac{k_0a}{2}\right)^2}{2!}+O\left(\frac{k_0a}{2}\right)^4\right)\right]+\frac{\mu k_0a^2}{4}\right\}}{a^3}$$

$$\approx\frac{q\left(\frac{k_0a^2}{8}+\frac{\mu k_0a^2}{4}\right)}{a^3}=\frac{(1+2\mu)qk_0}{8a} \tag{I.11}$$

2. 剪切向挠曲电效应的力电耦合过程

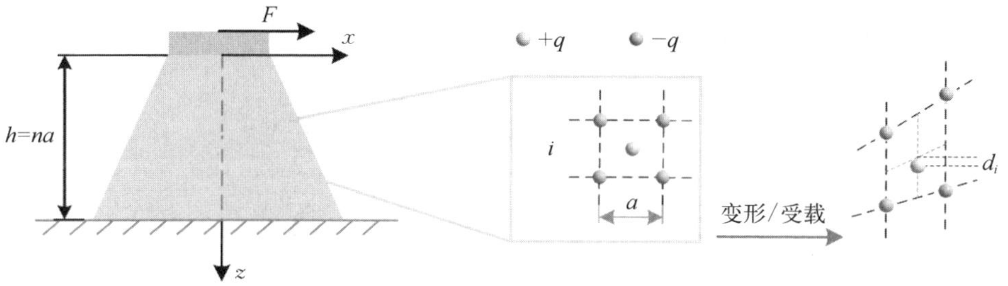

(a) 剪切力作用下的梯台结构 (b) 单元i在剪切力作用时的变形

附图 I.2 剪切力作用下的挠曲电效应产生原理图

在高度方向选取一个单元 i 进行分析，当不施加剪切力时，单元 i 不发生变形，剪切力作用下的挠曲电效应产生原理见附图 I.2。

当梯台不受剪切力作用时，单元 i 偶极矩为 0。当剪切力 F 作用时，材料发生变形。假设单元 i 处的剪切应变梯度为 k_i，正电荷中心的 z 坐标为 z'_i，单元 i 正电荷中心的坐标为

$$(x_{i,+},\ z_{i,+})_{\text{force}}=(0,\ z'_i) \tag{I.12}$$

单元 i 负电荷的坐标为

$$\begin{cases}(x_{i,1},\ z_{i,1})_{\text{force}}=\left(\frac{a}{2},\ z'_i+\frac{a\gamma}{2}-\frac{a}{2}-a\left(\gamma+\frac{k_ia}{2}\right)\right)\\(x_{i,2},\ z_{i,2})_{\text{force}}=\left(-\frac{a}{2},\ z'_i+\frac{a\gamma}{2}-\frac{a}{2}\right)\\(x_{i,3},\ z_{i,3})_{\text{force}}=\left(-\frac{a}{2},\ z'_i-\frac{a\gamma}{2}+\frac{a}{2}+a\left(\gamma-\frac{k_ia}{2}\right)\right)\\(x_{i,4},\ z_{i,4})_{\text{force}}=\left(\frac{a}{2},\ z'_i-\frac{a\gamma}{2}+\frac{a}{2}\right)\end{cases} \tag{I.13}$$

其中,γ 是单元 i 正电荷处的切应变。等效负电荷中心的坐标为

$$(x_{i,-}, z_{i,-})_{\text{force}} = \left(\frac{x_{i,1}+x_{i,2}+x_{i,3}+x_{i,4}}{4}, \frac{z_{i,1}+z_{i,2}+z_{i,3}+z_{i,4}}{4}\right)_{\text{force}}$$

$$= \left(0, z_i' - \frac{k_i a^2}{4}\right) \tag{I.14}$$

在剪切力 F 作用下,单元 i 的偶极矩为

$$p_i = qd_i = q\,(z_{i,+} - z_{i,-})_{\text{force}} = \frac{k_i a^2 q}{4} \tag{I.15}$$

梯台在剪切力 F 作用下的极化强度 P 为

$$P = \frac{\sum_{i=1}^{n} N_i p_i}{\sum_{i=1}^{n} N_i a^3} = \frac{\sum_{i=1}^{n} N_i \frac{k_i a^2}{4}}{\sum_{i=1}^{n} N_i a^3} = \frac{q}{4a}\frac{\sum_{i=1}^{n} N_i k_i}{\sum_{i=1}^{n} N_i} \tag{I.16}$$

$$P = \frac{qk_i}{4a} \tag{I.17}$$

3. 半圆柱粘接的挠曲电效应推导过程

半圆柱之间的粘接利用 0.2 mm 厚的环氧树脂胶进行。将粘接后的力学模型简化为同时对圆柱结构和板状结构进行扭转,则各自的扭转角可写为

$$\phi_c = \frac{M_c l}{G_c I_c} = \frac{M_c l}{G_c \frac{\pi}{32} D^4} \tag{I.18}$$

$$\phi_r = \frac{M_r l}{G_r I_r} = \frac{M_r l}{G_r \frac{1}{3} h b^3} \tag{I.19}$$

其中,M、I、G 及下标 c 和 r 分别为准圆柱结构和环氧树脂板受到的扭矩值、极惯性矩和剪切模量;l 和 D 分别为准圆柱结构的长度和直径;h 和 b 分别为环氧树脂板的长边和短边值。

根据几何条件和实际情况,有

$$\begin{cases} \phi_c = \phi_r \\ M_c + M_r = M_n \end{cases} \tag{I.20}$$

其中，M_n 为实验实际加载的扭矩。将式(2.20)代入式(2.18)和式(2.19)并化简，有

$$M_r = \frac{32G_r hb^3}{3\pi G_c D^4} M_c \tag{I.21}$$

利用公式：

$$G = \frac{E}{2(1+\nu)} \tag{I.22}$$

及附表 I.1 的参数可得 $G_c = 0.63$ GPa 以及 $G_r = 7.97$ MPa。通过计算和分析可知，分布在环氧树脂上的扭矩载荷值不到总载荷值的 1‰，因此在实际操作中可忽略环氧树脂对加载的影响。

极化公式可写为

$$P_\phi = \mu_{2312} \frac{\partial \gamma_{\phi z}}{\partial \rho} = \mu_{2312} \frac{M_n}{GI_p} \tag{I.23}$$

相应的挠曲电系数 μ_{2312} 计算公式可写为

$$\mu_{2312} = \frac{P_\phi}{\dfrac{\partial \gamma_{\phi z}}{\partial \rho}} = \frac{Q_\phi}{A_e} \frac{G_c I_p}{M_n} \tag{I.24}$$

附表 I.1 环氧树脂材料的力学参数

材 料	质量密度/(kg/m^3)	弹性模量/MPa	泊松比
环氧树脂	2.3×103	20	0.38

4. 挠曲电系数下标分析

宋来忠在《张量分析及其应用》中，有如下表述：

$$S = a_1 x_1 + a_2 x_2 + \cdots + a_n x_n = \sum_{i=1}^{n} a_i x_i = \sum_{j=1}^{n} a_j x_j = \sum_{k=1}^{n} a_k x_k \tag{I.25}$$

其中，n 表示空间的维数，没有特殊说明时，$n = 3$。

标注 i、j、k 称为下标。在矢量分析中，在表达式的某一单项式之中出现且仅出现 2 次的下标，称为哑指标。依据 Einstein 求和约定，式(I.25)可简化为

$$S = a_i x_i = a_j x_j = a_k x_k \tag{I.26}$$

而双重求和可表示为

$$
\begin{aligned}
S &= \sum_{i=1}^{3}\sum_{j=1}^{3} a_{ij}x_ix_j = a_{ij}x_ix_j \\
&= a_{11}x_1x_1 + a_{12}x_1x_2 + a_{13}x_1x_3 + a_{21}x_2x_1 + a_{22}x_2x_2 + a_{23}x_2x_3 \\
&\quad + a_{31}x_3x_1 + a_{32}x_3x_2 + a_{33}x_3x_3
\end{aligned}
\tag{I.27}
$$

其中,下标出现了 11、22、33 等重复下标。L. P. Lebedev 和 M. J. Cloud 将应力、应变、弹性模量表示为 σ_{ij}、ε_{mn} 和 c_{ijmn}。应力、应变存在重复下标,如 σ_{11}、σ_{22}、ε_{11} 和 ε_{22}。在数学表达式中,哑指标不能重复,如不能出现 a_{ii};而两个不同的下标是可以同时存在的,如 a_{ij}。而 i、j 可以被不同或相同的维度代替,如 1、2、3,则 a_{11} 和 a_{22} 是合理的。下角标也可以由 x、y、z 或者 r、j、z 代替。L. P. Lebedev 和 M. J. Cloud 曾表述如下:

$$
\begin{aligned}
L &= r_{xx}\cdot n = \frac{f_{xx}}{\sqrt{1+f_x^2+f_y^2}} \\
M &= r_{xy}\cdot n = \frac{f_{xy}}{\sqrt{1+f_x^2+f_y^2}} \\
N &= r_{yy}\cdot n = \frac{f_{yy}}{\sqrt{1+f_x^2+f_y^2}}
\end{aligned}
\tag{I.28}
$$

如上所述,哑指标 i、j、k 不能重复,但是作为张量矩阵中的一个量,下角标是可以重复的,如 11、xx、$\rho\rho$。在本书中出现的四阶张量(挠曲电系数)$\mu_{\varphi z\rho r}$ 和 $\mu_{\varphi zz\rho}$ 也是合理的。挠曲电系数的角标可进一步简化,参考挠曲电张量矩阵的表示方法,剪切向挠曲电系数 $\mu_{\varphi z\rho\rho}$、$\mu_{\varphi z\rho z}$、$\mu_{\varphi zz\rho}$ 和 $\mu_{\varphi zzz}$ 可分别简化为 μ_{41}、m_{43}、m_{47} 和 μ_{49}。

附录 II 实验相关的数据列表

附表 II.1 几种介电材料的力学参数实验测量结果

介电材料	质量密度/(10^3 kg/m^3)	弹性模量/GPa	泊松比
PVDF 柱状材料	2.1	1.72	0.38
PVDF 板状材料	2.1	1.25	0.38
BST 陶瓷	7.8	82	0.26
绝缘树脂胶	1.9	0.02	0.38

附表 II.2 不同实验试件的实际尺寸

交联密度	5：1	8：1	10：1	12：1	14：1	16：1	18：1	20：1	25：1	30：1
长度/cm	2.50	2.50	2.60	2.55	2.55	2.70	2.30	2.70	2.70	2.70
宽度/cm	2.10	1.90	2.10	1.60	1.65	2.00	1.80	2.00	2.00	2.00
厚度/cm	0.70	0.65	0.50	0.70	0.60	0.80	0.70	0.80	0.80	0.80
电极面积/cm^2	5.25	4.75	5.46	4.08	4.37	5.40	4.14	5.40	5.40	5.40

附表 II.3 不同弹性模量分布变化圆柱试件的参数

E_0/MPa	E_H/MPa	H/mm	m/(MPa/m)	ΔQ/pC
1.84	0.36	9.20	161	0.62
2.16	0.36	9.82	183	0.65
2.80	0.36	8.86	275	0.72
3.18	0.36	9.46	298	0.75
3.93	0.36	9.18	389	0.80

附表 II.4 醇类液体的理论和实验剪切挠曲电效应

类别	甲醇	乙醇	乙二醇	正丙醇	异丙醇	丙二醇	丙三醇	正丁醇	正辛醇	液状石蜡
# C(个数)	1	2	2	3	3	3	3	4	8	>8
#—OH(个数)	1	1	2	1	1	2	3	1	1	
—OH(位置)	边缘	边缘	边缘	边缘	中间	边缘，中间	边缘，中间	边缘	边缘	
ρ/(g/cm^3)	0.791	0.789	1.113	0.804	0.785	1.038	1.261	0.81	0.827	~0.85
l_A/(Å, 10^{-10} m)	1.409 3	1.41	1.407 1	1.360 6	1.380 8	1.383 3	1.386 2	1.369 6	1.396 6	
M_r	32	46	62	60	60	76	92	74	130	
p_A/(D, 3.33×10^{-30} C·m)	1.69	1.69	3.38	1.68	1.66	3.34	5.02	1.68	1.68	
ε_r	32.6	24.3	37	18.3	18.3	32	42.5	7.8	3.4	
η(黏度)/(mPa·s)	0.59	1.20	25.66	1.77	1.77	56	1 500	3.00	8.93	
μ_{theory}/(10^{-11} C/m)	65.60	16.97	53.98	9.57	9.38	17.25	46.11	6.71	1.73	
μ_{Exp}/(10^{-11} C/m)	94.60	27.30	49.10	12.60	28.1	13.3	9.1	7.25	4.94	—

附表 II.5 不同弹性模量分布变化圆台试件的参数

E_0/MPa	E_H/MPa	H/mm	m/(MPa/m)	ΔQ/pC
1.84	0.36	9.60	154	0.81
2.16	0.36	9.65	187	0.98
2.80	0.36	9.74	260	1.07
3.18	0.36	9.72	290	1.20
3.93	0.36	9.70	368	1.42

附录 III　部分有限元分析结果展示

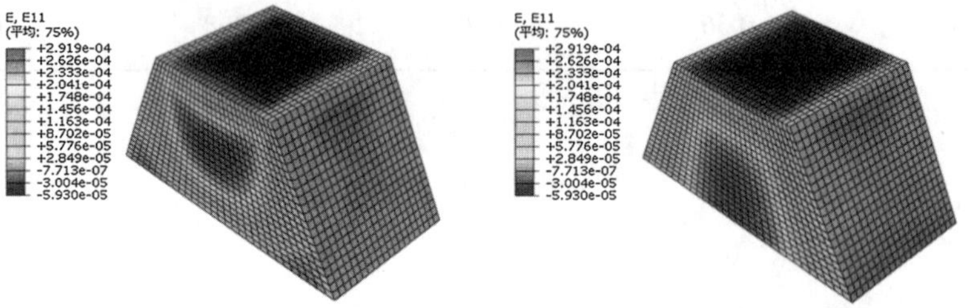

(a) 固支约束下试件应变分布云图　　(b) 简支约束下试件应变分布云图

附图 III.1　不同约束条件下试件应变分布云图

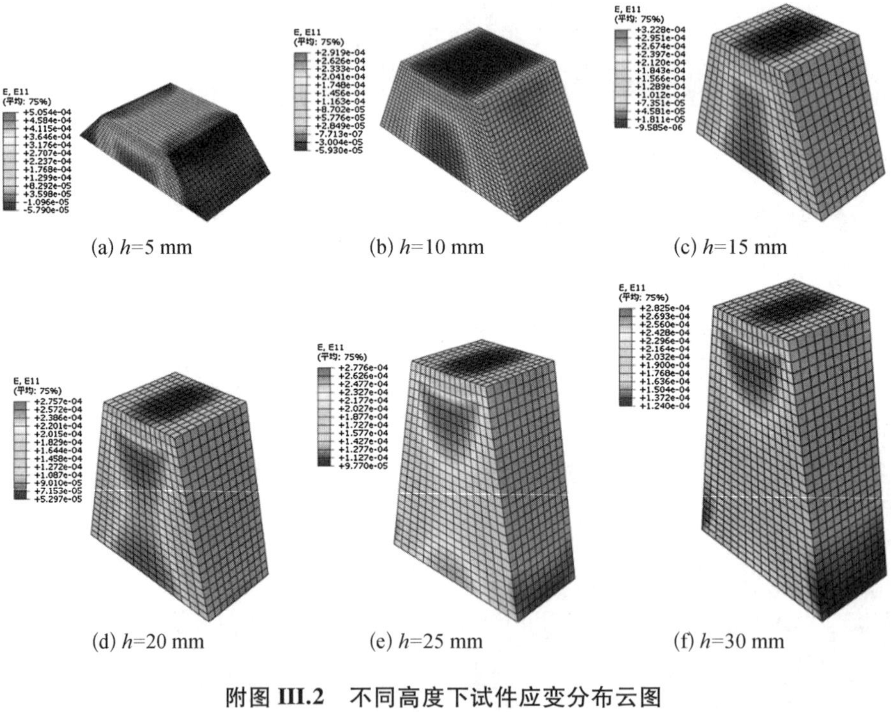

(a) h=5 mm　　(b) h=10 mm　　(c) h=15 mm

(d) h=20 mm　　(e) h=25 mm　　(f) h=30 mm

附图 III.2　不同高度下试件应变分布云图

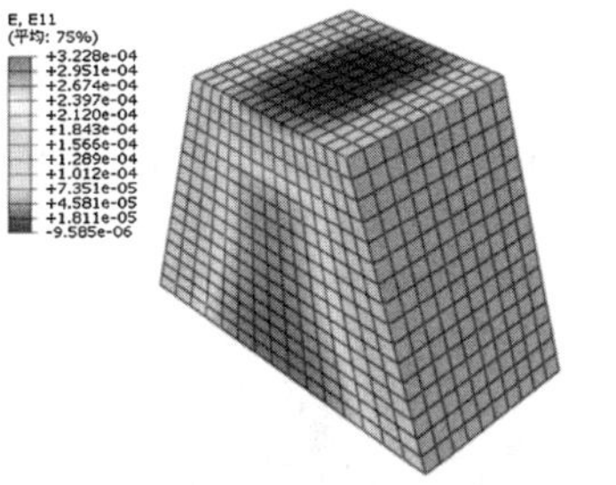

(a) 梯形台结构的矩形截面试件应变云图

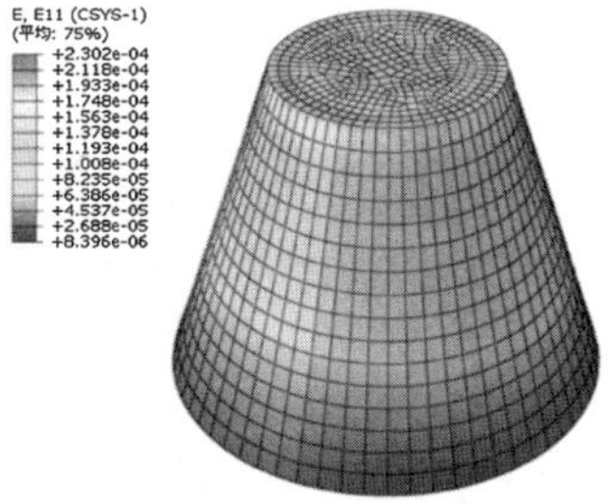

(b) 圆台形试件应变云图

附图 III.3　试件形状对应变分布的影响

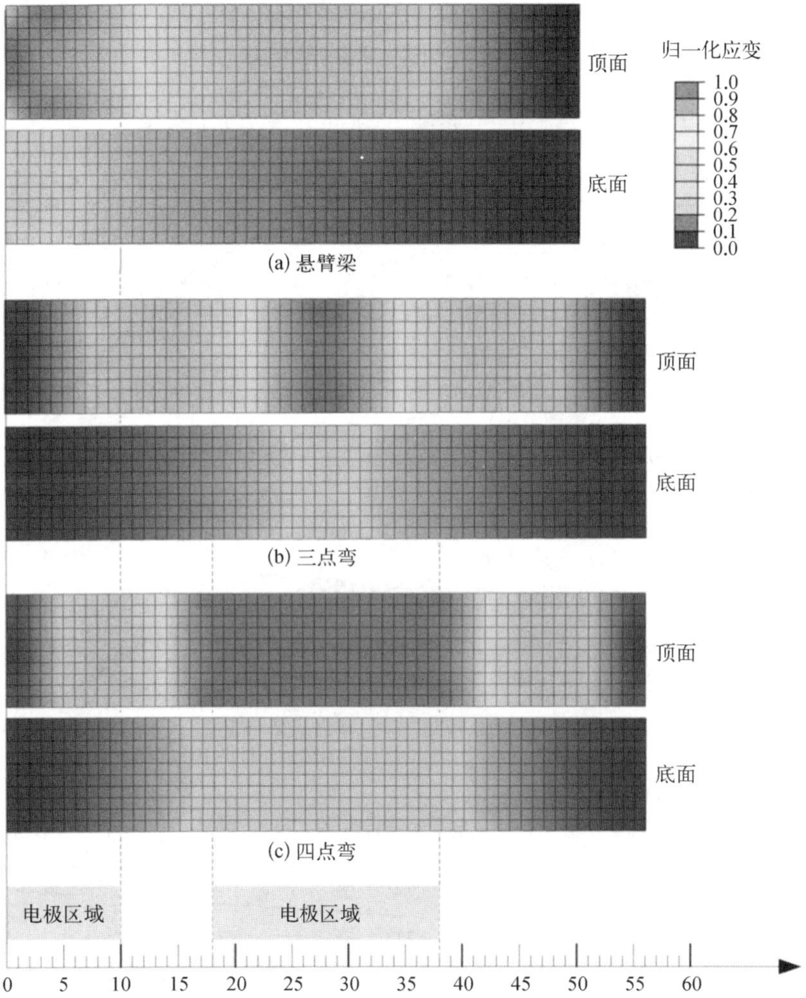

附图 III.4　三种实验条件下归一化处理后的试件顶面和底面应变分布云图(单位：mm)

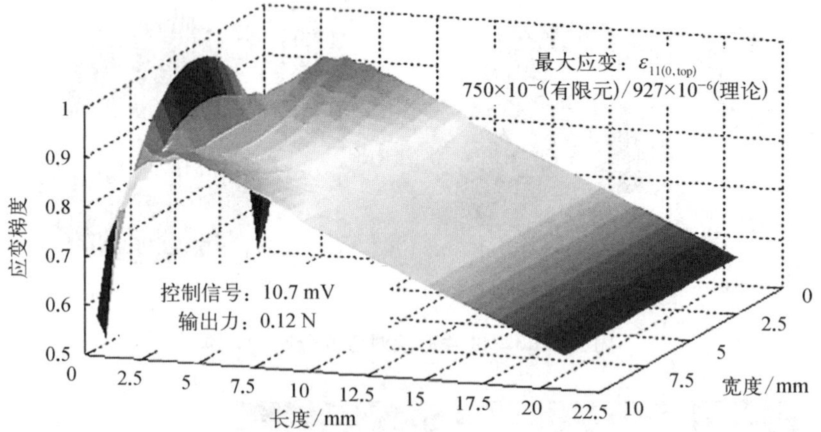

(a) 悬臂梁实验

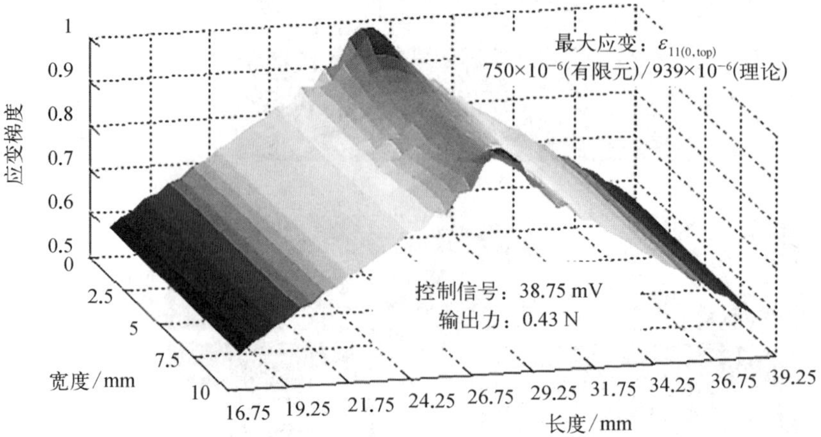

(b) 三点弯实验

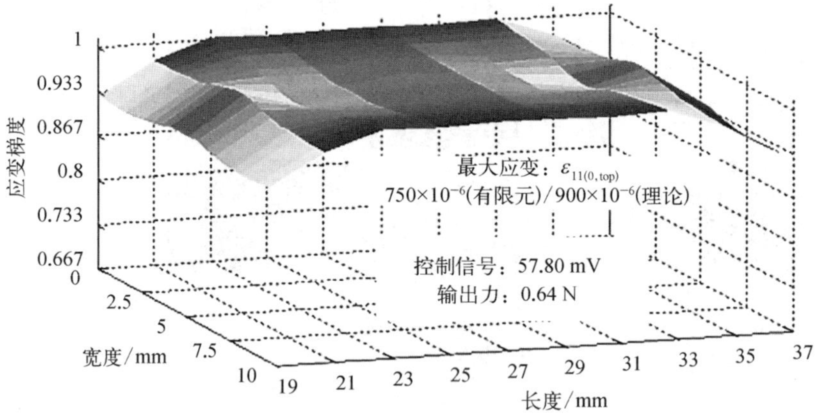

(c) 四点弯实验

附图 III.5 不同载荷下电极覆盖区域的应变云图

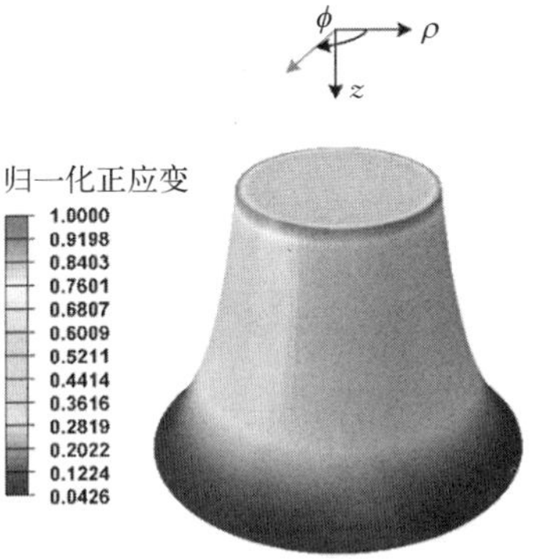

(a) 应变云图

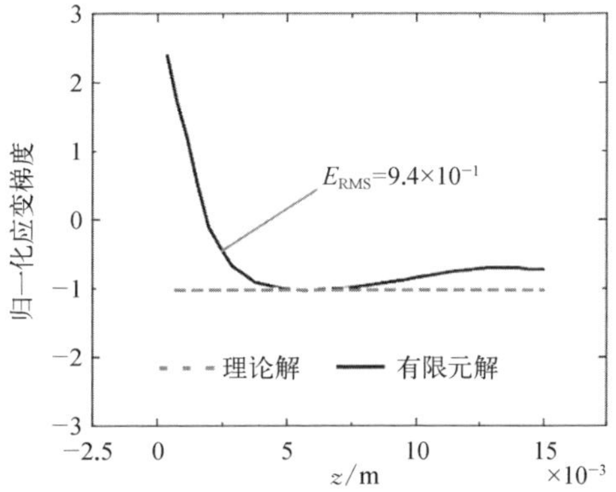

(b) 归一化应变梯度理论解与有限元解的对比

附图 III.6 等应变梯度圆台

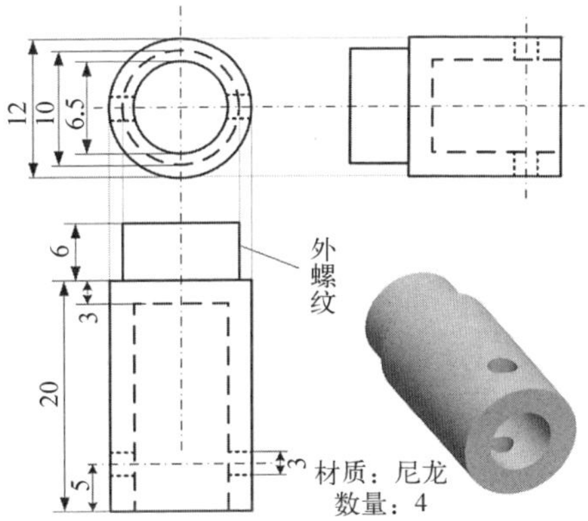

(a) 连接件I

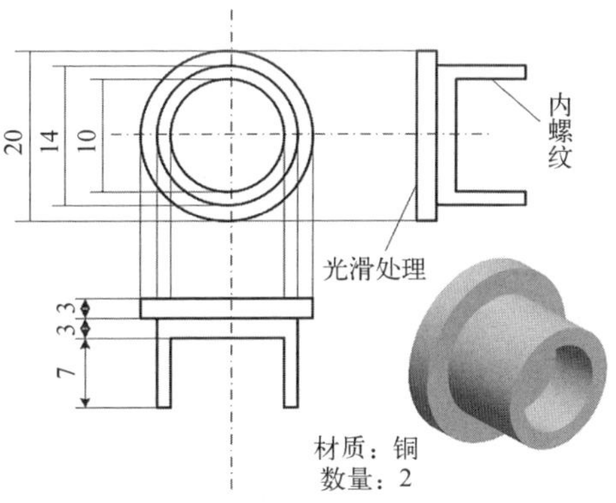

(b) 连接件II

附图 III.7 将螺旋测微计与电极板连接的连接件(单位：mm)

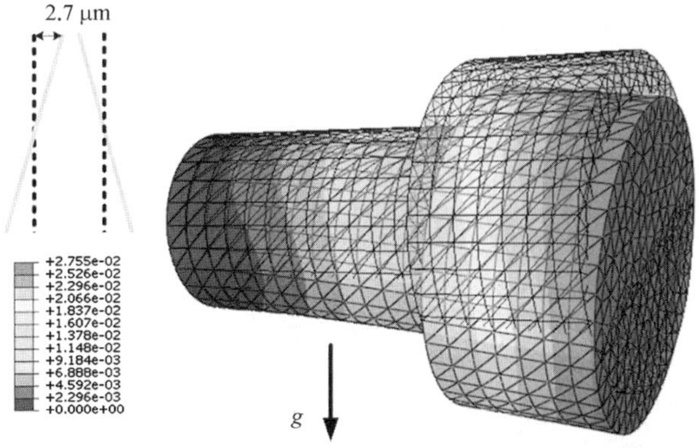

附图 III.8 重力对对称电极和微位移测量的影响(单位：mm)